魚，什麼都知道

——一窺我們水中夥伴的內在生活

WHAT A FISH KNOWS

The Inner Lives of Our Underwater Cousins

Jonathan Balcombe

強納森‧巴爾科比 ———— 著

蕭夢、趙靜文 ———— 譯

推薦序

子非魚，焉知魚之樂？

方力行

海洋生物博物館 創建館長

台灣珊瑚礁學會 創會理事長

　　這是一本翻開書頁，就會被引領進入一個全新世界的書！有趣的是，這個新世界從來都在人類的左右，提供食物、參與娛樂、創造產業，支持經濟……，幾乎和我們每天的生活息息相關，卻從來都沒人在意過。這是個什麼樣的地方？——魚的心智世界。

　　魚類比人早了 5 億年出現在地球上，牠們生活和演化的空間，就算只用平面的面積來計算，比陸地上生物也大了兩倍多（海洋：陸地=70％：30％），何況海洋的平均深度有 3,680 公尺，都是牠們的生存活動領域，因此有更寬廣的演化機會；從輩分上來講，牠們還是所有四足動物的祖先，這麼淵遠流長的生物，難道會只是一般人們心目中「水裡游的食物」或「水族缸中的寵物」嗎？

　　在翻開此書，接受巴爾科比教授（本書作者，著名的動物行為學者）提點之前，好像還真的是如此！儘管之前坊間已有許許多多和魚類相關的書籍：科學上有身體構造和生態研究，科普上有各式的圖鑑和介紹，娛樂上有釣魚和水族寵物的專書，產業上有漁撈和水產養殖的研發，不過請仔細想想，我們真的進入魚類世界了嗎？！

　　這讓我汗顏不已，年輕時正是為了想要瞭解和父親釣魚時「水底下的魚都是在做些什麼」，才將台大動物系漁業生物組填為第一志願而投身這個領域的，沒想到忙忙碌碌了半輩子，居然都只在科學、產學、環保這些「以人類思考為中心的主觀立場」中打轉，從來沒能進入魚類的心靈世界，真正體會牠們在「想什麼？做什麼？」。

　　那魚兒的「心智世界」究竟是什麼呢？莊子與惠子的「子非魚，焉知魚之樂」雖然留下一個千古辯題，巴爾科比教授卻逐步用科學、實證和邏輯，一步一步地為讀者描繪出魚類的認知圖像。

　　他先從視覺開始，說明魚類不但看的比人類更廣、更細，而且還有形象以外的推演、判斷，也會跟人類一樣產生錯覺。然後介紹牠們的聽覺、嗅覺和味覺，以及在心靈感知世界中更高層的偏好和學習能力，譬如喜歡古典音樂還是浪漫藍調？有沒有辦法記住迷宮或回家的路？結論當然是「沒問題」，甚至還有身體被觸碰撫摸後的「快感」反應呢！

　　確認了這些和人類相似，對外界變化的神經感知構造、記憶及選擇行為的證據後，作者又進入魚類有沒有個體特有知覺與主觀意識的探討。一連串的實驗及例證顯示，魚類會有從緊張到愉悅的情緒反應，牠們也會自尋快樂地遊戲、湊熱鬧和惡作劇，這些都不是我們平常以為低等動物的反射動作，而是多重思考後的結果。

　　魚類也有複雜的思考嗎？

　　經過了許多觀察和實驗，證實魚和高等動物一樣，在接受外界刺激後，能判斷、認知、學習、記憶、好惡，進而在遇到困難時尋找解決問題的方法，甚至在情況變化後，還有改變方法的能力；其中包括了使用工具（沒看到書中的例子，還真不敢相信！），以及判斷做事情選擇先後順序的思維。

　　讀到這裡，讓人不得不承認魚類基本上已具備一個人的多層次心智水準了！於是巴爾科比教授又將對牠的解析提升到「社交」層次，這已經是團體互動的位階！結果不知應該是「出乎意料」、還是「不出所料」？魚可以認得魚群中誰是誰，每一條魚都有不同的個性和相處的方式，並且和周遭的同伴——同種或異種——形成共同的生活型態，進而產生合作、民主、維持和平、欺騙等群體文化的現象。

　　魚還是魚嗎？還是牠們只是和人類生活在同一個星球上的「外星人」，只是我們從來沒有嘗試去瞭解他們，自始至終不過忙著欺壓和掠奪「非吾族類」的其他物種而已？難怪史蒂芬‧霍金（著名英國理論物理學家）在人生晚期想讓世人知道：不要隨便和外星人接觸，他們很可能只會將人類視為低等物種而忙著殖民地球！

　　回歸理性的層面，這種點狀連結的推論還是太過跳躍思考，在善意的主觀敘述下失之武斷（有沒有和部分環保議題似曾相似的感覺？）。其實在書中巴爾科比教授仍不時提醒讀者，現今各類生物在行為、思考，甚至於社交作法上的雷同性，都源自於牠們在各自演化的過程中受到不同環境的塑造，以至於造就了現今的各種結構、器官、行為以及潛力（如：思考、學習、群體互利、使用工具……），並沒有誰優誰劣，誰比較厲害，誰比較笨的問題。別忘了人類本身也不過是從猿猴經過同樣過程演變出來的產物之一！因此他說：「人類根據自身能力定義了智力，但這概念對我們自己來說都有些狹隘」，而提倡「多元智慧」的概念——例如腦容量有限、沒有四肢的魚在海洋世界中的表現，遠比靈長類更好而且永續——這應該是人類在自以為是、為所欲為的宰制地球時，需要深切體認並自我反省的課題。

　　或許這才是作者寫這本書的時候，從頭到尾，貫穿全冊想傳達的精神。

　　文中也描述了許多魚類的特殊求愛、交配、養育子女，甚至托嬰的行為，將他們一生每一個環節所擁有的智慧做了完整的呈現。不過在增廣見聞，增長知識之餘，真正令人悚然心驚的，卻是書頭書尾「人類出現後」對魚類和海洋生物的獵殺。這個部分我無意多說，因為許多環保團體和動物保護人士早已苦口婆心、呼籲多年，但還是希望引用書中幾個平常少見的數字，讓人們可以對自己的欲望，有所節制。

　　全世界每年商業撈捕 1 億噸的魚，如果一條算 1 台斤重（約 0.6 公斤），那麼一年就會有 1,660 億隻魚被人類抓起來，這還不算捕撈時所誤殺、成千上萬的其他的海洋生物。那水產養殖會不會好一點呢？自 2014 年起，人工養殖的魚產量已超過自然捕撈量了。答案是「不會」，因為每養 1 公斤的肉食性魚（石斑、鮭魚、鱸魚、大比目魚……），直接、間接需要 2 至 5 公斤的「餌料魚」，牠們就是來自那 1,660 億隻被捕撈的魚，只是食物轉換效率反而比人類直接食用撈捕的魚更低數十倍而已。與此同時，養殖造成環境汙染和疾病的代價，例如書中所寫的尼加拉瓜湖中箱網養殖會產生相當於 3,700 萬隻雞糞便的有機汙染物，對水域的自然生態系和也會利用湖水的其他野生動物與人們，都將造成極大的衝擊。

　　如果人都不吃魚或利用魚了，那會是個什麼情況？我也沒有解方，或許這顆「藍色星球」上各物種間生態的持續運作和興旺，永遠需要「有智慧」地拿捏一個「平衡點」。但在寫這篇推薦序的過程中，四十七年前（1976 年）自己剛開始從事台灣全島水肺型海洋生態調查時，輕輕滑入那個從來沒有人類進入過的清澈海底世界，周遭熙來攘往、五彩繽紛的魚兒完全無視於我的出現，自由自在過著平靜的生活、不驚不懼地做著想做的事，那個畫面，揮之不去，令人神往。

「再過三年，我就知道魚在想什麼了。」

吳德利

實熊漁樂碼頭 觀光工廠 館長
中華民國觀光工廠促進協會 理事

　　這些年，我經常接待一些重要的來賓，在我們經營的觀光工廠分享有關友善釣魚與海洋教育的議題，其中包括海洋垃圾越來越嚴重，急需正視並從根本減少塑膠使用量開始做起，以及釣魚活動——這個目前全世界最受歡迎的休閒活動。我總是用人類思考的角度，敘述一段又一段在釣魚過程中與魚鬥智、鬥力的精彩過程，特別是用路亞釣法，如何引誘魚兒上鉤並成功釣起這條魚，然後拍照，最後把魚兒放回到水裡。可是，每次結尾前我都會這麼說：「雖然，我們嘗試用各種假餌成功釣到魚，無論是鐵板、塑膠或是橡膠材質，有些是用形體、有些是靠味道、也有透過顏色、或是如鱗片的反光來引誘魚，藉由成功的結果來解釋所使用假餌與魚之間的認知關係，但實際上因為我不是魚，無法證明我們所看到的事實就是魚真正的反應。」

　　我想到布萊德彼特主演的《大河戀》電影中，當他釣起巨大鱒魚時對父親和哥哥說的一段話，「再過三年，我就知道魚在想什麼了……」當時我只覺得這僅是電影台詞，人又如何知道魚在想什麼呢？

　　我也會用釣魚來比喻做生意一樣，釣餌並非盲投，需事先選好釣點（市場），確立目標魚（客群），準備好適合的釣具（行銷工具），到了定點、找到目標、將餌拋出，如果魚兒順利上鉤，表示行銷策略奏效，接下來過程中所運用的技巧，以及面對困難所堅持的毅力與體力，都是最後能把這條魚釣了上來（完成交易）的必要條件，這就是一個成功的業務推廣。看來，我們常常習慣把「魚」擬人化，就像動畫裡會說話的魚一樣，除了形體是魚，無論語言、思考、視角，都是從人類的觀點出發，就像披著魚皮的人一樣罷了。我曾經懷疑這個現象，魚不應該只是一個簡單行為的軀體，在水裡四處游走、隨波逐流，可是我沒有證據。

　　我很高興能為《魚，什麼都知道》這本書來推薦並先睹為快，過去我看過一些有關認識魚的書，多半是在外型、物種及分布上的介紹，這是我第一次看到針對魚的五感進行所謂的研究，這本書所描述的各種魚的感受，恰好翻轉我們過去對於魚一廂情願的認知。

　　雖然這是一本科普書，內容卻引用了一些生活中的小故事，閱讀起來更貼近我們的生活日常，從書中獲取的不僅是知識，也增進人與魚之間溝通的能力，尤其是對於熱愛釣魚的朋友們，可以從書中瞭解魚的行為與思考，來增進自己釣魚的技能，也因為知道魚的各種感覺，所以更能重視對魚的保護。我希望更多的人來閱讀這本書，因為瞭解，才能珍惜，特別是我們生長的台灣這個島嶼，四面臨海，海洋生物與我們密不可分，這也是為何我一直關心海洋環境的議題，並持續透過社會教育的方式來改變人們的觀念，讓我們一起守護海洋、永續資源。

寶熊漁樂碼頭簡介：

寶熊漁樂碼頭位於台中市潭子區，是世界第三大釣具品牌 OKUMA 所設立的釣具觀光工廠，也是全台唯一釣魚主題園區，設立核心目標是為推展友善釣魚活動，認識海洋文化與環境教育，宣導減塑減碳的具體作為等。

What a Fish Knows

推薦序

跟我去海裡看魚

洋流

海人之島潛水俱樂部 創辦人

「跟著洋流去潛水」Youtuber

　　如果你也跟我一樣，自認是個熱愛海洋活動的「海人」，想必我們在海邊學習到的第一課，就是拜大海為師。提到大海，也不得不提到我們潛水人下水的理由——去海裡看魚。

　　一開始我對魚的評價是「好看、好玩又好吃」。我們喜歡在水下與魚群互動，也像搜集圖鑑一樣，致力尋找尚未看過的魚種。潛水人時常不惜舟車勞頓，橫跨半個地球到某個海域，只為了一睹某些魚種的風采。但也不可否認的是，這些我們花費無數精力與時間才能看到的魚種，時常會出現在台灣的漁市場，後來我們才會開玩笑地說：「在台灣想看魚？去市場最多。」

　　隨著潛水經驗的累積，與大海為伍的時間增加，和水下物種們也建立了更多深厚的情感。我慢慢認同，比起看到他們在餐桌上，我更想看他們活著的樣子。因為正如本書所說，我們深刻體會到魚並非沒有感覺、沒有記憶的物種。如果你也享受看魚的樂趣，相信這本書能給我們帶來更多對於水生動物不一樣的見解。當然，如果你願意，一定要學會潛水，才能親眼觀察這些令人著迷的生物們！

目次　CONTENTS

前言

Prologue

　　八歲那年，我在多倫多北部參加夏令營時，曾和年長的營長一起爬上一艘鋁製小船。他將船開到距離淺海灣 24 公里的地方，在之後的兩個小時裡，我們一直在釣魚。那是一個寧靜的夏夜，水面如鏡。我第一次乘著小船，在如此廣闊且泛有微波的暗黑色水面上行駛，愜意至極。我不禁好奇，到底是怎樣的生物隱藏在水下。每當我的原始釣竿——一根掛著線和魚餌的削了皮的小樹枝——突然晃動時，我總是激動不已，這代表有魚上鉤了。

　　那天我一共釣了十六條魚，把其中的一些放生後，我們留下較大的鱸魚作為第二天的早餐。納爾遜先生承包了所有的髒活，他把扭動的蚯蚓掛在有倒刺的魚鉤上，從魚嘴上解下魚線，將刀插進魚的頭骨。幹活的時候，納爾遜先生的面部總是奇怪地扭曲著，我不知道他是因為厭惡還是僅僅太過全神貫注。

　　我對那次旅程有很多美好的回憶。但是，作為一個對動物懷有惻隱之心的敏感小孩，那艘小船上發生的很多事情都讓我感到困擾。我暗自擔心那些作為魚餌的蟲子，也因魚會感受疼痛而煩惱。當頑固的魚鉤從牠們瘦骨嶙峋的臉上拔出來時，牠們的眼睛瞪得圓圓的。或許有些魚暫時躲過了刀子，但也只能被困在小船一側搖晃的鐵絲網裡慢慢等死。那位坐在船首的善良的人似乎並不覺得有什麼不對，於是我也告訴自己這一切都是合理的——更何況第二天早晨鮮美的魚肉將前一天的不安沖淡了許多。

在我的成長過程中有很多和魚有關的記憶，而想到這些冷血親戚在人類道德體系中佔據的位置時，我總是感到矛盾。在多倫多讀小學四年級時，我曾和其他幾位同學一起被選去搬運物料，我們需要將東西從教室搬到附近的另一個房間。其中有個玻璃魚缸，裡面住著一條孤獨的金魚。魚缸裡有四分之三的水，搬起來很重。考慮到其他搬運者很可能做不到像我一樣關心牠，我主動提出由我來將魚缸運到目的地，也就是另一個房間中臨近水池的櫃檯上。

多麼諷刺！

我用小小的手緊緊抱著魚缸，穩穩走出房間，下樓穿過大廳，再走進新的房間。當我小心翼翼地靠近櫃檯時，魚缸突然從我的手中滑落，摔在堅硬的地板上。那一刻，我的恐懼如慢動作播放一般蔓延。玻璃碎片散落一地，水濺得到處都是。我站在那裡愣住了。有同學反應過來，馬上抓起拖把，把玻璃和水掃到一邊，我們四個人開始在地板上搜索金魚。然而一分鐘過去了，我們沒有看到任何生命跡象。這一切就像一場噩夢，就好像那條金魚已經體驗過作為生命的狂喜，現在升入天堂。最後，終於有人發現那條金魚。牠蹦到了散熱器後面，卡在靠裡的邊緣處，距離地板 5 公分高的地方，完全脫離了我們的視線。牠還活著，呆呆地睜著眼睛。我們迅速把牠轉移到一個盛滿自來水的燒杯裡。我想牠應該是活了下來。

金魚事件給我留下了深刻的印象，四十年後依然記憶猶新，可是即便如此，我仍然沒有對魚產生更多同理心。我從來沒有喜歡過釣魚，與納爾遜先生一起出遊後，對於釣魚產生的一點點熱情，也很快在我需要自己掛取魚餌時消耗殆盡。我不覺得自己在斯特金灣唐突釣上來的鱸魚，和我在艾迪斯維爾小學失手掉的那條可憐的金魚之間有什麼聯繫，更不用說那些我在家庭旅行中、在麥當勞裡吃掉的麥香魚漢堡裡默默無聞的魚。那時是 20 世紀 60 年代晚期，麥當勞已經在宣傳「為 10 億人送上過美味」，[1] 但一提到這個數量，總讓人覺得是在說提供給消費者的魚或雞，而非消費者本身。就像其他社會成員一樣，我很幸運地遠離了那些動物，那些曾經鮮活但最終成為人類午餐的動物。

十二年後，我在大學讀生物本科的最後一年選了魚類學課程，直到那時，我才開始認真思考我和動物的關係，包括我和魚類的關係。一方面，我被魚類結構的多樣性及其對環境的適應力所吸引；另一方面，我又因那些呆滯的、需用解剖顯微鏡和分類檢索表進行研究分類的個體而感到不安——因為牠們曾經如此鮮活。期中時，班級安排大家去參觀皇家安大略博物館（Royal Ontario Museum），在那裡，我們見到了加拿大最著名的魚類學專家，由他帶領我們參觀博物館的魚類收藏。他打開一個大木箱上的鎖，掀開蓋子，展示了一條保存在油性防腐劑中的巨型突吻紅點鮭（lake trout，又名湖鱒）。這條重達 46.7 公斤、足以破紀錄的雌魚，於 1962 年在阿薩巴斯卡湖[2] 被人發現。激素失衡導致了牠的不孕，而原本會消耗在艱鉅產卵任務上的能量，轉而堆積成碩大且豐滿的身軀。

我很同情牠。就像我們遇到的大多數人一樣，牠沒有名字，身世

1　「為 10 億人送上過美味」的原文為 over one billion served，既可以理解為指人，也可理解為指動物。（本書中的注釋除特殊說明外均為編者注）

2　阿薩巴斯卡湖位於加拿大境內，是加拿大第四大湖。

成謎。牠應該有更好的歸宿,而不是像現在這樣被儲存在木箱子裡。在我看來,牠還不如被人吃掉,至少這樣牠的身體可以再次回到食物鏈的迴圈當中,而不是幾十年漂浮在黑暗裡,因化學物質而變得汙濁。

介紹魚類的書籍有很多,它們介紹魚類的多樣性、生態、繁殖、生存策略等,介紹如何捕魚的書籍和雜誌也能裝滿好幾個書架。但到目前為止,還沒有哪本書能夠代表魚類發聲。我並不是指以自然資源保護論者的身分對瀕危物種所處的困境,或是對魚類資源過度開發進行譴責(不知你是否注意到,「過度開發」這個詞已將開發本身合法化,而「資源」一詞也將動物降級為如小麥一樣的商品,似乎其存在的唯一目的就是為人類提供補給)。這本書將前所未有地從魚類的角度發聲。感謝動物行為學、生物社會學、神經生物學和生態學方面的重大突破,如今我們可以更好地理解魚類眼中的世界,瞭解牠們如何思考、如何感受,以及如何面對外部環境。

在撰寫本書的過程中,我一直想把科學知識和人類與魚之間的故事穿插在一起,在接下來的章節中我會這樣進行分享。這些趣聞軼事對於科學家來說並沒有多大的可信度,但能給我們提供靈感,探索那些科學尚未涉及但或許動物可以做到的事,也能引導我們對人與動物的關係進行更深層的思考。

本書所探討的是一種擁有深刻內涵的簡單可能性,即魚[3]是具有內在價值的獨立個體;也就是說,魚的價值與人類眼中的實用性價值(比

---

3 原文使用了 fishes 一詞,作者給出如下注釋:「我們通常會在描述兩條至一萬億條之間的魚類時,使用單數形式的 fish,這種表述能將牠們像一排玉米粒一樣聯結在一起。而我偏向於使用複數形式 fishes,強調這些動物是有個性且相互聯繫的個體。」

如作為食物或觀賞對象）並無關聯，而其中深刻的含義在於這一特性會讓其成為人類道德關注的對象。

為什麼會這樣？主要原因有二。首先，魚類是世界上被捕撈（以及過度捕撈）最嚴重的脊椎動物。其次，有關魚類感知與認知的科學正在飛速發展，是時候轉變思路、重新考量我們對待魚類的方式了。

對魚類的捕撈有多嚴重呢？根據聯合國糧食及農業組織（Food and Agriculture Organization）對 1999 至 2007 年間漁業捕撈資料的分析，作家穆德（Alison Mood）估算，人類每年捕殺魚類的數量在 1 兆至 2.7 兆之間。[4] 為了更清楚理解 1 兆條魚的概念，可以假設魚的平均長度與一美元紙幣（約 15 公分）的長度相當，然後將所有被捕的魚首尾相接，連起來的長度足以完成一次地球和太陽之間的往返旅行（約 2.992 億公里）——而且還剩下幾千億條魚。

穆德的估算結果出人意料，因為魚類的捕撈量很少按個體數量計算，聯合國糧農組織估算的 2011 年商業捕魚量為 1 億噸。魚類生物學家庫克（Steven Cooke）和考克斯（Ian Cowx）是為數不多列舉出魚類個體死亡數量的人。2004 年，兩人估算全球每年約有 470 億條魚以娛樂性的垂釣方式被捕上岸，其中 36% 的魚類（約 170 億條）遭到殺害，剩下的重回水域。如果我們用商業捕撈的 1 億噸魚除以每條魚的預估平均重量（0.635 公斤），可以估算出商業捕撈量為 1570 億條魚。

某項研究表明，聯合國糧農組織對過去六十年裡全球魚類捕撈量

4　原注：穆德的估算不包括娛樂性垂釣和非法捕獲的魚類、作為副漁獲物（非目標魚類）及廢棄物的魚類、逃脫漁網後死亡的魚類、被丟棄或廢棄漁具捕撈上來的「幽靈漁撈」、釣魚者作為誘餌使用但未被記錄的魚類，以及作為魚蝦養殖場飼料但未被記錄的魚類。

的官方資料分析比實際縮水了一半以上，出現這一現象的原因包括常常被人忽略的小規模捕魚、非法捕魚、其他不確定捕魚，以及被遺棄的副漁獲物。

然而不管你怎麼分析，被捕魚類的數量非常龐大，而且牠們死得並不優雅。致使商業捕魚死亡的主要原因，包括缺水導致的窒息、環境壓力變化出現的身體減壓、在巨大漁網中承受數千條同伴的擠壓，以及一旦上岸後即被取出內臟的現實。

不管你選擇相信哪種說法，這些令人暈眩的數字似乎掩蓋了一個事實，即每條魚都是獨一無二的個體，牠們不僅擁有生物屬性，更有自己的生平傳記。就像每條翻車鮋、鯨鯊、蝠鱝和豹紋喙鱸，都有獨特的外貌特徵，能讓你一眼就從外表上辨認出來一樣，牠們也都有自己獨特的內心世界。而其中也體現了人和魚類之間關係的變化軌跡。生物學認為，每一條魚，就像每一粒沙子一樣，是獨一無二的。但與沙粒不同，魚是有生命的。這一差別有著重要意義。當我們逐漸將魚作為有意識的個體去理解時，或許會和牠們形成一種全新的關係。就像一位不知名的詩人所寫的不朽名言一樣：「一切都沒變，只是我的態度變了，於是一切都變了。」

第一章
被誤解的魚
THE MISUNDERSTOOD FISH

我們不會停止探索
而我們探索的終端
將是我們啟程的地點
我們生平第一次知道的地方

——艾略特

我們通常所說的「魚」，指的是一個豐富多樣的物種集合。根據全球最大且查詢率最高的線上魚類資料庫 FishBase 的統計，截至 2016 年 1 月，已知魚類包括 64 目、564 科、33249 種。這一數量要比哺乳動物、鳥類、爬行動物和兩棲動物的物種總和還多。當我們提到「魚類」時，我們談論的其實是地球上人類已知的 60% 的脊椎動物。

幾乎所有的現代魚類都可以被劃分為兩大類：硬骨魚和軟骨魚。硬骨魚學名為 *teleosts*（源自希臘語，*teleios* 的意思是「完全」，*osteon* 的意思是「骨頭」），是當今魚類的主要構成部分，涉及 31,800 種，包括我們熟知的鮭魚、鯡魚、鱸魚、鮪魚、鰻魚、比目魚、金魚、鯉魚、梭子魚、米諾魚[1] 等。軟骨魚學名為 *chondrichthyans*（*chondr* 的意思是「軟骨」，*ichthys* 的意思是「魚」），約 1,300 種，包括鯊魚、魟魚、鰩魚、銀鮫[2] 等。這兩大類下的成員擁有陸生脊椎動物的全部十個身體系統：骨骼、肌肉、

1　鰷魚指的是生活在北美的鯉科下的一些魚類，包括若干個屬。
2　原注：有些科學家將銀鮫（即俗稱的「鬼鯊」）單獨分為一類。

神經、心血管、呼吸系統、感覺系統、消化系統、生殖系統、內分泌系統和排泄系統。還有一類特殊的魚是無頜魚類，或稱為 *agnathans*（*a* 的意思為「沒有」，*gnatha* 的意思是「頜部」），這是一個由約 115 種成員組成的小類，包括七鰓鰻（又名八目鰻）和盲鰻等。

我們簡單地將所有帶脊椎的動物分成五類：魚類、兩棲動物、爬行動物、鳥類和哺乳動物。[3] 然而這種分類方式本身會誤導人，因為它無法體現魚類之間的巨大差別。從演化的角度看，至少硬骨魚應該與軟骨魚區分開來，就像哺乳動物和鳥類不能混為一談一樣。和鯊魚比起來，鮪魚跟人類的親緣關係更近，而 1937 年被發現的「活化石」腔棘魚，又在生命起源樹上比鮪魚與人類的關係更近一些。這樣一來，如果將軟骨魚計算在內的話，至少有 6 種主要的脊椎動物類群。

人類之所以有「所有魚類都存在關聯性」的錯覺，在一定程度上是因為動物在水中很難演化出高效移動的能力。水的密度大約是空氣密度的八百倍，因此水生脊椎動物多為流線型、肌肉發達，而扁平的附肢（鰭）能在減少阻力的同時又產生向前的推力。

在高密度的介質中生存，也意味著重力的作用會大大縮減。水的浮力能幫助水生生物免受陸生動物的體重困擾，因此體型最大的動物──鯨，才會生活在水中。這些因素也解釋了為什麼大多數魚類的相對腦容量（腦重量佔體重的百分比）較小，而這一點，也讓魚在我們用大腦衡量其他生物時處於劣勢。魚藉助大塊且有力的肌肉在阻力遠大於空氣的水中前行，在這樣幾乎失重的環境中生活，意味著相對於腦

3　另有一說將脊椎動物分為 6 類：魚類、兩棲動物、爬行動物、鳥類、哺乳動物和圓口類（無頜類）動物。

體積來說，身體體積可以無限大。

　　不管怎麼說，大腦體積在認知發展方面的意義不大。正如作家蒙哥馬利（Sy Montgomery）在一篇有關章魚大腦的文章中提到的，電子業的一切產品都可以做到小型化。一條小魷魚學習走出迷宮的速度比狗還快，而小鰕虎只要在漲潮時游過一次潮池[4]就能記住地形，這是極少數人才能完成的壯舉。

　　最早的魚形生物出現在距今約 5.3 億年前的寒武紀。[5]牠們體型較小，鮮少有變化。約 9 千萬年後的志留紀時期，魚類長出了頜，實現了演化上的重大突破。這些先驅脊椎動物得以獵捕並撕咬食物，增強了捕獵過程中的咬合力，在很大程度上豐富了晚餐的可選範圍。或許我們也可以把頜看作自然界的第一把瑞士刀，其功能還包括操縱物體、挖洞、為建巢搬運材料、轉移及保護後代、傳播聲音及實現交流（比如「別過來，小心我咬你」）。頜的演化為魚類及一些早期的超級掠食者在泥盆紀的爆炸式增長提供了條件。正因如此，泥盆紀又被稱為「魚類時代」。大多數生活在泥盆紀的魚都是盾皮魚（placoderms，英文意思是 plate-skinned），頭部有堅硬的盔甲，身體則是軟骨骨架。大型盾皮魚足以令人生畏。鄧氏魚（Dunkleosteus）和霸魚（Titanichthys）的部分種，體長甚至可以超過 9 公尺，牠們沒有牙齒，卻能用頜內兩副尖銳

4　潮池是指退潮後，留在岩石間的潮水形成的一個又一個封閉的水池。漲潮時，海水湧進其間。

5　原注：直到 1 億年後，勇敢的肉鰭魚後代才邁出了踏上陸地的試探性一步。為了理解這些時間跨度，請想一想人屬（Homo，包括能人、尼安德塔人、智人等物種）的存在時間也只有 200 萬年。如果我們將人類生活在地球上的時間壓縮至 1 秒鐘，魚類的生存時間已有 4 分多鐘了。在魚類離開水之前，牠們在地球上存活的時間比人類長五十倍。

的骨板將食物咬碎磨爛。在這些魚的化石中，常會發現未完全消化的魚骨塊，這意味著牠們會像現代貓頭鷹一樣反芻食繭。[6]

　　儘管這些魚類和泥盆紀一起在 3 億年前消失，但大自然對盾皮魚非常友好，細心地為其保留了精緻的樣本，而讓古生物學家得以推演出盾皮魚生活中許多迷人側面。其中一個特別的發現，來自西澳洲戈戈化石遺址的艾登堡魚母（*Materpiscis attenboroughi*，英文為 Attenborough's mother fish）。牠以英國偶像級自然紀錄片主持人艾登堡（David Attenborough）的名字命名，在 1979 年的系列紀錄片《生命的演化》（*Life on Earth*）中，艾登堡表達了對此物種的強烈興趣。這份保存完好的 3D 樣本，能幫我們抽絲剝繭展示魚的內部結構。令人驚訝的是，在這條魚的體內，有一條發育完全且通過臍帶和母親緊緊相連的小艾登堡魚母。這一發現將體內受精的歷史向前推進了約 2 億年，不僅震動了學界，也為早期魚類的生活增添了一分情愛色彩。目前已知能夠實現體內受精的方式只有一種，即通過可插入的性器官。由此可見，魚類是最早享受性愛歡愉的動物。艾登堡曾在一次公共演講中，表達了自己對這一發現及將其公之於世的澳洲古生物學家約翰朗（John Long）的複雜情緒：「在生命的長河中，這是人類已知第一個脊椎動物交配的例子……而約翰竟以我的名字為其命名。」

　　儘管盾皮魚擁有了性，但和盾皮魚同期出現的硬骨魚則有著更光明的未來。雖然牠們在終結了二疊紀的第三次生物大滅絕中損失大半，但在之後長達 1.5 億年的三疊紀、侏羅紀和白堊紀裡，硬骨魚的

6　部分鳥類會將其食物中不能吸收且無法排泄的東西以食丸的形式吐出來，食丸多呈圓形或橢圓形。

物種多樣性得到極大的增長。大約 1 億年前，硬骨魚真正開始蓬勃發展。從那時算起直到今天，人類已知硬骨魚的種類數量較那時之前增多了五倍以上。然而，化石並沒有直接告訴我們有關牠們的秘密，或許還有更多早期的魚類仍被掩藏在石塊之中。

和硬骨魚一樣，軟骨魚也逐漸從二疊紀的打擊中恢復過來，只是隨後沒有出現爆炸式的多樣化發展。就我們所知，如今鯊魚和鰩魚的種類比歷史上任何時期都來得多。我們也開始發現，牠們並不像傳聞中那樣好鬥。

物種豐富 多才多藝

與陸生生物相比，魚類的生活更難觀察，因此很難被徹底瞭解。根據美國國家海洋暨大氣總署（National Oceanic and Atmospheric Administration）的資料，全球只有不到 5% 的海洋得到了開發。深海是地球上最大的棲地，其中生活著全球大部分的動物。一項於 2014 年上半年公布的長達七個月的研究，曾利用回聲探測技術在中層帶[7]進行探查，結果顯示這一區域實際存在的魚類數量，是之前預想的十至三十倍。

為什麼不呢？或許你聽過一種很普遍的說法，即對於生物來說，居住在深海是一種折磨。但這其實是種膚淺的觀念，與我們承受的每平方公尺 10 公噸的大氣壓力相比，深海動物承受的海水壓力其實不算什麼。正如海洋生態學家科斯洛（Tony Koslow）在其著作《沉寂的深處》

7　中層帶是指海面下 200 公尺至 1 千公尺的區域。

（*The Silent Deep*）中解釋的，相對而言，水是不可壓縮的；由於生物體內部的壓力和外部壓力幾乎一樣，深海壓力所產生的影響並沒有我們想像中來得大。

隨著科技發展，人類得以一窺深海，但即使是在可探測的棲地，仍隱藏著很多未被發現的物種。在 1997 和 2007 年間，僅在亞洲的湄公河流域就發現了 279 個新物種。2011 年，四種鯊魚新物種被發現。按照這種比率，科學家預測魚類總數將會穩定在 3.5 萬種左右。隨著魚類的基因探測技術不斷發展，或許還會有數以千計的魚類等待著人類發現。20 世紀 80 年代末，我在讀碩士期間研究蝙蝠時，已知的蝙蝠種類是 800 種，如今這數字已漲到 1,300 種。

差異帶來多樣性，而魚類王國豐富的多樣性，催生出很多奇特且令人驚異的生命型態。世界上最小的魚——也是世界上最小的脊椎動物——是一種來自菲律賓呂宋島的小鰕虎。成年菲律賓矮鰕虎（*Pandaka pygmaea*）長僅 7 公厘，重約 0.004 公克，三百條菲律賓矮鰕虎的總重量甚至抵不過一枚硬幣。

一些雄性深海鮟鱇的長度不超過 1.2 公分，比菲律賓矮鰕虎大不了多少，但牠們極為大膽的生存模式彌補了體型上的缺陷。一旦偵查到雌性氣息，雄性深海鮟鱇便會用嘴咬住對方，直到生命的盡頭。牠們咬住對方的位置並不重要——可能是腹部，也可能是頭部——但雄魚最終將與雌魚融合在一起。因為體型比雌魚小很多，雄魚更像是另一隻特化的魚鰭，以雌性的血液供給為生，通過靜脈實現受精。三條甚至更多的雄魚能夠寄生在同一條雌魚身上，牠們依附著雌魚，就像殘存的軀幹一般。

這種看起來像是可怕性騷擾的行為，被科學家稱為「異性寄生」。

但是，造成這種非常規交配方式的原因並沒有那麼不光彩。據估計，雌性鮟鱇出現的機率是每 80 萬立方公尺一條，這意味著雄魚需要在一個足球場大小的黑暗空間裡找到足球大小的物體。對於鮟鱇來說，在茫茫的黑暗深淵中找到彼此是極其困難的事，因此一旦找到，最明智的方法就是盡快依附上去。1975 年，格林伍德（Peter Greenwood）和諾曼（J. R. Norman）修訂《魚類史》（A History of Fishes）時，已找不到獨立生存的成年雄性鮟鱇了，因此魚類學家猜測，如果未能成功找到可依附的雌魚，雄性鮟鱇恐怕只有死路一條。但來自華盛頓大學同時也是伯克自然歷史文化博物館魚類館館長、全球頂尖的深海鮟鱇研究專家皮奇（Ted Pietsch）告訴我，全球範圍內曾有上百隻獨立生存的雄性鮟鱇在樣本採集的過程中被發現。

雄魚好吃懶做的結果是，雌魚永遠不用擔心牠的伴侶週六晚上在哪裡鬼混。事實上，除了作為累贅之外，一些雄魚也確實會做出少許貢獻。

魚類另一項令人驚異的技能是牠們的繁殖力，這點在所有脊椎動物中無人能及。一條 1.5 公尺長、25 公斤重的鱈魚，卵巢內有 2836.1 萬個卵子。即使是這樣的規模，也無法和最大的硬骨魚──翻車魨（ocean sunfish）──的 3 億顆卵子數量相提並論。這樣的龐然大物竟是由如此不起眼的射入水中的卵子發育而成，這很容易造成人們的偏見，認為魚類不值得研究。但我們需要記住的是，所有生物都由單細胞發展而來。在本書之後的「育兒方式」章節中，大家會發現很多魚類的養育能力已十分成熟。

從一顆比字母 o 還要小的卵子開始，成熟後的鱈魚能長達到 1.8公尺──這也是魚類另一項令人稱奇的技能。在獨立的生命週期內，牠們的身體能夠增長數倍。然而，所有脊椎動物當中的生長冠軍，或許是擁有尖尾鰭的翻車魨。牠們的身體雖不是流線型，[8]卻能從 0.25 公分長到 3 公尺長，成熟後的體重是之前的 6 千萬倍。

與此同時，鯊魚則處在魚類繁殖力光譜的另一端。部分種類的鯊魚一年只會產一條小鯊魚，而且還是在牠們達到性成熟之後——對於一些鯊魚來說，這一過程需要二十五年甚至更長的時間。而遭到過度捕撈且很可能被當作解剖學習材料的白斑角鯊（dogfish sharks），則平均需要三十五年才能達到性成熟。鯊魚的胎盤結構和哺乳動物的胎盤結構一樣複雜；牠們一生中懷孕的次數寥寥無幾，孕期也十分漫長。皺鰓鯊（Frilled sharks）的懷孕時間超過三年，這也是自然界當中已知的最長孕期——衷心希望懷孕的皺鰓鯊媽媽們不會有孕吐反應。

白斑角鯊不會飛，其他魚類也不具備這項能力，但牠們或許是全球頂級的滑行選手。其中最著名的要數飛魚了。廣闊的海洋表層生活著約 70 種飛魚，牠們的胸鰭已大幅進化，能夠發揮翅膀的作用。為降落做準備時，飛魚的速度可以達到每小時 64 公里。飛行時，牠們將尾鰭下葉浸入水中作為增壓器，飛行距離可達 350 公尺以上甚至更遠。魚類飛行時通常只是貼著水面，但有時一陣狂風也能將這些飛行者帶到 4.5 至 6 公尺的高度，這或許能解釋為什麼有時飛魚會落在甲板上。我很好奇，如果水生動物沒有了呼吸系統的限制，飛魚能否拍打「翅膀」飛得更遠呢？還有一些魚也能飛到空中，比如南美和非洲的脂鯉科（characins）魚類以及名字聽起來更像馬戲節目的翱翔真豹魴鮄（flying gurnards）。

8　原注：翻車魨科的科名 Molidae，指的是牠們如平圓磨石一般的身型。

說到魚類之最，不得不提到魚的名字。名字最長的幾種魚類之一是夏威夷州的州魚，斜帶吻棘魨（rectangular triggerfish），被當地人稱為humuhumunukunukuapua'a（意思是「用針縫合起來且鼾聲如豬的魚」）。最樸素名字獎，應屬毛頜鮻鱸（英文名為 hairy-jawed sack-mouth，直譯為「頜部多毛的袋嘴魚」）。最好笑的則是勃氏新熱鳚（英文名為 sarcastic fringehead，直譯為「刻薄的流蘇腦袋」，得名於牠火爆的脾氣和眼部奇特的附屬物觸毛，又名大口鰕虎）。最粗魯的魚名，我會提議一種小型近海魚雙帶海豬魚（*Halichoeres bivittatus*，英文名為 slippery dick，意為「濕滑的陰莖」）。

但說真的，有關魚類最激動人心的消息是對牠們如何思考、如何感受，以及如何生活的深入研究。幾乎每週都會有有關魚類生物學及行為學方面的新發現。人們對礁岩的細緻觀察，揭開了清潔魚（cleaner-client fish）和其「顧客」之間微妙的互利共生，而這一事實也推翻了此前人們認為的魚只是聽從本能的傻瓜的這一論斷。簡單的實驗也能證明，讓魚類聲名狼藉的三秒記憶一說並不屬實。在下一章節，我們將會瞭解到魚類不僅擁有感知，還有意識，能交流，善社交，會使用工具，有道德準則，甚至會像馬基雅維利主義者（利用他人達成個人目標的一種行為傾向）一樣不擇手段。

並不卑賤

在所有脊椎動物中，魚類對人類來說是最陌生的。牠們很少有可觀測的面部表情，總是靜默無聲，和其他呼吸空氣的動物相比，更容易被人類忽略。魚類在人類文化中的定位通常體現為以下兩個相互交叉的層面：可以捕撈，可以吃。在人們看來，垂釣不僅是良性的，還是美好生活的象徵。廣告中常會無緣無故出現垂釣的畫面，甚至美國最受歡迎的電影公司夢工廠的標誌，就是一個拿著釣竿的湯姆[9]式男孩。或許你也曾碰過一些自詡為素食主義者的人也會吃魚。在他們看來，吃鱈魚和吃黃瓜在道德上似乎沒什麼差異。

為什麼我們容易將魚排除在人類的道德關注圈之外呢？首先，魚是「冷血的」——但這樣一種外行說法並沒有任何科學依據。我想不通體內是否有調節體溫的機制，與生物體的道德地位之間有什麼關係？但不管怎麼說，大部分魚類的血液並不總是冷的。魚是變溫動物，牠們的體溫受到外界因素，尤其是其生活水域水溫的影響。生活在溫暖熱帶水域的魚，體溫相對較高；相對地，生活在寒冷深海地區或兩極地區的魚（事實上也是大部分魚類），體溫就會處於冰凍的邊緣。

但這樣的解釋也並不全面。鮪魚、劍旗魚以及部分鯊魚，並非完全意義上的變溫動物，其體溫高於外界的水溫。牠們藉助強壯有力的泳肌獲取熱量。藍鰭鮪魚能在攝氏 7 至 27 度的水中保持攝氏 27.8 至 32.8 度的肌肉溫度。無獨有偶，很多擁有粗大血管的鯊魚會通過核心泳肌向骨髓輸送溫暖的血液，達成中樞神經系統的保溫。大型掠食性魚類（槍魚、劍旗魚、旗魚等）則會利用這些溫度為大腦和眼睛加溫，以便在更深更冷的水域中保持最佳狀態。2015 年 3 月，科學家首次公布對真正的溫血魚——斑點月魚（opah）的研究。斑點月魚能在幾百公尺深的寒冷水域中保持攝氏 12.8 度左右的體溫，這得益於牠拍打長長的胸鰭時所產生的熱量，以及位於腮部、能將這些熱量儲存下來的逆流

9　湯姆・索亞出自美國小說家馬克吐溫的作品《湯姆歷險記》。

熱交換系統。[10]

　　人類對魚的另一個偏見是認為牠們「原始」。其中包括很多不友好的暗示，比如簡單、發育水準低、愚笨、遲鈍、無情。勞倫斯在1921年的詩作〈魚〉中寫道，魚「誕生在我的日出之前」。

　　毋庸置疑，魚類這一物種由來已久，但據此將魚類劃歸為「原始物種」仍是謬論。這一觀點假定，在一些水生動物登上陸地後，留在水裡的動物就停止了演化，而這一點並不符合生物永不停息的演化規律。現存所有脊椎動物的大腦和身體，都是原始與現代特徵的結合體。隨著時間流逝，大自然會逐步完善，保留那些重要的部分，淘汰其他多餘的擺設。

　　最初擁有腿和肺的魚類都已絕跡。今日我們在地球上看到的幾乎一半的魚都屬於鱸形亞綱（Percomorpha），牠們在5千萬年前經歷了一次狂歡式的物種演化，並在約1500萬年前達到物種多樣性的高峰。當時的猿類族群，也就是人類的祖先類人猿，也正在演化。

　　因此，大約一半的魚都沒有人類「原始」。但早期魚類的後代擁有更長的演化時間，這樣一來，魚類可說是所有脊椎動物中演化得最為成熟的了。讓人驚訝的是，魚類在其遺傳機制下甚至能長出手指，這足以證明魚類與現代哺乳動物的諸多相似之處。只是在魚身上，魚鰭代替了手指——畢竟在游動時，魚鰭要比手指好用多了。分節的肌肉組織也是如此，最能突顯運動員健美線條的搓衣板似的腹肌（*rectus abdominus*，不只是運動員，其實所有人身上都有，只不過藏在厚厚的脂肪下面罷

---

10 月魚從身體核心部位流出的血液，能通過獨特的鰓部結構加熱呼吸時流回的冰冷血液，從而調節自身體溫。

了），也可以追溯到最先出現在魚類身上的中軸肌。就像舒賓（Neil
Shubin）的暢銷書《我們的身體裡有一條魚》（*Your Inner Fish*）的書名所指，
我們的祖先（以及現代魚類的祖先）都是早期的魚類，在我們的體內依舊
留有這些共同的水生祖先的痕跡。

古老的生物體並不一定意味著簡單，演化也並非不懈地趨於更複
雜或體型更巨大。大型恐龍的體型遠大於現代的爬行動物，而且古生
物學家最新發現的證據顯示，這些恐龍也是社交動物，牠們有親代撫
育行為，其溝通模式至少和現代爬行動物一樣複雜。同樣地，在幾百、
幾千萬年前哺乳動物多樣性非常蓬勃的時期，最大的陸生哺乳動物也
未能免於滅絕。而真正意義上的哺乳動物時代就此結束。雖然我們習
於將過去 6500 萬年視為哺乳動物時代，但硬骨魚也在同一時期不斷繁
衍發展，甚至發展的速度更快。「硬骨魚時代」聽上去沒那麼性感，
但這種說法其實更精確。

正如演化並不總是朝著越來越複雜的方向發展一樣，它也不是趨
於完美的過程。雖然適者生存，但認為動物能夠完美適應環境的想法
也是一種謬論，因為環境並非一成不變。氣候類型、地震、火山噴發
等地質變化，以及持續不斷的侵蝕，都在改變地球的模樣。甚至除去
這些不穩定因素之外，大自然本身也會走一些彎路。這一過程中難免
會有妥協，人類身上就有很多例子，包括我們的闌尾、智齒，以及視
神經穿過視網膜造成的盲點。對於魚類來說，呼吸時鰓蓋必須一張一
合，但這產生了向前的推力。如果魚類想要保持靜止，就像大部分魚
在休息時做的那樣，牠就必須找到能替代魚鰓推力的另一種力。這也
解釋了為什麼魚在靜止時胸鰭依舊沒有停止擺動。

我們對魚類演化過程及其行為方式瞭解得越多，對魚類的認識就

會越深入，和牠們的聯繫也會越緊密。想要做到感同身受，關鍵是從他人的角度出發考慮問題，當然就這種情況而言是從他「魚」的角度出發，而其中的核心，就是走進魚類的感官世界。

第二章

魚的認知

WHAT A FISH PERCEIVES

沒有真理，只有感知。

——福婁拜

魚的視覺

金紅色，如水般精緻的，平靜如鏡的明亮眼睛。

——勞倫斯，〈魚〉

我們熟知的感官有五種：視覺、嗅覺、聽覺、觸覺和味覺。但實際上，人類擁有的感官遠遠多於這些。試想如果沒有幸福感，生活將會多麼無聊！雖然生活中沒有痛感這一想法非常誘人，但如果將手放在炎熱的爐子上卻絲毫意識不到危險，那該有多可怕！沒有了平衡感，我們無法走路，更別說騎自行車了。沒有了感知壓力的能力，即便是熟練地使用刀叉，也將成為精神需要高度集中的壯舉。作為經歷了長時間演化的生物，魚類擁有多樣且成熟的感知模式。

當我還是動物行為學領域的學生時，我最喜歡的其中一個概念是德國生物學家尤克斯考爾（Jakob von Uexküll）於 20 世紀早期提出的「周圍世界」（*umwelt*）。我們可以將動物的周圍世界，看作牠們的感官世界。因為動物的感覺器官千差萬別，即使身處同樣的環境，不同物種感知到的世界也各不相同。

例如，貓頭鷹、蝙蝠和飛蛾都是夜行性動物，但其生物結構不同，這意味著牠們的「周圍世界」各有差別。貓頭鷹主要依靠視覺和聽覺捕捉獵物。蝙蝠同樣依賴聽覺，但方式與貓頭鷹不同──牠們能夠感知自己發出的高頻率聲波，利用回聲定位能力捕捉獵物、辨別方向。飛蛾作為無脊椎動物，可能是這三者中與人類的感官世界相差最遠的，但牠們的視力極佳，且能借助超強的氣味探測能力，跋山涉水地找到伴侶。理解動物感官的運作方式，能夠幫助人類走進牠們的感官世界。

魚類生活在水中，牠們的「周圍世界」和呼吸著空氣的人類有很大區別。但演化是一個希望一切規規矩矩、整整齊齊的保守派設計師。拿魚的眼睛舉個例子：除了魚沒有眼瞼這一顯而易見的不同之外，魚類的眼睛其實和人類的眼睛很像。與大多數脊椎動物（包括人類）的眼球一樣，魚的眼球由三對肌肉控制，這些肌肉能讓眼睛朝不同方向靈活轉動，同時在懸韌帶和收縮肌的幫助下，魚兒能注意到打氣機附近升起的氣泡，或在玻璃另一側專心盯著魚缸看的站立生物。作為陸棲動物的演化祖先，早期魚類發展出了這一視覺系統。大部分小型魚類的眼部活動很難被察覺到，不過下次去水族館時，你可以觀察一下大型魚的眼部變化，牠們的眼珠常常轉來轉去，查看著周圍的環境。

在球面的高折射率下，亦即光在真空中的傳播速度與在該介質（此處指眼睛）中傳播速度之比率下，魚在水下看到的物體，就和人類在空氣中看到的物體一樣清晰。雖然魚類沒有能為眼球脆弱表面保濕的淚腺或眼瞼，但其賴以生存的水，就足以保證眼睛的清潔與濕潤。

海馬、鰤魚、鰕虎和比目魚更是演化出眼部的肌肉組織，使得兩隻眼睛可以分別朝不同方向轉動，就像變色龍一樣。我能從中得出的唯一結論，就是這些受眷顧的生物能夠同時擁有兩個視野。這項技能與人類大腦的運作方式完全不同，我曾試著想像用意識同時控制兩個視野，但這種感受實在超出了我的「周圍世界」經驗，其難度不亞於想像宇宙的邊界。雖然一個由以色列和義大利科學家組成的團隊，設計了帶有兩個獨立活動攝影鏡頭的「機械頭」來模仿變色龍的視覺機制，但目前人類仍無法理解它們如何由同一個大腦操控。變色龍能同時擁有兩種想法嗎？一隻眼睛盯著鮮嫩多汁的蚱蜢時，另一隻眼睛能夠看著頭頂上的樹枝、計畫最佳的接近路線嗎？海馬能夠一隻眼睛衝著心儀對象大拋媚眼，另一隻眼睛卻警惕地關注著捕食者的一舉一動嗎？反正我的單線大腦做不到。如果我在看報紙的同時聽著廣播裡面的《美國生活》，我的思路一定會在兩者間來回穿梭，不管多麼努力，也沒辦法同時跟上兩個故事。

我也無法想像比目魚的視覺體驗，尤其是比目魚幼體的視覺體驗。牠們看起來和其他魚沒有什麼區別，兩隻眼睛各在一邊，游動時脊背朝上。但隨著比目魚不斷長大，牠們會經歷一次奇異的轉變，一隻眼睛會轉移到臉的另一側。這個過程就像是一場沒有手術刀與縫合線的面部整型手術，只不過是慢動作發生。甚至有的時候，這一過程也沒有那麼緩慢。對於星斑川鰈（starry flounder）來說，整個轉移過程只需 5 天，而其他種類的比目魚甚至有可能在 1 天內完成。如果說哪種魚會經歷尷尬的青春期，那一定非比目魚莫屬。

兩隻眼睛長在一邊這種事雖然有些丟人，但作為補償，比目魚擁有超強的雙眼視覺。牠的兩隻眼睛就像驕傲的鄰居一樣，不僅能從身體中探出來，還能單獨轉動（不知道比目魚是不是唯一能從自己眼中看到自己而且還被嚇一跳的魚）。雙眼視覺對於潛伏在沙質或岩石海底的比目魚來說，是一項很有用的技能，牠們能夠將自己精心偽裝成背景，伺機以光速攻擊一隻毫無防備的小蝦或其他倒楣的經過者。有了精準的深度知覺，[1] 比目魚能更好地判斷埋伏的時機與成功機率。

對於比目魚 [2] 以及鰨、大菱鮃、大比目魚、副棘鮃、擬大比目魚、舌鰨等超過 650 種鰈形目魚（flatfishes）來說，眼睛的遷移是項實用的生存技能。有些比目魚被稱為「鰈」，即左邊的眼睛轉移到身體右側後，牠們一直向左側躺；與此相反，另一些比目魚被稱為「鮃」。儘管有了升級的生存技能，細齒牙鮃和鰨魚依然面臨過度捕撈導致的生存威脅。

生活在中南美洲大西洋海岸淡水與鹹水水域中的四眼魚，有著與眾不同的拓展視野方式。作為大自然中雙焦鏡的發明者，這些彩虹花鱂的親戚擁有分區的視網膜。當四眼魚游動時，視網膜中的水平間隔正好與水面吻合，因此牠們眼睛的上半部擁有完美的空氣視覺，下半部則能看清水裡的一切。基於這種靈活的基因編碼，四眼魚眼睛的上半部對於空氣中起主導作用的綠光波段更為敏感，而眼睛下半部則對汙濁水質中常見的黃光波段更敏感。當四眼魚一邊在水中尋覓美食，一邊提防空中突然飛來的捕食鳥類時，這種視覺上的寶貴優勢尤為重要。

大多數體型更大、速度更快、生活在開闊海域的掠食性魚類，如劍旗魚、鮪魚以及部分鯊魚，捕獵時依賴的是速度和超群的視力。一

1　「深度知覺」指生物體對同一物體的立體狀態或對不同物體的距離的反應。

2　中文中的比目魚（flounder）是鰈形目鰈亞目魚類的統稱，而英文的 flounder 指的是鰈亞目裡幾個種的魚類的統稱，因此下文才會出現後面羅列的幾類魚都屬於鰈亞目的情況。此處保留了原文的說法。

條 3.6 公尺長的劍旗魚，眼距將近 1.2 公尺。即便如此，牠們在水下捕獵時依舊面臨很多視覺上的挑戰。如果你曾有過沒帶手電筒摸黑進入山洞的經歷，就一定能理解魚類在沒有光線的深海裡的感覺。不僅如此，海水溫度會隨著深度增加而降低，寒冷會導致大腦遲鈍、肌肉僵硬、反應時間延緩。

為了克服因寒冷而出現的一系列遲鈍反應，有些魚演化出能強化大腦和眼睛的天才技能，即充分利用肌肉產生的熱量，賦予感覺器官更強的戰鬥力。劍旗魚眼睛的溫度比水溫高出攝氏 1 至 6 度，其熱量來自眼部肌肉附近的血液在流入和流出時進行的逆流交換。經動脈從心臟流出的低溫血液在到達眼部附近時，能夠由眼部肌肉中的特殊加熱器進行加熱。動脈也會形成一個緊密的格狀網路，增強流經血液的熱量交換。科學家對於從劍旗魚身體中取出的眼睛進行研究時發現，正是因為有了這種加溫策略，劍旗魚在追捕獵物時的反應能力增強了超過十倍。

與劍旗魚不同，很多鯊魚更喜歡在光線微弱的夜間狩獵。牠們的視網膜附近有一層能夠反光的細胞組織「明毯」。[3] 射到這層細胞上的光線會反射到鯊魚眼中，對視網膜的雙重刺激可以有效地增強鯊魚的夜間視力。人們所熟知的貓以及其他陸棲夜行動物的「雙眼放光」就是得益於此。如果鯊魚能夠在陸地上行走，你會在夜晚的車燈前看到牠們眼中怪異的光。

與捕獵相比，**躲避捕食者**同樣是頭等大事。無論是生活在海洋、湖泊還是溪流中的魚，都會用盡一切視覺手段來取得優勢。例如對那

3　即 *tapetum lucidum*，拉丁語中意為「明亮的毯子」。

些生活在淺水區域的魚來說，水面就像是鏡子，可以藉此觀察到處於
視覺盲區的物體。生活在北美的湖泊、池塘以及水流緩慢的溪流中、
且只有碟子大小的藍鰓太陽魚，能夠通過水面的反射，觀察到遠處石
頭或眼子菜叢中潛伏的白斑狗魚。同樣地，捕獵者或許也能通過這樣
的技巧觀察自己的獵物。想要弄清楚這一點，只要將雙方放在臨時的
水箱裡進行研究就足夠了。

　　藍鰓太陽魚使用的「鏡子技術」只適用於風平浪靜的時候，在平
靜的水面下，魚類能清楚觀察到水面上發生的一切事，並在捕食的鳥
類發動攻擊前快速逃跑。當水面起浪時，魚類的觀察力就會下降，這
或許也可以解釋為什麼海鳥多在水面起波浪時捕獵，而且會在這一時
段收穫更多。平靜水面的折射也能讓魚類觀察到岸上發生的事。懂得
這個道理的漁民有時會站在離水較遠的地方，盡量不給獵物察覺的機
會。

彩色徽章與手電筒

　　當然，魚類有時反而希望被發現。珊瑚礁就為牠們的視覺創新帶
來了各式各樣的機會。珊瑚生長在熱帶淺海區域，那裡的溫度和亮度
都比較高。光線讓色彩變得美輪美奐，正因如此，珊瑚魚擁有了千變
萬化的美妙顏色。2014 年，科學家在 3 億年前鯊魚狀的化石生物身上
找到了視桿細胞和視錐細胞，[4] 這說明地球上的生物早在演化至水生階

4　視細胞分為視桿細胞和視錐細胞，視桿細胞能夠辨別明暗，視錐細胞能夠分辨
　　色彩。

段時，就已經擁有了色覺。

在那之後，魚類演化出能夠超越人類的視覺能力。例如大多數現代硬骨魚都擁有四色視覺，這意味著與人類相比，牠們能看到的色彩更為清晰多樣。我們都是「三原色生物」，即我們的眼中只有三種視錐細胞，可見光譜十分有限。而擁有四種視錐細胞的魚眼睛，有四個獨立的色彩資訊傳遞通道。有些魚類還能看到近紫外光譜中比人類可見光波長短很多的光線，這也解釋了為什麼已知的 22 科珊瑚礁魚中，有近一百種魚的皮膚能夠反射大量紫外線。讓我好奇的是，魚是看到身著藍黃賽車條紋潛水服的潛水夫更興奮，還是看到身著全黑潛水服的潛水夫更興奮？

2010 年，科學家經研究證實可見光譜範圍更廣所具有的價值。他們以生活在珊瑚礁中的色彩斑斕、各式各樣的雀鯛作為研究對象，關注其視覺通訊。（見彩圖頁，靜擬花鮨）科學家選擇了生活在西太平洋同一片珊瑚礁中外貌極其相似的安邦雀鯛（ambon damselfish）和摩鹿加雀鯛。安邦雀鯛有極強的領土意識，絕不允許同類侵犯自己的領地。但牠們如何判斷入侵者是不是摩鹿加雀鯛呢？研究者推測視覺在其中發揮著重要的作用。事實證明，每個種類的雀鯛在紫外光譜下都有自己獨特的可視面部圖案（見彩圖頁，安邦雀鯛）。當研究人員用紫外線照射雀鯛時，牠們的面部會出現奇妙的類似指紋的點狀和弧狀圖案，不同種類的雀鯛間存在著人類難以察覺、但始終如一的差別。在對人工養殖的雀鯛進行識別能力測試時，牠們能夠用嘴巴準確地碰觸同類的照片，以此獲得食物獎勵。而當研究人員利用紫外線過濾劑去除這一視覺資訊後，雀鯛就很難通過測試。不僅如此，雀鯛的捕食者對紫外光譜並不敏感，而雀鯛卻能偷偷利用臉部識別系統，無須偽裝就能逃脫敵人的視線。這種感覺就好像在化裝舞會上，只有你一人能夠認出面具後面的臉。

魚類有的是辦法藉助身體顏色來表達自我。除了體現物種之間的差異外，很多魚的身體色彩都在向同伴傳遞有關性別、年齡、生育狀態及心情的資訊。牠們皮膚裡的色素細胞，包含類胡蘿蔔素和其他能呈現出黃色、橘色、紅色等暖色的化合物。出現白色並不是因為色素缺失，而是白色素細胞[5]裡的尿酸結晶及虹彩細胞裡的鳥嘌呤反射光線而成。綠色、藍色和紫色大部分是由魚皮和魚鱗中的結構形成，而且不同的厚度能夠呈現出不一樣的色彩。想一想色彩斑斕的小丑魚（就像迪士尼動畫《海底總動員》中的尼莫），牠們身上的顏色在所有海葵魚中獨樹一幟，也明確地向其他魚類發出警告：最好別跟著我，小心我家的海葵用觸手狠狠地扎你！（見彩圖頁，海葵魚）

如果身著亮色服裝有用的話，能換衣服就更棒了。麗魚和箱魨這樣的魚類可以透過擴張或收縮含有黑色顆粒的黑色素細胞，快速將身體顏色變深或變淺。比目魚和煙管魚能夠完美控制身體細胞的擴張或收縮，而五彩斑斕的珊瑚礁魚類尤其擅長改變身體的顏色。牠們可以爭奇鬥豔，吸引潛在配偶、威脅競爭者，也可以息事寧人，用柔和的身體顏色撫平頗具競爭性的對手，或是逃脫捕食者的視線。

我們之前談到眼睛會轉移的比目魚，就是操控色彩的冠軍。牠們能像變色龍一樣，將自己隱藏在背景之中。我記得高中翻看生物課本時偶然看過一張令人瞠目結舌的照片，照片中的比目魚被放置在水箱中的棋盤上。幾分鐘內，比目魚背上就出現類似棋盤的紋路，從遠處

---

5 原注：即 *leucophores*，源自古希臘語，leukos 意謂著「白色」。

看，牠就像消失了一般。這種透過改變皮膚色素分布狀態來模仿背景的能力，複雜且令人難以理解，而視覺和激素都在其中起了作用。如果比目魚的眼睛受傷或蒙上沙子，就很難將身體顏色與周圍環境相匹配，這在某種程度上也說明比目魚控制身體顏色，靠的是意識而非細胞機制。

魚類身邊圍繞著朋友和敵人，牠們想讓朋友看到自己，卻又不想被敵人發現。在靠近水面的透光層（上層帶），幾乎一切東西都能看得清清楚楚。但隨著海水深度增加，透光率會呈指數降低。能被看到，對魚來說可是頭等大事，因此 90% 生活在 100 公尺至 1 千公尺深的暮光層（有稱灰暗層、過渡層或中水層）的魚都有發光器官，在黑暗中可以當作手電筒使用。再往下，到了 2 千公尺甚至更深的漆黑一片的無光層（有稱午夜區、深淵帶），體內含發光器官的魚會更多，其中就包括鑽光魚、燈籠魚以及著名的鮟鱇等。

那裡大部分的光都來自發光細菌，這些細菌寄生在魚類體內，和牠們有著古老的共生關係。作為借宿的回報，發光細菌為寄主提供了優厚的餽贈。深海鮟鱇是燈光表演方面的專家，牠們的頭部長有突出的如誘餌一般的「小燈籠」，部分種的下頜處還懸浮著樹狀結構的發光器官。這些閃閃發光的裝飾物大大增強了深海鮟鱇對潛在獵物的吸引力，牠們就像飛蛾撲火一般，在鮟鱇的嘴裡葬送了自己的性命。（見彩圖頁，深海鮟鱇）但從另一個角度來說，突然閃現的光也有可能嚇跑潛在的獵物。這些發光器官也能在魚的下方投射微弱的光線提供偽裝，這樣在來自上方的昏暗光線中，牠們就沒那麼顯眼了。而當魚類想和同伴共度時光時，這些器官獨特的發光模式也說明了牠們能夠辨認彼此。

鰏魚（Ponyfishes）有一種散發冷光[6]的特殊方法。位於雄性鰏魚喉嚨部位的發光器官（發光細菌）能向體內發光，光線射到充滿氣體且能控制浮力的魚鰾上，經由魚鰾外的反光層再次反射光線，就會在其透明的皮膚上形成光點。通過控制身體上的肌肉，鰏魚能打造一場燈光秀。大批雄性鰏魚有時會聚在一起，合作進行令人眼花繚亂的表演。據科學家推測，這些行為是為了讓雌魚心花怒放，給自己爭取一次約會。

燈眼魚（Flashlight fishes）是為數不多沒有生活在深海但能發光的魚，牠們是利用眼睛下方半圓形的多功能發光器官發光 。其中的發光細菌能夠持續不斷地提供光源，但燈眼魚能利用蓋子一般的肌肉組織，隨意地控制發光器的開合。和鰏魚一樣，燈眼魚喜歡聚在夜晚的淺灘，牠們發出的光能吸引浮游生物，當然也可以讓自己發現那些獵物。燈眼魚也會利用光線躲避敵人。當危險迫近時，被盯上的燈眼魚會一直開著自己的小燈，直到最後一刻突然熄滅光源，改變方向——這真的需要極大的勇氣。戀愛中的燈眼魚會在岩礁上安營紮寨，如果有不速之客闖入，雌魚就會憤然游出，用自己的光線直直照著入侵者的臉，彷彿在說「趕緊給我走」。

深海魚的燈光秀一般都在藍綠光譜中，大部分的魚發出的也是藍綠色光，這可能因為藍綠色光在水中的傳播速度最快。但也有一種魚不按顏色的套路出牌：那就是巨口魚（loosejaws，直譯為「鬆散的頜部」，又稱柔骨魚）。牠們因碩大的下頜骨而得名，靈活的頜骨能讓牠們輕鬆張開血盆大口。其中一種柔骨魚是黑柔骨魚，因其眼睛下方的發光器

6　大部分生物都能發光，這些光並不能產生熱量，因此被稱為「冷光」。

官能夠發射出強烈紅光而得名。[7]對某些魚來說，這種顏色是由特殊的螢光蛋白所產生；而對另一些魚來說，這種顏色得益於發光器官之上簡單的膠狀過濾組織。正是有了負責調整眼睛內色素結構的基因的一點點改變，造物主才讓柔骨魚看到了紅色。

一束只有發光者才能看到的光有著極大的優勢。一旦擁有了這項技能，這些深海中的捕食者就能放心地觀察獵物，不用擔心自己被發現。其他深海魚只會間歇性地使用光束，閃爍幾下就會停止，唯恐自己被其他魚發現並遭到吞食，但黑柔骨魚的膽子很大，牠們的燈一直亮著，但捕食者和牠們所跟蹤的獵物卻看不到。對牠們來說，這就像是深海裡的夜視護目鏡。

你被騙了！

顯然，魚類擁有多樣且獨特的視覺系統。牠們能強化自身視力，讓自己變得更顯眼或更不顯眼，可以表明身分，也可以引誘、排擠或是操控其他物件。

但是魚類如何感知自己眼裡的世界呢？牠們有怎樣的心理體驗，和人類相比又有什麼不同呢？

想要瞭解這一點，可以利用視錯覺。如果動物對能騙過人類眼睛的視覺圖像毫無察覺，我們就能得知牠們在觀察世界時是無意識的，就和機器人「觀察」世界的方式一樣。但如果牠們也會遇到視錯覺，則意味著魚和我們擁有類似的感知體驗。

7　黑柔骨魚的英文名為 stoplight fish，意為「紅燈魚」。

在《亞歷克斯與我》（*Alex & Me*）中，派珀伯格（Irene Pepperberg）記錄了自己與一隻非洲灰鸚鵡長達三十年的感人回憶，其中一個令人興奮的發現是這隻聰明的鳥兒也會被視錯覺誤導。正如派珀伯格所寫，這意味著鸚鵡「看到的世界與我們看到的一模一樣」。

那麼，魚會受到視錯覺的誤導嗎？在一項針對原產於墨西哥高山溪流中的一種艾氏異仔鱂（redtail splitfins）的研究中，人們發現這些魚學會了透過拍打兩隻盤子中較大的那個，來獲得食物獎勵。一旦掌握了這項技能，科學家就給牠們展示「艾賓浩斯錯覺圖」（Ebbinghaus illusion，見圖 1）。圖中有兩個大小一樣的圓盤，但被大圓盤包圍的圓盤看起來更小（至少在人類看來是這樣）。而艾氏異仔鱂選擇了後者。

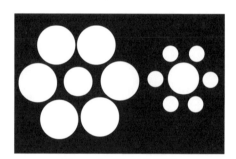

圖 1：艾賓浩斯錯覺圖

這一結果顯示艾氏異仔鱂並非無意識地觀察世界，也不依賴條件反射。相反地，牠們會根據自己的觀察做出反應——雖然有些時候這些反應並不可靠。在另一項早期的研究中，人們發現艾氏異仔鱂也會落入「繆萊二氏錯覺」（Müller-Lyer illusion）的圈套中（見圖 2）。在這個視錯覺圖像中，兩條一樣長的水平線似乎呈現出不一樣的長度，而被人們訓練要去選擇長線的魚都會選擇線條 B。

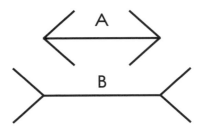

圖 2：繆萊二氏錯覺

　　針對金魚和竹鯊的研究也顯示牠們會受到視錯覺的誤導。金魚經過訓練可辨認出白色背景上的黑色三角形和黑色正方形後，研究者給牠們展示了卡尼莎三角形或卡尼莎正方形，而牠們也能順利區分。這一視錯覺（見圖3）由義大利心理學家卡尼莎（Gaetano Kanizsa）在 20 世紀 50 年代提出，在這張圖片中，即使沒有真的三角形被描繪出來，我們也會看到一個明顯的白色三角形。這說明，金魚和我們一樣，也會自動腦補不完整的圖像。

圖 3：卡尼莎三角形

　　能夠腦補全圖像的谷鱗、金魚和竹鯊並非個例，人們只是恰好挑選了這些魚進行研究而已。谷鱗和金魚只是遠親的事實，似乎能說明還有很多魚會被錯視覺所誤導。之所以選擇這些魚，多半是出於一些更實際的理由，比如牠們的人工飼養技術更成熟，選作研究對象更方便。對動物進行嚴謹的研究需要花費大量的時間、精力和金錢，因此我們目前對魚的感知世界的瞭解很可能只是冰山一角。

在生存遊戲中，魚能夠自己製造假象而誤導其他魚類。其中一個方法是將捕獵者的攻擊目標從自己重要的身體部位上移開。出於最簡單的理由，獵捕者通常會攻擊獵物的頭部，一擊斃命。水中的獵捕者更傾向於攻擊眼睛，正因如此，很多魚都演化出極具欺騙性的眼狀斑點，如麗魚、蝴蝶魚、神仙魚、河豚、弓鰭魚等。魚也能透過各種花樣升級自己的欺騙能力；和人一樣，牠們更容易注意到鮮亮的色彩，因此那些具欺騙性的眼狀斑點通常都是惹眼的亮色，而另一端真正的眼睛則不那麼引人注意。主刺蓋魚的幼魚身上雖然沒有眼狀斑點，但其眼睛周圍藍白相間的環狀圖案，能起到同樣的作用，將真正的眼睛藏在迷宮般的彎曲線條中。捕食者發動攻擊時通常沒時間做出精準的判斷，於是這些色彩的小伎倆就幫了這些魚大忙。

另一種增強迷惑性的方法，是讓魚尾變成魚頭的模樣。亮麗絨身體的後半部和鸚哥魚的頭部很像，而牠真正的眼睛則藏在遍布全身如星系般的白色斑點下，就連眼睛本身也長了白色斑點。行為上的假動作能進一步增強迷惑效果。科學家已發現有兩種蝴蝶魚可以「倒車」，牠們在第一時間發現危險後會慢慢向後游，如果狩獵者突然襲擊，牠們則會超速向前。如果牠們游得夠快，狩獵者很有可能會撲空。對於蝴蝶魚來說，比起頭部被咬掉，如果僅是尾巴掉塊肉，活下來的機率會更高一些。

魚類像我們一樣會被錯覺誤導，還會被即將到手的獵物給戲弄，這一點很有意思。這證明了另一個物種在自己感知的「周圍世界」中，能構建出並不存在的東西。這是「相信」的能力，而這種能力和感知力都是可以後天開發的。正如我們已瞭解到且將會更多瞭解到的，為了增加自己的成功機率，魚類會利用一系列視覺及其他方面的騙術。

作為視覺高度發達的生物，我們或許能意識到擁有敏銳視覺對於大部分魚類來說的重要性。我們在兒時遊戲中體會過雙眼被矇住後的迷茫，也驚歎於盲人能夠沉穩應對生活中的挑戰。一條魚——哪怕是一條生活在沒有光線的深海魚——能否在失去視力後長久地活下去，我們無從得知。但魚類並非只依賴視覺而已，和我們一樣，牠們也演化出能夠應對生存需求的其他感官。

魚的聽覺、嗅覺與味覺

宇宙間充滿了神奇的事物，耐心等待著我們去發現。

——伊登・菲爾波茨（Eden Phillpotts）

水不僅能影響魚的動態視覺，還會影響其聽覺、嗅覺和味覺。水是聲波的絕佳導體，聲波在水中的長度是在空氣中的五倍，這意味著聲音在水中的傳播速度是在空氣中的五倍。自從有了骨骼和魚鰭，魚類就利用聲音的這一特性來進行定位與交流。水也是水溶性化學物質的絕佳介質，便於魚類感知味道和氣味。雖然這些物質在水中混為一體，但魚類身上仍有獨立的嗅覺和味覺器官。

就像魚類擁有色覺一樣，牠們也演化出了聽覺。雖然人們普遍認為魚類不能發聲，但其實與其他脊椎動物相比，牠們有著更多的發聲方法。這些方法與脊椎動物利用空氣振動薄膜發聲不同。魚類能快速收縮肌肉、振動魚鰾，以此達到擴音效果。除此之外，魚的發聲途徑還包括摩擦頜部的牙齒、摩擦排列在喉嚨裡的咽喉、摩擦骨骼、摩擦鰓蓋，甚至正如我們能看到的——從肛門中排出泡泡。一些陸生脊椎動物在製造非發聲部位的聲音方面很有創意，比如啄木鳥敲擊木頭的聲音、大猩猩拍擊胸脯的聲音等，但是這些魚的陸生親戚只有兩種發聲器官——鳥類的鳴管以及其他動物的喉嚨。

配備著如此齊全的發聲設備，魚類完全有可能創作出名副其實的交響樂，尤其擅長打擊樂。牠們能發出低哼聲、口哨聲、砰砰聲、摩擦聲、嘎吱聲、呼嚕聲、爆裂聲、呱呱聲、心跳聲、鼓聲、敲擊聲、咕嚕聲、哈氣聲、滴答聲、悲歎聲、喳喳聲、嗡嗡聲、咆哮聲以及啪啦聲。這些聲音如此引人注意，以至於人們根據聲音給一些魚起了名字，比如石鱸（grunt）、石首魚（drum）、管口魚（trumpeter）、魴鮄（sea robin）以及斷斑石鱸（grunter）。[1] 我們演化出的耳朵，是為了感知空氣中而非水中的震動，因此時至今日，我們依然聽不到魚類發出的大部分聲音。直到 20 世紀，隨著水下聲音探測技術的發展，我們才逐漸認識了那些可以發聲的魚類。

事實上，在 20 世紀 30 年代以前，科學家一直認為魚是聽不到聲音的。會出現這種偏見，可能是因為魚類沒有露在外面的聽覺器官。當人類從自己的角度出發去觀察世界時，會認為沒有聽覺器官就意味著沒有聽覺能力。但現在我們明白了，正因為水的不可壓縮性，魚並不需要耳朵。而這一特性也能解釋為什麼水是聲音的絕佳導體。直到我們探查了魚的內部構造後才發現，魚類早已演化出能發出聲音、感知聲音的結構。

因發現蜜蜂的舞蹈語言而聞名於世的奧地利生物學家弗里施（Karl von Frisch，1886-1982），也曾研究過魚類的行為與感知。1973 年，弗

1　這幾種魚的英文名原意為咕噥聲、鼓聲、小號手、海裡的知更鳥以及豬哼聲。

里施因對動物行為學研究做出的突出貢獻獲得諾貝爾獎，而早在此幾十年前，他首次證明了魚類有聽覺。20 世紀 30 年代中期，他在實驗室裡用一條名為澤韋爾的失明鯰魚，設計了一個簡單卻匠心獨具的研究。他把木棍上繫有肉片的一端伸入水中，然後靠近澤韋爾經常待在裡面的黏土「住所」。嗅覺極佳的澤韋爾會很快地從裡面出來獲取食物。這個動作重複了幾天後，弗里施開始在投食之前吹口哨。六天後，他一吹口哨，澤韋爾就會從裡面出來，由此證明了魚能聽到他的聲音。這個實驗以及後續研究，對我們進一步瞭解魚類的「周圍世界」有著重要意義。[2]

澤韋爾屬於一個演化成功的族群，牠們被稱為「耳鰾系」，約有 8 千個物種，包括鯉魚、米諾魚、脂鯉、電鰻和刀魚等。牠們演化出一種特殊的聽覺器官韋氏小骨（Weberian ossicle），這名稱是以其發現者——19 世紀德國物理學家韋伯（Ernst Heinrich Weber）的名字命名的。韋氏小骨由一系列小骨頭組成，位於魚頭骨後面的前四塊椎骨兩側。這些骨頭與椎骨分離，如鏈條一般連接著充滿氣體的魚鰾和內耳周圍充滿液體的區域。它能增強聽力，作為聲波的導體和擴音器，其工作原理和哺乳動物的聽小骨類似。

在某些方面，魚的聽力比人類要好。大部分的魚能聽到的聲波範圍在 50 赫茲至 3 千赫茲，居於人類的 20 赫茲至 2 萬赫茲之間。但在人工和野生環境下的細緻研究已證明，魚類對蝙蝠聽力範圍上層的超

2　原注：我最初讀到的有關弗里施實驗的文獻中指出，那條鯰魚本來就是失明的，但後來我瞭解到弗里施為了做實驗，用手術摘除了澤韋爾的雙眼。弗里施大概對此非常愧疚，因為他給這條鯰魚起了名字，還在自傳中提到他的努力是為了「讓小小的失明生物能在水中更加舒適」。

聲波十分敏感，其中美洲西鯡和大鱗油鯡的聽力範圍可達到 18 萬赫茲，遠高於人類的上限。

而這一點，也是牠們為了竊聽狩獵者海豚發出的超聲波而演化出來的本領。在聽覺譜系的另一端，鱈魚、鱸魚和某些比目魚等能聽到低至 1 赫茲的次聲波（指頻率小於 20 赫茲，但高於氣候造成的氣壓變動之聲波）。沒人準確知道為什麼這些魚能聽見超低的聲音，但或許牠們居住的廣闊水生環境能給我們一些線索。海洋和大型湖泊內的水並不會隨意流動；全球氣候類型會形成洋流，地區的天氣變化會產生波浪，月球的引力則會帶來潮汐。流動的水流會衝擊懸崖、沙灘、島嶼、岩礁、大陸架及其他水下障礙物。所有這些力量結合起來就會形成環境次聲波。挪威奧斯陸大學的生物學家認為，魚在遷移時會藉助聲音資訊辨別方向，就像鳥兒借助天空中的線索飛翔一樣。生活在海洋上層（開闊大洋）的魚能覺察到因遙遠陸地構造和水深不同而導致的洋面波浪變化。部分頭足類動物（章魚、魷魚等）和甲殼動物，也對次聲波十分敏感──這進一步證明了它的實用性。

魚類敏感的聽覺系統，意味著牠們在面對人類製造的水下雜訊時格外脆弱。例如，當魚聽到海洋石油開採過程中使用的氣槍所發出的高強度、低頻率聲音時，其內耳處排列著的細小毛細胞會遭到嚴重破壞。挪威沿海地區勘探中使用的氣槍會帶來地震般的威力，所產生的強烈雜訊直接導致附近大西洋鱈和黑線鱈的種類減少、捕獲量下降。

有些魚還能探測到聲音的快速振動，我們聽起來持續的口哨聲，在牠們聽來則是多個單獨的聲音。牠們還很擅長辨別聲音來源，能夠準確判斷出聲音來自前方還是後方、上方還是下方──而人類大腦對這樣的感知任務並不擅長。

99% 經由空氣傳播的聲音都會被水面反射，因此即使是聚集在岸邊的魚，也不太可能聽到一群人在海灘上的談話。然而，藉助空氣傳播的聲音一旦經過固體，比如船槳碰到船邊發出的聲音，就很容易被魚感知到。這也是船上的垂釣者會一直保持安靜，以及有經驗的漁夫會在換新地點前遠離海岸的原因——他們知道魚能探測到經由地面而來的震動。

如果我們認真聆聽，也能聽到**魚的聲音**。位於迦納大西洋一側沿岸的漁夫用一種特製的船槳作為音叉。將耳朵緊貼在船槳邊，經驗豐富的漁夫就能聽到附近魚兒的咕嚕聲和嗚嗚聲，旋轉船槳的平面則能知道魚的大概位置。在某種程度上，魚兒靈敏的聽覺對垂釣者也很有利，因為很多魚意識不到自己聽到的前方蟲子，不幸地就是釣鉤上的誘餌。

然而，魚的聽力可以很好地幫助牠們遷移、躲避獵捕者，而且大部分聲音還有社交作用。以鋸脂鯉[3]為例：比利時列日大學的生物學家帕爾孟提（Eric Parmentie）和葡萄牙阿爾加維大學的米略特（Sandie Millot）在養著紅腹食人魚的水箱內放置了水下聽音器，他們記錄到一系列聲音，其中三種很常見。第一種是向其他魚發出挑戰時的重複呼嚕聲或吠聲。第二種是群體中體型最大的魚進行攻擊或打鬥時發出的低沉碰碰聲。這兩種聲音是由魚鰾周圍的肌肉快速抽動而形成，其頻率可達每秒 100 至 200 次。第三種聲音是牠們磨牙或在追逐另一條魚時牙齒迅速咬合發出的聲音。這些描述聽起來十分凶殘，符合鋸脂鯉肆意捕食、好戰愛鬥的性格特徵。但實際上，大部分鋸脂鯉都是食腐動物，對人類造成的威脅很小。

3　鋸指鯉亞科下的一些成員被稱為「食人魚」。

　　魚會藉助聲音實現交流，那麼，牠們能否透過聲音與人類溝通呢？據我所知目前沒有相關的科學研究，但曾有過很多說法。來自華盛頓的電腦科學家凱倫章（Karen Cheng）在 75 公升的水缸中養著四條被救回來的金魚。據她說，這些金魚會在進食的時間和自己溝通。如果到了餵食的時間，凱倫和丈夫卻無動於衷時，金魚就會游到水面上，用嘴發出啪啪的響聲。魚兒們還會摔打自己的身體，用尾巴拍擊水缸，明顯想引起主人的關注。牠們製造的聲音在房間的另一端都能聽到。有人靠近魚缸時，牠們就會安靜下來。「似乎牠們能感覺到，」凱倫說，「一旦我們走近魚缸，牠們就會立刻停止那些動作，游到玻璃邊。我家的金魚不會像醫生候診室裡的魚那樣對人視若無睹。」

　　美國國家衛生院的臨床協議員肯德里克（Sarah Kindrick），也在自己飼養了三年的 20 公分長的黑邊角鱗魨身上發現了類似行為。這條名為弗徹巴的魚會在固定的餵食時間，銜著卵石敲擊魚缸的牆壁。這已不單單涉及物種之間的交流，還涉及對工具的使用（我們之後也將介紹魚類對工具的使用）。

魚的 D 大調協奏曲

　　魚類擁有敏銳聽覺的另一個證明，是牠們可以辨別聲音的音調，也就是說牠們可以辨別音樂。哈佛大學的科學家蔡斯（Ava Chase）就致力於研究魚類能否區分如音樂一樣複雜的聲音。她用從寵物店裡買回的三條赤棕鯉進行實驗，並分別將其命名為貝蒂、奧羅和佩皮。蔡斯在魚缸裡配備了複雜的設備，包括側邊能擴音的音箱、安置在底部能讓魚碰到的感應按鈕、一個表示魚類的反應已被接收的指示燈，還有一個放置在水面附近的投食器——當魚做出了正確反應並游到水面上時，可以從投食器中得到食物獎賞。之後蔡斯開始對魚進行訓練，當魚聽到特定流派的音樂並做出回應時，就會得到小食團的獎賞；而當牠們在播放其他流派的音樂時做出回應，則得不到獎賞。蔡斯發現，赤棕鯉不僅能區分藍調音樂（約翰胡克〔John Lee Hooker〕的吉他和人聲）和古典音樂（巴赫雙簧管協奏曲），還能分辨兩者的差異。播放牠們沒聽過的藝術家和作曲家作品時，牠們也能分辨。比如，一旦赤棕鯉熟悉了沃特斯（Muddy Waters）的藍調音樂後，就能識別出與之相似的藍調藝術家泰勒（Koko Taylor）；古典音樂的貝多芬和舒伯特也是如此。在這三條魚中，奧羅的聽力特別好，能辨認出音色相同、只有音符的音高和音長不同的音樂。[4] 蔡斯總結道：「赤棕鯉似乎能辨別出和絃和旋律類型，甚至能根據藝術風格對音樂進行分類。」

　　儘管赤棕鯉和金魚身懷鑑賞音樂的絕技，但科學家並不認為牠們能利用聲音交流（凱倫章的觀察或許可駁斥這一結論）。因此，人們仍會疑惑，既然和周圍環境融為一體有很大幫助，為什麼一條沉默的魚會擁有辨音的技能呢？

　　能夠發現不同音樂中細微（或不那麼細微）的差別是一回事，然而真正讓我感到好奇的是，這對魚的心理會產生哪些影響？魚是真的會欣賞音樂，還是只是做出條件反射呢？

　　雅典農業大學的研究團隊決定就此展開研究。他們將 240 條鯉魚分別養在十二個長方形水缸裡，並隨機分成三組：一組是沒有音樂的

4　原注：蔡斯在 2001 年的研究報告中提及，其他一些脊椎動物也具備辨認音樂的能力，比如鴿子、禾雀以及一小部分老鼠。

對照組；一組播放莫札特《G 大調弦樂小夜曲》中的浪漫曲（行板）；另一組播放出現在 1952 年法國電影《禁忌的遊戲》中並一直沿用該名稱的 19 世紀佚名浪漫曲《愛的羅曼史》。這兩段音樂分別為六分四十三秒和二分五十秒，兩組魚要在一百零六天的時間裡每天聽四小時。這一活動僅在工作日進行，就像普通的上班族一樣，魚兒們週末也會放假（大概也是因為科學家週末放假的關係）。

　　兩組受到音樂薰陶的魚的生長速度要快於對照組的魚。音樂組的魚的攝食轉化率（單位食物的生長速度）、成長速度以及體重的增加速度，都要比沒有聽音樂的魚高，腸道功能似乎也更好。而當這些魚聽到的是雜訊或人聲時，則不會出現上述的變化。

　　動物研究面臨的一個主要挑戰，是研究對象無法用人類可理解的語言表達感受。在資料的說明下，我們只能猜測鯉魚對音樂的反應是積極的還是消極的。懷疑論者可能會提出，魚受到刺激而生長並不是因為喜歡音樂，而是試圖擺脫持續不斷的小提琴和雙簧管演奏。對此，我也不得不說，雖然我很喜歡古典音樂，但反覆聽同一首曲子確實是一種折磨。

　　那麼，是不是也存在另一種可能性，也就是魚的生長並非出於主觀意識，而是對物理刺激的機械反應呢？上述的希臘科學家曾在之前的研究中發現，金頭鯛對實驗中唯一使用的莫札特音樂有著積極反應，比如食欲增加、消化能力增強等等，但這種魚的聽力其實非常有限，而且聽到的聲音都很模糊。不僅如此，我們也要提防「神人同形同性論」這種認為人類喜歡的音樂，魚也一定會欣賞的觀點。這種觀點本身就是一種偏見。或許對魚類來說，任何聲音都好過沒有聲音。從這一點來看，無聲音組應該換成非音樂類聲音組。

　　早在一個世紀前，人們就發現病人聽著自己喜歡的音樂時會更放鬆，疼痛感也沒那麼強烈。2015 年，一項針對 7 千多位病人的七十個臨床實驗表明，在手術前、手術後甚至手術進行過程中，音樂都是一種有效的治療手段，能夠緩解病人的焦慮，降低其對止痛藥的需求。在我看來，音樂——或者更廣泛地說一系列有系統、有音調的聲音——可以深入我們體內，帶來療癒效果。因此，對音樂的鑑賞力或許廣泛存在於自然界之中。

　　當我詢問前面提及的希臘研究團隊之參與者、生物學家卡拉卡楚里（Nafsika Karakatsouli）時，她並不認為鯉魚一定能欣賞音樂：「我並不確定音樂能給魚帶來實質性的積極影響。水下沒有音樂，但確實有很多源於自然界且與魚類水下生活關係更密切的聲音，會對魚類產生影響並帶來更好的結果。即便如此，我們檢測過的一些魚，特別是聽力極佳的鯉魚，確實在播放音樂時有著良好表現。」卡拉卡楚里認為，如果能讓鯉魚選擇牠們更願意待在有音樂的環境中還是無音樂的環境中，或許是一個更好的實驗方法。

　　鯡魚發出的聲音並不優美，但其獨特的發聲方式，卻足以贏得魚界的葛萊美獎。曾有一篇論文提及這種發聲法，我們姑且將其稱為「脹氣交流法」。太平洋鯡和大西洋鯡都會在放屁時從肛門處排出氣泡，這種因氣流而發出的獨特爆炸聲，被研究人員戲稱為「快速重複信號（FRTs）」。[5] 一輪「快速重複信號」可持續長達 7 秒——你可以自己在家試試！這些氣體很可能源自於腸道或魚鰾。目前我們尚不清楚這些聲音在鯡魚社會中會起什麼作用，但區域內的鯡魚密度越高，這些

5　「快速重複信號」的英文首字母縮寫 FRTs 與單詞「屁（fart）」的發音類似。

聲音也越多，因此不難猜測其中包含社交功能。目前也還沒有證據顯示鯡魚會出現聽不清的情況。

鯡魚的「快速重複信號」能很好地將我們的注意力從魚類的聽覺轉移到嗅覺。那麼，接下來我們一起來瞭解一下魚類的嗅覺和味覺。

良好的嗅覺

死魚很難聞，但活著的魚有很好的嗅覺。魚類會利用化學信號（我們所謂的「氣味」）尋找食物、尋找伴侶，也會據此發現危險、找到回家的路。氣味在水生環境中很重要，因為在漆黑的水下，視力基本上起不了什麼作用。有些魚甚至只靠氣味就能認出同類。例如，棘背魚會通過氣味確認伴侶，而在這種情況下，另一種與牠氣味相似的棘背魚，則會讓牠承擔交配錯誤的風險。

魚類的嗅覺器官千差萬別，但除了鯊魚和鰩魚以外，3萬多種硬骨魚均有著類似的器官結構。與其他脊椎動物不同，魚類的鼻孔並不能同時發揮嗅聞和呼吸的作用，只能用來聞氣味。魚的鼻孔是由組成嗅覺上皮組織的好幾層細胞構成，這些細胞能捲起來節省空間，形成玫瑰花狀。有些魚可以擴張、收縮鼻孔，然後幾千根細小的纖毛依次舒展，不斷將水吸入感覺器官，繼而將其排出。上皮細胞發出的信號則會傳送到大腦前端的嗅球。

嗅覺對於部分魚類來說極為重要，而這也是魚類擁有絕佳嗅覺的證據之一。紅鉤吻鮭能在一億分之一的密度中感受到蝦的存在，這相當於人類能在奧林匹克標準泳池中察覺到五茶匙的量。而其他鮭魚能夠感知稀釋到八百億分之一濃度的海豹和海獅氣味，這相當於同一泳池中三分之二滴水的量。鯊魚的嗅覺比人類厲害一萬倍。但到目前為止我們所知的魚類嗅覺冠軍是美洲鰻鱺，牠們能在標準大小泳池中探測到約千萬分之一滴來自家鄉的水。就像鮭魚一樣，鰻魚也能跟隨由弱到強的氣味，長途遷徙回到特定的產卵地。

魚類最實用的技能，是能在面臨危險（比如面對掠食性魚類或漁民）時，釋放出「化學警告信號」。我們應該再一次感謝弗里施，是他發現了魚類感官世界中的這個現象。在不小心傷害了自己飼養的一條小米諾魚後，他發現水族箱裡的其他魚要麼竄來竄去，要麼待在原地；而這些都是典型的躲避獵捕者的行為。弗里施和其他人的實驗顯示，受傷後的米諾魚（也包括其他魚）會釋放出某種費洛蒙，引發同伴的社會回應，而察覺到這種特殊費洛蒙的米諾魚會變得非常焦躁。這類費洛蒙被弗里施稱為「警戒物質」。[6]

能夠釋放出警戒物質的細胞存在於皮膚中，非常敏感，哪怕魚被放在濕紙上，這些細胞也會破裂並釋放出費洛蒙。這種費洛蒙威力巨大：一條魚的身體上有千分之一毫克的皮膚損傷，和牠一起生活在 14 公升水族箱裡的其他魚就會出現驚嚇反應。這就像是將一個棉花糖切成二千萬塊，並將其中一塊（如果你還能看得見的話）放入盛滿水的水槽中，之後試著去感受棉花糖的甜味。多種硬骨魚都能釋放出這種物質，由此也能看出，警戒物質經歷了漫長的演化。

作為一種靈活的信號，警戒物質的作用類似火災警報器，周圍的魚，甚至不同種類的魚，都能從中察覺到危險。以胖頭鱥（一種米諾魚）

6　即 *schreckstoff*，字面意義為「恐怖的東西」。目前暫無準確的學術譯法，姑且譯為「警戒物質」。

為例：吞食了胖頭鱲或溪刺魚的白斑狗魚的糞便中會有一種特殊氣味，這是因為這兩個可憐蟲的皮膚都能釋放警戒物質，而當胖頭鱲聞到這種氣味，就會迅速躲起來或集結成緊密的魚群。但如果白斑狗魚只吃了不能釋放警戒物質的劍尾魚，胖頭鱲就無法意識到危險。這一點也說明，能讓胖頭鱲做出反應的並不是白斑狗魚本身的氣味，而是牠嘴下的獵物所散發的警戒物質。這些米諾魚或許是因為有了敏銳的嗅覺，才能讓自己免於成為白斑狗魚的糞便。

警戒物質的反應，證明魚能從水下化學物質中提取出細微的資訊。但警戒物質並不是魚類透過氣味辨別敵人的唯一途徑，牠們還可以直接聞出捕食者的氣味。幼年短吻檸檬鯊就可以察覺到時不時以自己為食的美洲鱷的氣味。而如果你是一條大西洋鮭，辨別氣味這件事就取決於你的天敵最近在吃什麼。在英國威爾士斯旺西大學的一項研究中，科學家讓沒怎麼見過捕食者的幼年大西洋鮭生活在含有天敵歐亞水獺少量糞便的水中。只有聞到吃過鮭魚的水獺糞便後，鮭魚才會表現出恐懼。牠們會遠離氣味來源，靜止不動，加速呼吸。而被放置在清水或含有沒吃鮭魚的水獺糞便水中的鮭魚，則沒什麼反應。科學家據此得出結論，大西洋鮭並不會天生將水獺視為威脅——只有在水獺吞食了牠們的同類後，水獺才成為牠們的敵人。這一點表明，魚類探查捕食者的系統非常實用，牠們並不需要掌握不同捕食者的氣味，只需探測出誰吃過自己同類就可以了。

在生存遊戲中，能和躲避捕食者相提並論的，恐怕就是魚類對性的需求了。正如香氣能激發人類性欲一樣，在魚的世界中，性費洛蒙也是促使牠們性致盎然的關鍵。一方面，性費洛蒙能幫助魚類確定處在發情期的同伴，牠們可以感知細微的線索，並充分利用。20 世紀 50

年代的實驗顯示，如果將處在發情期的雌性褶鰭鰕虎水缸中的水倒入雄性的水缸裡，這些雄性褶鰭鰕虎就會立刻會開啟求偶模式。雌性也是同樣地敏感積極。生活在墨西哥熱帶水流中、體長 5 至 8 公分的雌性伯氏劍尾魚，能分辨出雄性同類的營養狀況。我們不難猜測牠們會更中意哪一類：在其他條件相同的情況下，營養狀況良好的魚更佔優勢、交配機率也更高。但雌性劍尾魚無法透過氣味辨別出同性魚的營養狀況，這也意味著雌魚不僅會參考進食後的排泄物，也能感知到雄魚的性費洛蒙。

到目前為止，我們一直將魚的感官系統作為單獨的部分進行研究，但實際上它們需要被整合在一起。雄性深海鮟鱇向我們證明了感官之間的相互配合。全球頂級的鮟鱇研究專家皮奇表示，雄性鮟鱇的鼻孔與頭部大小的比例是所有動物中最大的。他的作品《海洋鮟鱇》（*Oceanic Anglerfishes*）中詳細記述了關於這種奇特魚類的資訊，並配有豐富的插圖。

雄性鮟鱇身上發達的感官並非只有鼻子，牠們眼睛的構造也非常好，而皮奇認為，嗅覺和視覺兩種感官，能協力幫助雄性鮟鱇在漆黑深淵中找到心儀的對象。雌性鮟鱇能夠釋放出一種特有的費洛蒙，而雄性鮟鱇憑藉良好的嗅覺能夠找到同類。這一點非常重要，因為目前已知有超過 162 種鮟鱇生活在世界上最大的棲地裡，你可不想和其他魚配錯了對。當雄性鮟鱇靠近雌性時，牠能藉助對方發出的光，以及雌性「小燈籠」附近的發光細菌，來判斷牠是不是自己心儀的對象。我們甚至可以想像，在古老的深海中，深海鮟鱇之神說：「要有光！」於是在那之後，鮟鱇的求偶過程中便少了許多猜測。

有關魚類的嗅覺還有一點需要說明。很多保守的科學研究認為，魚類釋放化學物質進行溝通這一行為本身是無意識進行的，並不受意識控制，因為魚類並沒有外部的嗅覺器官或典型的嗅覺行為。這是一個不太能站得住腳的假設。2011 年有關伯氏劍尾魚的研究能說明這一點。在牠們水流湍急的住所，雄魚為了確保雌魚能感知到自己的費洛蒙，會採取至少兩種措施：一是在雌性在場時，雄魚會更頻繁地小便；二是在求偶過程中，雄魚會待在雌魚的上游方向。

不論是好是壞，這都意味著除了能聞到雄性的交配意願外，雌性伯氏劍尾魚還能嘗到牠。那麼，魚還能嘗到其他哪些東西呢？

魚的味覺

魚類的味覺主要用來辨別食物。兩棲動物、爬行動物、鳥類以及哺乳動物等其他脊椎動物的主要味覺感受器是味蕾。魚類也有成排牙齒，共分八種類型，包括能咬斷食物的門齒、尖利的犬齒、能磨碎食物的臼齒、能分割食物的扁平的三角齒，還有能將珊瑚上的海藻刮掉、類似鳥嘴的牙齒。

和人類一樣，魚也有舌頭，也有連接著能將味覺信號傳遞給大腦中特殊神經的味覺受體。和我們一樣，大部分魚的味蕾都在嘴巴和喉嚨裡。但由於魚生活在自己能聞到且嘗到的介質中，有些魚的味蕾也長在身體的其他部位，比如嘴唇和鼻子上。魚是擁有味蕾數量最多的動物。一條 38 公分長的美洲河鯰，全身（包括魚鰭上）佈滿約 68 萬個味蕾——其數量相當於人類的一百倍。牠們與其他生活在陰暗水域中的魚一樣，會用味覺感知周圍環境（我嘗試了一下，還是完全無法想像全身上下都是舌頭會是怎樣的一種感覺，但我很確定自己應該會需要一個「關閉」按鈕）。對於生活在巢穴裡的魚來說，擁有味蕾是種優勢，牠們能用高度精準的味覺感知系統在黑暗中順利覓食。很多生活在水底的魚，比如鯰魚、鱘魚和鯉魚，都長有觸鬚，這種嘴巴周圍如鬍鬚一般的感受器，可是牠們的嗅覺雷達。

你或許會想問魚為什麼需要味覺？這其實就和人類需要味覺是同一個道理。不同種類的魚會有自己偏愛的食物，甚至每條魚的喜好也不同。魚需要一些時間來判斷食物是否對自己的胃口。如果你仔細觀察水族館裡的魚，就會發現牠們有時會先吃一小口食物，然後吐出來，如此反覆個好幾次，才會最終決定是否把它吃進去。總的來說，同一種類的魚，以及同一種類中不同種群的魚，對於食物會有不同的喜好。人類也是一樣，種族相同並不代表個體的喜好就相同。想想有人喜歡、有人不喜歡的球芽甘藍，做出吃辣或不吃辣的選擇，以及現代令人眼花繚亂的咖啡類型。針對麥奇鉤吻鮭和鯉魚的研究顯示，挑食的魚還不少呢。

魚類對於自己不喜歡的味道，反應和我們一樣。如果我們不小心吃到壞了的水果或蔬菜，會馬上吐出來（如果是在公共場合，則會盡可能優雅地完成這個動作），而太平洋油鰈表達厭惡食物的方式則是狠狠扭過頭、迅速游開，並且不停地搖頭或點頭。《水族館及野外環境中的魚類行為》（*Fish Behavior in the Aquarium and in the Wild*）一書作者雷布斯（Stéphan Reebs）描述了魚在吃到有毒且味道極難聞的蝌蚪期蟾蜍後的反應：「一條饑不擇食的鱸魚或許會在走投無路時委屈自己去吃蝌蚪期的蟾蜍。但其他誤食蝌蚪期蟾蜍的魚，則會猛烈搖晃自己的身體，你甚至能看到牠們臉上的苦相——對於來說，菜單上出現蝌蚪，絕不是一件好事！」

　　生活在密度相對較高的水中會給魚帶來一些限制，但牠們也因此獲得了陸生動物所不具備的感官知覺。你能想像利用電流脈波和自己的鄰居進行交流嗎？在下一章節裡，我們將介紹一些主要感官之外的、魚類擁有但人類並不熟知的感知世界的方式。

導航、觸覺及其他

等待時，最微小的碰觸也會變成電光石火。

——華萊士・斯特格納（Wallace Stegner）

為了滿足自己的需求，魚需要四處游動。如果想要順利地生存並繁衍，牠們需要在特定時間出現在特定地點。就像人類一樣，魚需要在一天內的不同時間去不同地方，比如進食處、躲避與休憩處以及清潔處。在一年內的不同時間裡，魚要回到特定地方交配、產卵、築巢。身處複雜的環境中，魚面臨著來自居住環境的巨大挑戰。

魚是絕佳的航海家，無論是短程還是長途，牠們總能用各式各樣的方法找到方向。視力很差的穴居魚生活在相對狹小的洞穴中，但大部分魚完全生活在黑暗裡，因此良好的方向感對牠們來說非常重要。前進水流遇到障礙物時會形成逆行的湍流，小魚們能夠感知湍流，記住通往目的地途中一系列障礙物的順序。劍旗魚、鸚哥嘴魚及紅鉤吻鮭則會根據太陽的角度，利用日光羅盤來設定方向。其他魚則會使用航位推測法——從參照點出發，隨性地開啟一段全新而未知的探索之旅，之後再按原路返回。

鮭魚的航海事蹟可謂傳說。在廣袤大海裡生活多年後，牠們還能回到自己的出生地產卵。這項溯河產卵的技能，是自然界中最絕妙的內置全球定位系統。據人類所知，為了使用好這項技能，鮭魚需調動至少兩個或三個感知器官，即地磁感應、嗅覺和可能會用到的視覺。

就像鯊魚、鰻魚和鮪魚一樣，這些長途旅行的魚能夠感知地球磁場並據此辨別方向。這一點體現在細胞層面上，鮭魚的單個細胞內含有微型磁極晶體，其作用相當於指南針的磁針。來自德國、法國和馬來西亞的科學研究團隊，將鱒魚（鮭魚近親）鼻腔通道中的細胞分離後放在旋轉的磁場中，結果發現細胞本身也可以旋轉。磁性微粒緊緊附著在細胞膜上，如果不斷將其拉向磁力線，這些微粒還能在鮭魚改變活動方向時在細胞膜表面產生扭轉力。但這種扭轉力一定是直接轉化為某種鮭魚能感受到的應力，因為有證據表明，鮭魚可以感受到這種力。

鮭魚還會利用自身驚人的嗅覺。順流而下游向大海時，年輕的鮭魚會記下沿途水域中的化學物質。幾年後，牠們追蹤家鄉水特有的氣味特徵，沿著原路返回。生物學家為了研究去除部分鮭魚的鼻子，這些喪失嗅覺能力的鮭魚會迷失在溪流中，而嗅覺完好的鮭魚則能順利回家產卵。

在另一個較不具侵入性的實驗中，由威斯康辛大學已故科學家哈斯勒（Arthur Hasler）領導的同一個研究團隊，將一群年幼的淡水銀鮭分為兩組，並在每組魚生活的水中分別加入無害但散發著香氣的嗎啉和苯乙醇。經過了香味的薰陶後，兩組鮭魚被一起放進密西根湖。一年半後，在鮭魚為產卵而進行遷移時，研究人員將嗎啉滴入一條溪流，將苯乙醇滴入 8 公里外的另一個流域。幾乎所有在嗎啉流域被重新捕到的鮭魚都來自原來的嗎啉組，而幾乎所有苯乙醇組的鮭魚都游到了另一個流域。

鮭魚在洄游過程中是否也會藉助視力呢？為了弄清這一點，來自日本的研究團隊，將紅鉤吻鮭捕捉後再次放生。在放生前，科學家在紅鉤吻鮭的眼中注射了碳粉和玉米油使之失明。五天後進行重新捕撈時，只有 25% 的失明鮭魚成功返回出生地，而未受影響的鮭魚群內則有 40% 回到目的地。研究人員據此得出結論，認為紅鉤吻鮭在洄游途中藉助了視覺的幫助。但我對這一結論持懷疑態度。我認為紅鉤吻鮭的眼睛被注射陌生物質後失明所導致的痛苦、壓力以及接連發生的迷失感，才是洄游成功率低落的主要原因。為了更好地控制變數，研究人員應該給鮭魚注射與之相似但又不會導致失明的試劑。不過即便如此，我也不建議進行這樣的實驗。

壓力感應器官

除了獨自行動外，魚類還有其他導航系統可以密切跟進周圍魚類的活動。就像成群的鳥會在飛行過程中利用視覺和一觸即發的條件反射保持隊形一樣，成群的魚在變更方向時看起來也像一個整體，彷彿牠們是彼此肚裡的蛔蟲，知道下一步對方要往哪裡走。我們並不知道其中是否有領頭者，又或者只要有一條魚行動，就會出現一系列的連鎖反應。

早期自然學家將這種行為歸因於心靈感應，但對魚類行為影片進行慢動作分析後，科學家得出一個更真實的解釋。魚群在移動過程中會出現極短暫的動作延遲，這表明魚是根據同伴的動作做出反應的。牠們的感覺系統可以在非常短的時間內做出回應，其時間短到人們誤認為牠們是在一瞬間集體改變了方向。

在白天，魚類敏銳的視覺可以幫助牠們像鳥群一樣集體行動。但魚和鳥（或者敢於嘗試的人類）不同，哪怕在黑暗裡，牠們也能繼續保持同步。這一點多虧了水平排列在魚身體兩側的特殊魚鱗，即所謂的「側線」。我們看到的側線通常是一條細細的黑線，這是因為每片魚鱗都有一塊能產生陰影的凹陷處。這些凹陷處由神經丘及帶有毛髮狀突起物且包裹一小層膠狀物的感覺細胞所構成。水壓和水流的變化，包括魚自身運動帶來的水流變化，都會引起神經丘纖毛的運動，從而引發魚類大腦中的神經脈波。因此，側線的作用類似聲波系統，對在夜間和昏暗水域中游動的魚類來說格外有用。

有了側線，游動時緊挨著的魚相當於產生了身體接觸，彼此之間傳遞的信號能促成水力動力成像，就像視覺資訊一樣清晰。正是在水動力成像的幫助下，失明的穴居魚能感知到像石塊和珊瑚這樣的靜態物體。如果在開放的水域中，魚周圍正常的均勻水流出現扭曲，就意味著有障礙物存在。失明的穴居魚類可以在腦中形成地圖，這對無法利用視覺進行導航的生物來說，是一項非常實用的技能。

大部分魚的大腦都有偏側性，[1] 在遇到不熟悉的物體時，這些聰明的小魚會以不對稱的方式使用自己的側線。如果在魚缸某一面玻璃旁放置一個塑膠路標，失明的穴居魚會在游動時利用右邊的側線來繞過障礙物。幾個小時後，魚熟知了地形，這種傾向性便會消失，魚也不

1　大腦的偏側性體現為慣用左腦或慣用右腦。

會對新出現的路標感到異樣。由於魚類的視覺和側線系統獨立運作，這一發現告訴我們，魚類大腦的偏側性由來已久。擁有視力的魚更傾向於在情緒語境中——如在檢查新的（以及恐怖的）物體時——使用右眼。

與大多數的設計相同，側線本身也有一些不足。游動產生的水流會刺激神經丘，這種「背景雜訊」抑制了魚對外界活動的反應能力。實驗表明，游動狀態下的魚與靜止不動的魚相比，前者對於附近入侵者動作的敏感度只有後者的一半。另一方面來說，魚在向前游動時，能夠感知到鼻子前方出現的水流變化，從而有效躲避隱藏在黑暗中或本身就是透明的物體，比如水箱的牆壁。但不幸的是，這種系統似乎無法幫助牠們監測到捕魚網的存在。

電感應覺

擁有能讓你在黑暗中不碰壁的感知器官非常實用，但試想一下，如果在你看不到也聽不到的時候，還能感知到另一側牆面上的異常，是不是就更酷了——這就是電感應覺的世界！

電感應覺（electroreception）是種能感知自然電刺激的生物能力，幾乎為魚所獨有，其他已知擁有電感應覺的只有單孔目動物（鴨嘴獸和針鼴）、蟑螂和蜜蜂。鯊魚、魟魚和鰩魚普遍具有電感應覺。在超過3萬種硬骨魚中，有300多種魚生來帶電，這一至少獨立演化了八次的生存技能有很高的價值。相較於空氣，水的導電性更強，這也意味著牠們在水生環境中更有優勢。

顧名思義，電感應覺是對與電有關的資訊被動接收的能力。軟骨魚只能接收電感應資訊，即牠們可以感受到電刺激但本身並不帶電。軟骨魚能透過頭上佈滿膠狀物質的氣孔感受到電流。這些小孔叫作羅倫氏囊（*ampullae of Lorenzini*），以義大利內科醫生羅倫齊尼（Stefano Lorenzini）的名字命名，而正是他於 1678 年首度發現羅倫氏囊的存在。注意到鯊魚鼻子周圍集中的黑色斑點就像是下午五點鐘的陰影後，羅倫齊尼剖開鯊魚的皮膚，發現裡面有一些連接大腦的管狀通道，其中一些和義大利麵一樣粗而且裡面佈滿了晶狀膠質。

1960 年之前，羅倫氏囊在電感應方面的功能一直是個謎。它能監測到在水中傳播的其他器官神經脈波所引發的細微電流變化。這樣的敏感度，讓饑餓的鯊魚或鯰魚，能感受到深藏在沙子下 15 公分處一條魚的心跳。

某些硬骨魚則熱衷於自己製造電荷。你一定聽過電鰻。這些生活在南美溪流中的魚可達 2 公尺長，20 公斤重。電鰻並非鰻魚，牠們之所以叫這個名字，只因其修長的身型。電鰻屬於電鰻目，是鯰魚（鯰形目）的近親。牠能釋放低壓電流並監測從固體上反彈的電磁場，以此讓自己在黑暗的環境中前行。人們之所以熟知電鰻，是因為牠們輸出的電壓可達 600 伏特甚至更高。電鰻的發電器官位於尾部肌肉組織排列的細胞中。在這些細胞電池裡，電力可以一直儲存，以備不時之需；如果電鰻願意，牠也可以一次輸出所有電流。這種內置的「泰瑟電擊槍」，可以電暈或殺死獵物，也可以擊退入侵的不速之客。[2]

電鰻及電鯰等其他幾種魚類，因其輸出的強大電壓而獲得「強電

2　原注：你或許會好奇這些所謂的強電魚類要如何避免電到自己。事實上，牠們有多層脂肪組織，能保護自己免受自身武器的攻擊。儘管如此，牠們有時也會因自己的電擊而抽搐。

魚類」的稱號。但在我看來，更有趣的是那些弱電魚類的用電模式——牠們的目的沒那麼血腥，只為了和同伴交流。大部分弱電魚類可分為兩組：因細長且朝下的鼻子而得名的象鼻魚，以及生活在南美、因蒼白顏色和修長體型而得名的電鰻目其他魚類。與眾多身懷絕技的魚一樣，牠們生活在泥濘水域中，這樣的環境為牠們用非視覺的隱形方式進行交流提供了便利條件。這些魚會利用高達每秒 1 千次脈波或 1 千赫的高速放電器官進行溝通，速度大約是電鰻的兩倍。

發電魚類擅長破解這些信號，生活在中西非河流及海岸盆地區域的一種象鼻魚能為我們說明這點。在德國雷根斯堡大學動物學研究所的生物學家佩特納（Stephan Paintner）和克雷默（Bernd Kramer）的實驗中，這種象鼻魚在面對模擬低電壓時展現出驚人的能力。牠們能夠識識出百萬分之一秒的脈波時差，這成績打敗了動物王國中蝙蝠利用回聲定位時的最快交流速度。

透過區分低電壓的速率、持續時間、振幅及頻率，象鼻魚能夠交換有關種群、性別、大小、年齡、地點、距離和性向等不同資訊。這些低壓電中也包含關於社會地位和情感的資訊，比如是否更具侵略性、是否願意妥協以及是否在追求異性等。象鼻魚會將吸引異性的信號精心安排在求偶歌曲中，利用帶有異域風情的喳喳聲、銼磨聲和嘎吱聲，向心儀的約會對象吟唱小夜曲。牠們還能根據極具辨識力和穩定性的低電壓信號辨別同類。探測到入侵者的低電壓時，魚群中的統治者也會將入侵者驅逐出去，這一點也能解釋為什麼魚在游經他人地盤時會謙遜地「關掉」自己的低電壓。成對或成群的魚也會調整自己的低電壓，一起製造出「回聲」或「二重奏」。雄魚會和其他雄性交換彼此的低電壓資訊，至於雌魚則會調整自己的低電壓，保證與曖昧異性的電壓同步。

當一群象鼻魚或電鰻聚集在一起時，牠們的低電壓很有可能會出現混淆。為了避免這樣的狀況，牠們會利用避免干擾反應（jamming avoidance response）。如果兩條魚的放電頻率太過相似，牠們就會自行調整，讓差異變大。魚群中的魚會與同伴保持 10 赫茲至 15 赫茲的電流差異，這樣一來，每條魚都有自己獨特的放電頻率。

對贊比西河上游的低電壓象鼻魚的紀錄顯示，牠們也會利用電壓信號合作。受到潛在捕食者威脅的魚會釋放出低壓電，提醒同伴注意。如果碰到捕食成功率較低的掠食者，附近的魚都會受益。若親近的同伴更改信號、表示一切安好，那就無須再大費周章地保衛疆土了。食物緊缺時，這些平時希望對方而非自己被吃掉的魚，也會組隊成團一同覓食。

如果你認為這一切對魚來說過於複雜，那麼你可能需要更新一下對魚類智慧的認知。別忘了象鼻魚的小腦可是魚類中最大的，而且牠們的大腦和身體的重量比——通常被用來衡量智力——幾乎與人類相同，用於感知電刺激及溝通的灰質也很多。

然而，利用電進行溝通是需要付出代價的。有電感應覺的捕食者也會接收到獵物的電訊號。尖齒胡鯰就是如此。在一年一度向非洲南部奧卡萬戈河遷移的宏大征途中，牠們常常成群捕食。這段時間裡，牠們吃得最多的是大鱗異吻象鼻魚。尖齒胡鯰會偷聽大鱗異吻象鼻魚的低壓電流，以此確定這些倒楣鬼的具體位置。除此之外，尖齒胡鯰還有其他高招。人工養殖的研究顯示，雌性大鱗異吻象鼻魚的低壓電流很短，尖齒胡鯰幾乎覺察不到；而雄性大鱗異吻象鼻魚的低壓電流是雌性的十倍長，因此更容易被尖齒胡鯰注意到。在尖齒胡鯰胃中發現的大鱗異吻象鼻魚大小，也說明了雄性大鱗異吻象鼻魚更容易成為牠們的口中之物。在演化的「軍備競賽」中，為了避免成為他人的盤中飧，雄性大鱗異吻象鼻魚或許也會逐漸縮短自己的低壓電流。

觸碰的快感

雖然人類的感覺系統無法想像側線和電感知器官，但觸覺對我們來說並不陌生。在研究魚類的觸覺時，我更希望將它與快感連結在一起。我們常常將快感與觸覺分隔開來，而且，很少有人會認為魚也擁有快感。

勞倫斯在其象徵性的詩作〈魚〉中這樣寫道——

> 牠們成群遊動
> 但杳無聲息，互不聯繫
> 牠們不說話，不感受，甚至不與對方生氣
> 彼此不觸碰
> 很多魚困在一起，卻永遠分離
> 每條魚都是水中的個體，每條魚都在向同伴招手

我喜愛這些詩句，也能理解勞倫斯想表達的含義。從我在空氣中的經驗感知出發，會認為始終被困在沉重黏滯生活環境中的魚，一定非常孤獨。

但生活在 20 世紀 20 年代的勞倫斯並不像我們今日這麼幸運，能夠瞭解到魚類的生活。魚並不孤獨。牠們認識身邊的每一條魚，有自

己喜歡的小夥伴。牠們能透過多種感知管道進行溝通，也擁有性生活。雖然看起來孤獨，但魚對於觸覺異常敏感，而且觸覺溝通大大豐富了魚類的生活。

在針對這本書的內容進行研究時，一位困惑的讀者曾寄給我一隻影片錄影帶，他不明白為什麼魚會反覆上鉤、被人捉住，然後開玩笑似地再次被扔回水裡。他說的是一條橘色雙冠麗魚，總是四處尋覓，就像《海底總動員》中那個討喜的角色。

魚為什麼會這麼做呢？

在我看來，魚喜歡這麼做。牠們在開心時常常碰觸彼此，有時還伴隨著摩擦和輕咬。清潔魚會用魚鰭輕撫自己珍視的顧客，以此拍拍馬屁，增進清潔員和顧客之間的關係。爪哇裸胸鱔和博氏喙鱸會在遇到熟悉的潛水者時主動靠近，希望能被摸摸身體和下巴。

在一項針對魚類進行的非正式調查中，千名調查對象中有八位回饋了類似橘色雙冠麗魚的行為。這些魚允許自己的主人撫摸、觸碰、抱在手裡，甚至可以輕輕拍打。其中一位被調查者凱西在隨後寫給我的信中，介紹了一條名為拉里的眼帶石斑魚。無論何時凱西和其他潛水者下潛到牠所在的礁石附近，拉里都會游出來等待被輕拍（見彩圖頁，眼帶石斑魚）。凱西說，拉里似乎很喜歡和人進行眼神交流，也喜歡仔細查看潛水者附近的泡泡。拉里甚至會像小狗或小豬一樣來回轉動，方便人們更好地撫摸牠。人們可以看到魚在嬉戲的影片，有些魚還會依偎在潛水者懷裡，乖乖任人輕拍，就像寵物貓一樣。在越來越多的影片中，我們還能看到很多水族館裡的魚，會不斷游向自己信任的人，希望得到輕拍。

鯊魚、魟魚和鰩魚等軟骨魚在被觸摸時也會有愉悅的反應。潛水者佩恩描述了他在佛羅里達海岸偶遇一條幼年鬼蝠魟的經歷。這條鬼蝠魟游向佩恩，在他身上蹭來蹭去，帶他跳了一支圓形探戈，並將自己的身體放進他的手中。

「我用手輕輕撫摸牠的身體，當我用手撓牠的肚皮時，牠的鰭會像小狗的腿一樣擺動。」佩恩說。

美國巨型海洋動物協會（Marine Megafauna Association）的創始人馬歇爾（Andrea Marshall）口中的鬼蝠魟有強烈的好奇心，喜歡與人類互動。這些大型的板鰓亞綱魚有著魚類中最大的腦，十分喜歡馬歇爾給牠們做的泡泡按摩。馬歇爾會在鬼蝠魟下方游動，並透過水下呼吸調節器吹出泡泡，一旦她停下來，鬼蝠魟就會游走，但沒過一會兒想要更多泡泡，就會再游回來。芝加哥塞德水族館中也有類似情況，那裡 150 萬公升的水箱中有五條大尾虎鯊，其中兩條喜歡在潛水工作人員身邊游動。「我覺得牠們喜歡呼吸器裡有泡泡跑出來，」野生珊瑚礁管理處的經理沃森說，「在日常潛水過程中，只要我們把呼吸器放在魚的下方，牠們就會隨著輕觸到肚皮的泡泡歡快起舞。」

除了觸摸外，能讓魚感到快樂的方式還有很多，食物、遊戲、性愛都是如此。牠們還會自己找點樂子。澳洲水域的南方黑鮪會連續好幾個小時追著陽光來回翻滾。我們並不清楚牠們為什麼這樣做，有可能是在做日光浴、提高體溫，從而加快游動和反應的速度，以此更高效地捕獵。我猜鮪魚也很享受陽光的溫暖，透過快感，牠們演化出更實用的行為。

翻車魨因喜歡側身躺著享受太陽浴而得名。這些大魚就像是寄生蟲的賓館，牠們身體上寄居著多達 40 種體外寄生蟲，包括長達 15 公分的大型橈足動物。翻車魨會在浮動的海藻層下排隊，等待那兒的清潔魚為自己服務。一旦翻車魨側身漂浮，就表示牠已經準備好了。

　　但有些寄生蟲體型過於龐大，翻車魨就只能尋求專家的幫助了。牠們會浮到水面上，讓海鷗用強而有力的嘴，像動手術一般清除掉滲入皮膚裡的寄生蟲。翻車魨會不停地向這些鳥兒獻殷勤，寸步不離地跟著牠們四處游動。

　　我們是否可以大膽猜想，翻車魨能夠從皮膚的刺激中得到放鬆，並且也能理解鳥和蟲的食物鏈關係呢？面對這種古老、聰慧，已在地球上存在超過一個世紀，且在寬廣海域中遨遊數萬平方公尺的生物，這是我能想出的最合理解釋。

　　瞭解快感也能瞭解疼痛，至少表面上是這樣。然而，儘管對魚類碩大身軀的瞭解正逐漸加深，我們依然可以探討牠們對疼痛的感知。魚能感覺到疼嗎？讓我們一起來探索。

第三章

魚的感受

WHAT A FISH FEELS

遍布全身的感官建構了你的一生。

——勞倫斯，〈魚〉

疼痛、知覺與意識

濕潤的水流狂熱地穿過你鰓中的格柵。

——勞倫斯，〈魚〉

魚會感覺到疼痛嗎？有些人根據魚的外型、行為特徵及其在脊椎動物亞門中的分類，推斷牠們能感到疼痛；不過很多人持相反意見。我僅知曉為數不多針對這一問題的意見調查，比如對北美垂釣愛好者和休閒漁業從業者的調查顯示，認為魚會感到疼痛的人比持相反觀點的人略多，在紐西蘭的調查也得到了相似的結果。

魚能否感到疼痛這個問題很重要，想想本書序言中提到的無數被人類捕殺的魚吧。能夠感到疼痛的生物會飽受折磨，因此也會有避免痛苦和折磨的傾向。能感受到疼痛並非輕而易舉之事。痛覺的產生需要具備意識經驗（conscious experience）。當生物被動受到刺激時，即便沒感受到疼痛也會做出躲避行為。這可能是單純的條件反射，是神經和肌肉活動導致的身體動作，但沒有意識參與其中。例如，在醫院接受深度麻醉的病人感覺不到疼痛，但受到有可能造成傷害的刺激，比如高溫和高壓時，也會產生迴避反應。這是獨立於腦的周圍神經系統活動所導致的行為。科學家用「傷害性感受」（nociception）一詞來描述沒有意識或痛覺參與的條件反射。傷害性感受是疼痛感的第一階段，是經歷疼痛的必須條件，但只有傷害性感受並不足以產生疼痛感。只有當傷害性感受器將資訊傳遞給高級腦部中樞後，人才會感覺到疼痛。

　　有很多原因讓人們相信魚能感覺到疼痛。魚是脊椎動物，身體的基本結構與哺乳動物一樣，都有脊椎、感官以及由腦控制的周圍神經系統。對魚來說，探測周圍環境中的潛在危險並盡量避免傷害事件的發生是種實用技能。而疼痛能讓動物意識到周圍存在著會讓牠受傷或喪命的潛在傷害。受傷或死亡會降低個體繁殖後代的成功率，因此，天擇會偏好那些能避免可怕後果的個體。疼痛能讓動物學會並不斷刺激動物去避免曾經歷的有害事件。

　　我會為你設計一項任務，透過這項任務，你或許能對魚是否有意識以及能否感到疼痛這問題有些許認識。去水族館裡挑一個水缸，花五分鐘的時間觀察裡面的魚。聚精會神、耐心仔細觀看，認真觀察牠們的眼睛，觀察牠們的魚鰭和身體的運動，同時記住你現在已經瞭解了魚的視覺、聽覺、嗅覺和觸覺。之後選擇一條魚做觀察。牠是否會關注其他魚？牠的運動是規律性的，還是像開了自動駕駛模式一樣胡亂游動？

　　如果你這樣做了，就會發現魚的行為並不是隨機性的。你會注意到魚往往會和其他同類交往。你會發現牠們的眼睛並不是呆滯地盯著一個方向，而是會在眼窩中轉動——尤其是那些身體各個部分較容易觀察的大魚。如果你觀察得特別仔細，還會注意到每條魚都有自己獨特的性格。比如某些魚很強勢，當弱勢的魚侵犯到牠的地位或領地時，這些魚就會驅趕其他魚。有些魚更愛冒險，有些魚則更羞澀。

年少時，我盯著水族館裡的魚看時並沒有這樣留意過。我沒有意識到自己看著的是另一種生命。在我眼中，牠們不過是一些游來游去、型態各異、五顏六色的動物。漸漸地，我開始更仔細地觀察魚，對我來說，牠們也變得越來越有趣了。現在，當我在分隔兩個生命世界的大玻璃牆前徘徊時，我會注意到牠們游動的軌跡有模式、有規律，牠們的社會生活也有組織、有紀律。即使是生活在無法完全模擬自然棲地複雜環境的小型水族箱中的魚，也有自己喜歡的活動或休息區域。

魚當然是清醒的，但牠們有意識嗎？有意識的生物能夠體驗世界，會留心觀察，也有記憶。而魚不僅有生命，也有自己的生活。這本書中有大量科學證據能夠證明魚擁有意識。不過有時候一個簡單的故事更具說服力。我的一位賓州的醫生朋友內格龍，跟我分享了這樣一則故事：

那是 1989 年。我在波多黎各東北沿海清澈的水域中浮潛，當我悠閒地往停泊在海中的帆船游去時，看到一條 1.2 公尺長的石斑魚，而牠也看到了我。我們離得很近，我幾乎一伸手就能碰觸到牠。牠整個身體左側都在陽光下閃閃發光。我停止了用腳蹼滑水，完全呆住了。我倆都一動也不動，在距離水面約 30 公分的位置四目相望。我隨著水流漂蕩，牠的大眼睛在眼窩中轉動，盯著我的眼睛足足有半分鐘。對我來說，這半分鐘就像永恆。我不記得是誰先移開了視線，但我爬上船後，立刻告訴大家一條魚和一個人覺察到了彼此。儘管在那之後，我也凝視過鯨的眼睛，但對我而言，那條魚的存在感最強。

當我觀察魚類的行為，看到牠們在水中游動、互相追逐、來到水族箱的一端等待餵食時，我的常識就會強烈地告訴我，這些生物是有意識、有感情的。我內心深處的直覺也極度認同這個觀點。但是常識和直覺都算不上科學證據。接下來，讓我們一起看看科學界對於魚類知覺的觀點吧。

魚類知覺之爭

認為魚類能感到疼痛這一陣營有兩位關鍵的魚類生物學家，即賓州州立大學的布雷思韋特（Victoria Braithwaite）和利物浦大學的斯內登（Lynne Sneddon）。懷俄明州立大學的榮譽教授羅斯（James Rose）則堅決否認這個觀點。2012年，羅斯和另外六位在學界響噹噹的同事，共同在《魚類和漁業》（Fish and Fisheries）期刊上發表了一篇論文，題為「魚能否真的感覺到疼痛？」。其關鍵論點在於他們認為魚類是無意識的，覺察不到任何事物，沒有感覺，不會思考，甚至也看不到東西。而疼痛完全是一種意識體驗，因此魚類不可能感覺到疼痛。這一觀點的基礎是我稱為「皮層中心論」（corticocentrism）的理論，該理論認為「擁有和人類一樣感知疼痛的能力」的動物必須要有新皮質，即腦部像花椰菜一樣有溝有迴的部分。新皮質（neocortex）一詞的拉丁詞源意為「新樹皮」，因為人們認為新出現的這一層灰質，是脊椎動物大腦中最晚演化出來的部分。只有哺乳動物的腦才有灰質。

如果新皮質是產生意識的部分，那麼只有哺乳動物才可能有意識。換言之，所有哺乳動物以外的動物都沒有意識。但是這個觀點存在一個很大的漏洞，那就是鳥類並沒有新皮質，但人們普遍認為鳥類擁有意識。人們發現鳥類具有多種需要認知能力的技能，比如牠們能製造工具，能長達數月記住成千上萬個埋藏物的位置，能依據物體的混合特徵（比如顏色和形狀）分門別類，能接連數年辨別出鄰居的聲音，能在黃昏時呼喚幼鳥回巢，能做出像從小雪丘或汽車窗上溜下來這種頗具新意的行為，能搞些諸如從毫無戒備的遊客身邊偷走三明治和冰淇淋甜筒之類的小聰明惡作劇。鳥類這些有意識的行為讓人們震驚，以至於 2005 年，人們把原本用來罵人蠢的 birdbrain（白癡，直譯為「鳥腦」）一詞的意思進行了更改，使之成為一種術語，指稱鳥類舊皮質的平行演化路徑；而正是這一演化過程，讓鳥類具有與哺乳動物類似的認知能力。作為一個反例，鳥類證明了並非只有擁有新皮質的動物才有意識、能產生體驗並做出智慧行為或能感到疼痛。

如果存在任何一種沒有新皮質卻有意識的動物，那麼新皮質是意識產生的必要條件這觀點就不攻自破了。照此推理，魚沒有意識這論點也就毫無根據。「產生複雜意識的方式有很多，」埃默里大學的神經科學家馬里諾（Lori Marino）說，「因為魚缺少相關的神經解剖結構，就斷定魚感覺不到疼痛，就好像說氣球不能飛是因為氣球沒有翅膀一樣。」

或者人沒長鰭所以不能游泳一樣。

魚體內與哺乳動物新皮質對應的結構叫作大腦皮層，其多樣性和複雜程度之高令人驚奇。雖然一般來說，魚類大腦皮層的計算能力比不上靈長類動物的新皮質，但人們越來越清楚，魚類大腦皮層的功能和哺乳動物的新皮質、鳥類的舊皮質的功能一樣。科學家還會繼續研究這些神經結構的功能，不過現在已知的功能包括學習、記憶、個體識別、遊戲、使用工具、協作和計數等。

反覆咬鉤

現在我們來討論魚為什麼會傻乎乎地一而再再而三地上鉤。「被捕獲而後被放走的鱸魚,會在當天或第二天回到同一地方咬鉤,有時還不只一次。類似的故事不在少數。」魚類生物學家鐘斯(Keith A. Jones)在一本寫給鱸魚垂釣者的書中這樣寫道。有些漁夫順理成章地認為,這表明被魚鉤鉤住對魚來說不是什麼創傷體驗,否則牠們為何很快又回來咬鉤(我們當然也可以換個說法,要是魚類沒有任何感覺,為何要一次次回到漁夫的手中求撫摸)?

不過大多數漁夫也很熟悉「躲避魚鉤」這個說法。有研究表明,魚類被魚鉤和魚線捕獲後,要經過相當長的時間後才會恢復正常活動。鯉魚和狗魚上鉤一次後,要經過三年時間才會再次咬鉤。針對大口黑鱸的系列實驗也顯示,這種魚能很快學會躲避魚鉤,並能堅持六個月不咬鉤。

有研究表明,利用手術等侵入性方式在魚體內植入記錄其活動的信號收發裝置後幾分鐘,魚的行為就可以恢復正常。我不認為這是懷疑魚能感知疼痛的理由。饑腸轆轆的魚不會因為飽受疼痛折磨就不飢餓,其覓食動力可能會超過創傷之痛所產生的抑制效果。

2014 年,悉尼麥考瑞大學生物科學系研究魚類認知及行為的布朗(Culum Brown)某次在接受採訪時,解釋了魚類反覆咬鉤的原因。

牠們需要進食。生活環境的不確定性太大了,牠們不能放過任何飽餐一頓的機會。很多魚即使完全吃飽了也還是會繼續咬鉤……人們經常跟我說:「我老是反反覆覆釣上同一條魚。」

這很正常，如果你正餓得前胸貼後背，有人不斷往你的漢堡裡塞魚鉤（假設十分之一的漢堡中有魚鉤），你會怎麼辦呢？你肯定會接著吃漢堡，不然就得餓死。

鱒魚的痛覺研究

躲避魚鉤這個現象證明不了什麼，在未來的很長一段時間內，科學家和哲學家可能仍會就動物是否有意識這個問題爭論不休。為了探究魚類是否存在知覺，我們最好回顧一下關於魚類痛感的科學研究。這方面的研究不在少數，但是本書篇幅有限，只能列舉其中幾個案例。布雷思韋特和斯內登使用麥奇鉤吻鮭這種代表性硬骨魚進行的實驗，就是幾個最嚴謹研究之一。布雷思韋特所著《魚會感覺到疼痛嗎？》（*Do Fish Feel Pain?*）一書對他們的發現進行了總結。

研究魚類是否有痛感的第一步，是判斷牠們是否具有相應的生理結構。魚類體內有什麼樣的神經組織？其功能是否和有知覺的動物的神經組織一樣？

為了尋找答案，研究人員對鱒魚進行了深度麻醉和終末期麻醉處死（實驗過程中牠們處於昏迷狀態，實驗結束後以過量麻醉劑處死），然後透過手術將牠們的面部神經暴露出來。研究人員在其中發現了三叉神經，這是腦神經中最粗大的神經，所有脊椎動物都有三叉神經，負責面部知覺和咬合、咀嚼等運動功能。鱒魚的三叉神經中同時包含 Aδ 類神經纖維和 C 類神經纖維。人類和其他哺乳動物體內的這兩種神經纖維分別與兩種痛覺有關：Aδ 類神經纖維負責傳導受傷後最初的尖銳疼痛信號，而 C 類神經纖維負責傳導隨後那種隱隱約約的抽痛信號。

有趣的是，研究人員發現鱒魚體內的 C 類神經纖維比例（約 4%）比其他脊椎動物（50~60%）低得多，這可能代表伴隨鱒魚受傷後感受到的持久疼痛更少。但是比例的差別可能不能說明什麼，正如斯內登所指出的，鱒魚體內 Aδ 類神經纖維與哺乳動物體內 C 類神經纖維的作用是一樣的，它們都會對多種多樣的有害刺激做出反應。

接下來，研究小組需要確定鱒魚皮膚受到的傷害性刺激是否會啟動三叉神經。這一點只要透過刺激三叉神經節，即三條神經分支的交匯點，就可以得到答案。研究人員在神經節中不同的神經元上插入微電極，用撫摸、灼燒和化學刺激（酸性較弱的醋酸）三種不同方法，刺激其頭部和面部的受體區域。透過微電極記錄下的信號來看，這三種刺激都會迅速提升三叉神經的活躍性。有些神經受體對三種刺激都有反應，有些只對其中一兩種產生反應。對科學家來說，這是非常重要的資訊，它意味著鱒魚具備能對多種導致痛感的刺激，比如機械傷害（割傷或刺傷）、灼燒和化學傷害（酸腐蝕）做出反應的生理結構。

具有相應生理結構這點，對於得出生物能感知疼痛的結論至關重要，但單憑這一論據也不足以推導出該結論。雖然人們已積累大量證據，但仍不能排除魚的神經元、神經節和大腦在面對傷害性刺激時只能做出條件反射，而不能真正感知到疼痛。

在接下來的實驗中，研究人員將鱒魚分為四組，分別接受不同的處理。鱒魚從水箱中被抓出來後，會被進行短暫的麻醉，之後在第一組魚的嘴部（僅在皮下）注射蜂毒，第二組魚注射食醋，第三組魚注射中性的生理食鹽水，第四組魚則採用相同的處理但不進行注射。後兩種操作能讓研究人員排除抓捕、麻醉及針刺注射的影響因素。之後，研究人員將處理好的鱒魚放回到牠們生活的水箱中。為避免進一步造成影響，研究人員躲在黑色簾幕後悄悄觀察鱒魚的行為。研究人員會測量牠們的鰓動頻率（鰓蓋開合的速度），根據之前的研究經驗，這一指標能夠反映出魚類痛苦的程度。

所有鱒魚都明顯表現出痛苦，但不同組別鱒魚的痛苦程度有一定的差別。兩個對照組 [1] 鱒魚的鰓動頻率從之前靜息狀態的每分鐘約 50 次，提高到每分鐘 70 次，而注射了蜂毒和食醋的鱒魚的鰓動頻率則高達每分鐘 90 次。

實驗中的所有鱒魚都經過了訓練，只要燈一亮就會游到環狀區域等待餵食。但經過處理後的各組鱒魚，雖然一整天都還沒進食，但沒有一條魚會去環狀區域（這一現象與人們常說的上過鉤的魚被放回水中還會繼續咬鉤的故事形成反差）。相反地，牠們會在水箱底部休息，胸鰭和尾鰭一動也不動。蜂毒、食醋注射組中的部分鱒魚還會左右搖擺，偶爾往前猛衝一下。有些注射食醋的鱒魚會在水箱壁或碎石上蹭自己的嘴巴，彷彿試圖緩解痛癢的不適感。

注射一小時後，對照組鱒魚的鰓動頻率恢復至正常水準。而注射兩小時後，蜂毒和食醋組鱒魚的鰓動頻率仍保持在每分鐘 70 次或更高，直到三個半小時後才回到正常水準。不僅如此，在注射一小時後，對照組鱒魚開始在燈亮時有反應，但仍不會進入餵食圈。注射一小時二十分鐘後，兩個對照組的鱒魚都會進入餵食圈並吃掉沉在水裡的魚食。而注射了蜂毒和食醋的兩組鱒魚，則花了三倍長的時間才最終對餵食圈提起興趣。

---

1 對實驗變數進行處理的即為實驗組，沒進行處理的是對照組。在這實驗中，對照組是第三組和第四組。

　　止疼藥和嗎啡能大幅緩解鱒魚對傷害性處理的消極反應。嗎啡屬於鴉片類物質，而魚體內存在鴉片受體系統，它們對嗎啡的反應表明藥物能緩解其疼痛體驗。

　　大約同一時期，莫斯科大學的魚類生物學家切爾沃娃（Lilia Chervova）進行了其他實驗，證明傷害感受器（對傷害刺激敏感的神經組織）廣泛分布在鱒魚、鱈魚和鯉魚身體的各個部位。最敏感的是眼睛、鼻孔、魚尾、胸鰭和背鰭周圍，這些部位就像人類的臉和手一樣，是身體中接觸外界並操作物體最多的部位。切爾沃娃還發現，曲馬多（Chervova）[2] 這種藥物能降低魚類對電擊的敏感性，且藥量越大，痛苦減輕得越快。

　　布雷思韋特、斯內登和切爾沃娃的實驗，都表明魚可以感受到疼痛，而不僅僅是對傷害性感受做出條件反射而已。不過，仍有一項實驗值得一試，它能讓我們看出需要更高級認知參與的複雜行為之變化。辨識不熟悉物體並專注其上是一個突破口，斯內登、布雷思韋特和金特爾決定在這問題上進行深入研究。

　　跟大多數魚一樣，鱒魚能夠辨別出新出現在環境中的物體並積極避免與之接觸。正是因為瞭解這點，研究人員用紅色樂高積木拼了一個積木塔，並將其放進水箱中。他們將對照組的鱒魚從水箱中撈出後進行短暫麻醉，並在其嘴唇上注射生理鹽水，之後把鱒魚放回增加了積木塔的水箱中。這些鱒魚會明顯做出躲避積木塔的行為，至於注射了食醋的鱒魚則會規律性地在積木塔附近遊蕩。看來食醋削弱了鱒魚進行更高級認知行為的能力，讓鱒魚沒辦法意識到並躲避沒見過的物

2　曲馬多為非鴉片類中樞性鎮痛藥。

體。研究人員推測，食醋產生的疼痛感讓鱒魚心煩意亂，因此連正常的逃生行為都做不出來。

為了進一步證明這一「心煩意亂」假說，研究人員又分別給注射了生理鹽水和食醋的兩組鱒魚注射嗎啡。在這之後，兩組鱒魚都能主動躲避積木塔。

針對魚類知覺的其他研究

上面總結的這些實驗結果，並不能說明魚一定會感到疼痛。魚類對我們所謂的疼痛作何反應，還可以從其他角度進行評判。和對傷害刺激的無意識條件反射不同，有意識的痛感反應具有可變性，十分微妙。檢驗這種說法的其中一種方法是改變傷害刺激的強度。例如，蓋斑鬥魚在面對低強度電擊時，會游動得更加活躍，彷彿在努力尋找逃生通道；至於高強度電擊則會讓蓋斑鬥魚遠離電擊源，同時做出防禦行為。

另一種方法是改變魚在接受刺激時的行為狀態。一項針對 132 條斑馬魚的研究顯示，注射前受驚與否會影響牠們在尾部注射醋酸後的反應。僅注射醋酸的斑馬魚會沒有章法地游動，尾巴也以奇特方式擺動，不會產生任何前進動力。但如果讓斑馬魚事先接觸另一條斑馬魚釋放出的警戒激素，牠就會做出看到新鮮或可怕事物時的反應——要麼僵在一處，要麼貼著水底游動。牠們在被注射後不會沒有章法地游動，也不會胡亂擺動尾巴。兩種反應的區別表明，恐懼能壓抑或掩蓋魚類的痛感，而這種現象在人類和其他哺乳動物中早已獲得證實。這是一種適應性反應，畢竟逃離致命的危險環境比停下來處理傷口更重要。

斯內登用於研究斑馬魚疼痛的方法是我認為最有說服力的：她會測試斑馬魚是否願意為了緩解疼痛付出一定代價。和大多數人工餵養的動物一樣，魚類喜歡刺激。比如說，即便是在同一水箱內，相比於空蕩蕩的區域，斑馬魚更喜歡游到有更多可探索植物和物體的區域。斯內登給斑馬魚注射醋酸後，發現牠們的這種偏好並沒有改變；注射了生理鹽水（只會造成短暫疼痛）的斑馬魚也沒有偏好變化。但如果在斑馬魚不喜歡的空蕩蕩區域中加入止痛藥，注射了醋酸的魚就會游動到這一區域，而注射了生理鹽水的魚依舊會待在另一區域。從中可以看出，斑馬魚願意為了緩解疼痛付出一定代價。

挪威獸醫學院的諾德格林（Janicke Nordgreen）和史丹福大學的迦納（Joseph Garner），則用另一種方法研究金魚的疼痛，而他們的實驗得出了出人意料的結果。他們在 16 條金魚身上固定了鋁箔做成的小型加熱器，然後慢慢給加熱器升溫（讓我感到安慰的是，論文中提到這個裝置配備了溫度感測器和保險開關，以便及時關掉加熱器，避免給金魚造成嚴重灼傷）。其中一半的金魚注射了嗎啡，另一半則注射生理鹽水。論文作者相信，若金魚能感到疼痛，那麼注射了嗎啡的金魚能在做出反應前忍受更高的溫度。

然而結果並非如此。兩組金魚都表現出正常的疼痛反應：牠們開始扭動，而且做出反應時所感受到的溫度相同。但若把牠們放回到水箱中半小時後再進行觀察，兩組魚就會表現出不同的行為。注射嗎啡的金魚會正常地四處游動，而注射了生理鹽水的金魚則會出現更多逃跑反應，包括所謂的「C 形起動」（魚的頭部和尾巴甩到身體同一側形成 C 形）、游動和甩尾（左右甩動尾部而身體、軀幹和頭部不會擺動）。

迦納和諾德格林的研究證明，魚既可以感受到傷害刺激導致的最初尖銳疼痛，也可以感受到隨後出現的持續性疼痛。這種反應就像我們的手碰到熱爐子一樣。首先，我們會立即做出條件反射，不由自主地把手從滾燙爐子邊縮回，絲毫不需經過大腦思考。大概一秒鐘後，我們才會真正感受到疼痛的衝擊。之後，我們需要忍受數小時甚至數天的不適，而我們的身體正是用這種不適感來保護受傷的手，提醒我們不要再做類似的傻事！在我看來，實驗結果表明金魚可能有更多鱒魚體內含量較低的 C 類神經纖維，即那些與持續性疼痛相關的神經纖維。

走向科學共識

如今，支援魚類具有痛感的證據已足夠有說服力，甚至得到不少獸醫學機構的認可，其中包括美國獸醫師協會（American Veterinary Medical Association）。該協會推出的「2013 年動物安樂死指南」中提到：

> 有實驗顯示，魚類受到傷害刺激時，前腦和中腦會產生明顯的腦電活動，而且對不同傷害感受器的刺激所產生的腦電活動也不同，這結果推翻了魚類對疼痛刺激的反應僅是條件反射的觀點。在學習和記憶鞏固的實驗中，魚類學會了躲避傷害刺激，這也加深人類對魚類認知和知覺的理解。現有大量證據都表明魚類和陸生脊椎動物一樣，會盡量避免受到疼痛的折磨。

2012 年，一群權威科學家聚集在劍橋大學，討論目前學界對動物意識的理解。經過一天的討論，他們共同起草簽署了「意識宣言」。
其部分結論如下：

> 在生物演化的歷程中，主導注意力、睡眠及決策行為及電生理
> 反應的神經迴路，早在無脊椎動物階段的昆蟲和頭足綱軟體動
> 物（如章魚）中就已經存在。

> 換言之，沒有脊椎的動物也可能具有意識。

> 而且，各種情緒的神經機制似乎並不僅僅局限於皮質結構之
> 中。事實上，人類的皮層下神經網路在情感狀態下會被激發，
> 而這種神經網路對於形成動物的情緒行為也非常重要。

> 換言之，皮層之外的腦部區域也能產生情緒。

> 不能僅憑動物沒有新皮質，就判斷牠不會經歷情感狀態。

翻譯：因見到食物而興奮、遇到天敵而心生恐懼這些事，並不需
要人類一樣巨大複雜的大腦也能辦到。

＊　　＊　　＊

現在你可能會想，幹得漂亮，你們這群聰明絕頂的科學家用了一
種全新方式，再次證明自己是最後一批認識到大眾早已瞭解常識的

人。正如心理學家、作家布拉德修（Gay Bradshaw）所言：「這不是新聞，是最基本的科學知識。」不過，它也證明了承認一種根本不具有普遍性的現象（意識）的難度，以及學界長期以來不願心服口服接受意識並非人類獨有的事實。

魚類在生理和行為兩方面都表現出能夠感受到疼痛的特徵。牠們有哺乳動物和鳥類用來感知傷害刺激的特殊神經纖維。牠們能學會躲避電擊和魚鉤帶來的傷害。當牠們的身體受到傷害時，認知能力會有所下降。而如果疼痛得到緩解，認知能力還能恢復。

以上這些結論是否能給魚類的痛覺和意識之爭劃上句號呢？恐怕還不行。總是有人會藉助不確定性之名，斷言魚類感受不到疼痛。即便研究顯示少數幾種魚類具有痛感，人們仍會認為其他數不清未經解剖刀、注射器或小型鋁箔加熱器擺弄的魚，有可能感覺不到疼痛。

魚類的意識和痛覺得到了科學共識，而且這種意識很可能是所有動物中最早出現的。為什麼？因為魚類是最早出現的脊椎動物，牠們在演化了 1 億多年後，哺乳動物和鳥類的祖先才登上陸地。而這些動物開始在全新環境中繁衍生息時，一定沾了一點點意識之光。不僅如此，因為我們今天看到的魚擁有意識和知覺，很可能牠們的祖先也已演化出意識。未來人們會發現，魚類可以用自己的大腦做一些非常有用的事。

從緊張到愉悅

臉是魚的身上一個明顯不討喜的部位。雖然我們不得不承認，魚是地球上第一種真正出現臉的動物，但牠們的臉充其量只能算是嘴巴、鼻子、眼睛和額頭（姑且把這部位叫作額頭好了），按照恰當的方式正好長在了一起罷了。魚既不會皺眉也不會笑。要是魚能做出這些表情，人們可能會對魚有更多同情心。

——柯帝士（Brian Curtis），《魚一生的故事》（*The Life Story of the Fish*）

有個名叫洛麗的女人給我講了兩條魚的故事。2009年底，她買了一個19公升的魚缸和三條金魚、一條紅獅頭金魚、一條黑龍睛和一條扇尾琉金金魚。跟很多養魚新手一樣，洛麗對照顧金魚幾乎一竅不通。在接下來的幾個月裡，她買了幾條魚也死了幾條魚。不過最初買的扇尾琉金金魚和黑龍睛活了下來。洛麗給扇尾琉金金魚起名叫「海餅乾」，她丈夫則給黑龍睛起名叫「小黑」。

一天，洛麗回家吃午飯時，驚恐地發現小黑被困在一個裝飾用的寶塔裡，那個寶塔是她親自放進魚缸裡、用來給金魚增添樂趣的。小黑掙扎著想要逃脫，不停地用自己的身體碰撞那座塑膠監獄，看上去十分虛弱。

與此同時，海餅乾瘋狂衝向小黑，在洛麗看來，牠就像是努力要把小黑從寶塔中解救出來一樣。洛麗小心翼翼地把手伸向寶塔，盡可能輕柔地用手指把小黑推了出來。牠的狀態很差，身體一側的鱗片和天鵝絨般的皮膚都蹭壞了，此外右眼腫脹，還擦破了皮。牠無精打采地懸在魚缸底部，一動也不動。洛麗覺得牠大概活不下來了。

接下來幾天，海餅乾一直待在小黑身邊守護牠，這條小小的黑龍睛逐漸恢復健康。牠的眼睛痊癒了，身體受傷的一側漸漸長出了全新的魚鱗。

從那時候起，洛麗發現小黑和海餅乾之間的關係出現了明顯的變化，在她看來：「之前海餅乾專橫跋扈，經常霸道地驅趕小黑，但經過寶塔事件後，這種行為再也沒出現過。我開始覺得，魚也是有情感、有個性的個體。」

她把這兩條魚轉移到 76 公升的魚缸裡，裡面裝了一個大過濾器以及很少的裝飾品。小黑於 2015 年 6 月去世，得年僅六歲，一看就知道是因為過濾器故障造成的。海餅乾仍然「苦苦支撐」，由一條從學校嘉年華救回、名為「太多」的金魚陪伴著。

二十五年前發表在南非一份報紙上的另一個故事，跟洛麗的故事有著驚人的相似處。這個故事裡也有一條嚴重受傷到幾乎無法游動的黑龍睛，牠的名字也叫小黑。當小黑被放進另一個魚缸，和一條更大的名為「大紅」的紅獅頭金魚在一起時，大紅立刻對這位無助的「缸友」產生了興趣。牠開始游到小黑身體下方施以援手。牠們會像騎雙人自行車一樣在魚缸裡一起游來游去，大紅憑一己之力推著牠倆一起游動，幫助小黑恢復行動能力，並且吃到撒在水面上的食物。寵物店老闆認為大紅的行為是出於同情。

情緒的硬體

洛麗和南非寵物店老闆的故事並沒有多少科學說服力，因為它們都是獨立存在的奇聞軼事，兩條魚背後的行為和情感也很難解讀。比如說，我們怎麼知道海餅乾並不是出於害怕而攻擊寶塔內的小黑？對我來說，兩條魚隨後出現的持續性關係變化更有說服力，這表明小黑的災難是一個重大事件，讓兩條魚的關係變得更親密。

把奇聞軼事先放在一邊，科學界對魚類的情緒持怎樣的觀點呢？我們可以從魚類大腦和身體中的「硬體組織」出發。

情緒的產生需要腦迴路，這種古老的結構在演化過程中一直存在，所有脊椎動物都有。前面的章節告訴我們，即便是沒有新皮質的大腦，也能感到目瞪口呆或火冒三丈。越來越多的專家相信，情緒是伴隨意識一同產生的。有時候，能做出反應比思考更有用。想像自己是隻原始海洋生物，突然遇到了捕食者，如果你得先默默想著「天哪，我最好趕緊離開這兒」，那你很快就會變成別人口中的美味大餐。感到驚慌後立刻逃跑才能保住性命，其他的可以之後再想。

情緒與一類叫作「激素」的物質關係密切，它是人體內腺體分泌的化合物，能夠影響人的生理和行為。硬骨魚和哺乳動物腦部形成「激素模式」，即所謂的神經內分泌反應的方式，本質上是相同的。因此，這些模式在意識和情緒方面發揮的作用可能也很類似；換言之，這兩類動物的神經內分泌系統也是類似的。

催產素能很好地證明這種相似性。催產素也被稱作「愛情靈藥」，與建立親密關係、性高潮、宮縮、哺乳及墜入情網的體驗有關。加拿大漢密爾頓麥克馬斯特大學的研究人員，發現魚類體內功能相同的荷爾蒙——硬骨魚催產素（isotocin），也能調節不同社交情境下的行為。研究人員給兩組成年雄性水仙麗魚（daffodil cichlids）分別注射硬骨魚催產素和生理鹽水，結果注射了生理鹽水的水仙麗魚沒有表現出明顯的行為變化，而注射了硬骨魚催產素的水仙麗魚則變得情緒化。當被放到模擬爭奪領地的情境中，即便面對體型更大的對手，後者也會更具攻擊性。令人意外的是，地位中等的水仙麗魚在注射硬骨魚催產素後，會對魚群中的其他個體表現出服從的行為。論文作者推測，服從反應能使這些高度社會化、彼此協作養育後代的水仙麗魚，凝聚成更穩定的群體。這種情感可能不是愛情，但肯定是一種溫和友好的反應。

另一種研究魚類情緒的方法，是比對魚類、鳥類和哺乳動物大腦中相似的杏仁核區域。這是一對構成大腦原始邊緣系統的杏仁狀結構，而哺乳動物的杏仁核會影響情緒反應、記憶及決策能力。魚類大腦中內側腦皮層的功能和杏仁核一樣，當該區域被切斷神經連接而喪失功能或是接受電力刺激，魚類就會出現攻擊行為的變化。這種變化跟接受類似處理的陸生動物十分相似。以金魚為實驗對象的研究也顯示，內側腦皮層會參與在針對可怕刺激的情緒回應之中。

魚怎樣表現出恐懼呢？受到捕食者攻擊時，牠們又會作何反應？事實上，魚類感到害怕時做出的反應跟我們預期的差不多。除了呼吸更加急促並釋放出警戒物質外，牠們還會表現出陸生動物感到恐懼時的典型行為，比如逃跑、僵住、讓自己看上去體型更大或改變體色等。

之後牠們也會停止覓食，避免進入會受到攻擊的區域。

如果給魚一些能緩解人類焦慮的藥物，牠們能放鬆下來嗎？奧沙西泮（Oxazepam）就是這樣的藥物，被廣泛用於治療人類的焦慮和失眠且能緩解戒酒時出現的其他症狀。瑞典烏梅亞大學的克拉蒙德（Jonatan Klaminder）帶領的研究團隊，捕獲一些野生歐亞河鱸，並給牠們用了奧沙西泮。在那之後，這些鱸魚變得更加活躍，存活率也更高。能讓人類放鬆的藥物卻會讓魚變得更加活躍，這似乎有些異常，但其實鱸魚的反應正是放鬆後的狀態，因為只有放鬆的鱸魚才會勇敢地探索周圍環境。在這種狀態下，使用藥物的鱸魚會較少跟同伴聚在一起，而是花更多時間覓食，這可能解釋了為什麼這些鱸魚在沒有捕食者的環境中存活率更高。

在安全的環境中，放鬆身心並沒有什麼壞處，但恐懼這種情緒的存在也並非全無道理：它能讓我們遠離危險、躲避危險。魚類有社會學習的能力，僅僅透過觀察同類的反應，就能輕易學會畏懼某種事物。比如最初在玻璃一側的胖頭鱥並不畏懼陌生的捕食者，但觀察到玻璃另一側同伴對捕食者的恐懼反應後，牠們就會很快學會躲避這些捕食者。

胖頭鱥接觸過同類釋放出的警戒物質後（在討論嗅覺的章節中提到過的警戒費洛蒙），也能學會躲避捕食者。那麼，對於暗示潛在危險的氣味線索和視覺線索，魚類是否也一樣重視呢？顯然不是。加拿大薩斯克徹爾大學的科學家訓練魚類，讓牠們以為某種陌生氣味是安全的，因為這種氣味出現時從不會有壞事發生。但事實上，這種氣味來自以胖頭鱥為食的危險捕食者狗魚，只不過實驗中胖頭鱥生活過的地方沒有狗魚出沒，因此研究人員據此推測，牠們並不知道狗魚的氣味以及隱藏的危險。對照組的胖頭鱥也接受了類似訓練，只不過水中沒有狗魚的氣味。測試當天，兩組胖頭鱥都接觸到狗魚的氣味，此外每組又分別接觸到（1）胖頭鱥的警戒物質，（2）知道狗魚的危險性且會因狗魚氣味而感到恐懼的「典型」胖頭鱥。之前沒接觸過狗魚氣味的胖頭鱥，對警戒費洛蒙和對受驚同伴的反應一樣。但經過訓練後認為狗魚氣味溫和無害的胖頭鱥，對於警戒費洛蒙毫無反應，對驚恐不已的同伴則表現出典型的恐懼行為（減少游動或覓食，同時尋找躲避之處）。

因此，至少對胖頭鱥而言，恐懼的視覺資訊比嗅覺資訊更有說服力。這項實驗也證明，對於判斷捕食者是否有威脅性，胖頭鱥更相信同伴的判斷而非自己的。哪怕虛驚一場也好過忽視了真正的威脅。正如人們常說的，寧可謹慎有餘，不要追悔莫及。

對抗壓力

從可怕的境遇中逃離出來，不僅能保命，也有益於長期健康。針對老鼠、狗、猴子，以及飽受戰爭和其他困境折磨的人的研究結果顯示，無法排解的壓力會造成各種問題，比如焦慮、抑鬱、免疫力低下等等。面對壓力時，我們的身體會釋放出皮質醇，這種所謂的壓力激素能夠調節壓力水準，在包括魚類在內的其他脊椎動物體內，也發揮著相同的作用。

馬克斯—普朗克神經生物學研究所和加州大學的科學家，共同針對體內缺少皮質醇的斑馬魚進行了研究。這些斑馬魚長期處於高壓狀態，且在行為實驗中表現出抑鬱症狀。正常斑馬魚進入新環境時，會在最初的幾分鐘裡顯得有些畏縮，游動得也很猶豫。但好奇心很快就會佔上風，牠們會開始探索新魚缸的環境。然而，高壓狀態下的斑馬魚很難適應新環境，牠們會更強烈地表現出獨處傾向，待在魚缸底部一動也不動。

不過，在水中加入抗焦慮藥物地西泮（安眠鎮定劑）或抗憂鬱藥物氟西汀（百憂解）後，這些斑馬魚的行為就會恢復正常。隔著魚缸玻璃看到其他斑馬魚以及其他多種社交行為，都能緩解牠們的抑鬱症狀。

如果魚類也能感到抑鬱和焦慮，那麼牠們是否也會主動緩解，想方設法地讓自己冷靜下來呢？2011 年，一篇題為「親愛的，冷靜，讓我摸摸你的鰭」的頭版文章就說了這樣一件事。由里斯本高等應用心理學研究所的蘇亞雷斯（Marta Soares）帶領的研究小組推測，珊瑚礁魚類受到清潔魚的輕撫後會變得愉快，壓力狀態也會有所緩解。為了驗證這個想法，他們設計了一個實驗。

他們訓練了三十二隻來自澳洲大堡礁的櫛齒刺尾鯛。一旦這些魚適應了圈養生活，就被隨機分配到壓力組或非壓力組。被分到壓力組的倒楣鬼要被放進水深剛好沒過身體的水桶內待三十分鐘。這一步驟會增加魚血液內的皮質醇，而這正是測試壓力時的參照指數。在這之後，壓力組和非壓力組的魚都會被單獨放到不同魚缸中度過兩個測試階段，每個階段各長達一小時，且每個魚缸中都有一條人工製成的高仿清潔魚模型。模型的形狀和顏色都和為刺尾鯛等客戶提供清潔服務的裂唇魚非常相似。一半數量魚缸中的模型靜止不動，另一半魚缸中的模型則有特殊的機械裝置，能夠輕輕搖擺著移動。

壓力組的刺尾鯛會被移動的清潔魚模型所吸引，就像小孩見了糖果一樣。牠們會游到假清潔魚身旁，把身體靠在清潔魚上。但牠們只對能輕撫牠們的模型這麼做。平均每條魚去找能移動的清潔魚十五次，但根本不理睬靜止的清潔魚模型。即使是模型在輕撫刺尾鯛，也會緩解牠們的壓力。研究人員測量了所有刺尾鯛體內的皮質醇指數，結果發現，和會動的清潔魚同缸的刺尾鯛（包括應激組和非應激組）體內的皮質醇含量，比和靜止清潔魚同缸的魚低，皮質醇下降的幅度也和與模型相處的時間成正比。

在科學家說話向來會有保留的前提下，蘇亞雷斯總結道：「我們知道魚類能感覺到疼痛，因此牠們可能也會感覺到愉悅。」

雖然媒體對魚類撫摸彼此魚鰭的報導有種矯揉造作之氣，但不代表這在科學上毫無借鑑意義。這篇報導揭示了社會生活以及提高生活品質的重要性。文章證明，魚類會出於愉悅身心的目的去找清潔魚，雖然這些移動的模型並沒有完成清除寄生蟲等工作，但刺尾鯛仍會反覆拜訪它們。

為了獎賞讓個體生命不息、基因得以順利傳遞等「好」行為，動物演化出愉悅這種感受。因此，我們在吃東西、玩耍、姿勢舒服或發生性行為時會感覺良好。直到不久前，人們都還覺得甚至僅僅推測魚類感受到的是什麼情緒都是不科學的。因此，大多數討論只局限在所謂的獎賞（即動物願意付出一定努力來得到某種東西）的生理機制內。

對於哺乳動物來說，多巴胺系統在獎賞生理機制中起著關鍵作用。老鼠在玩耍時，大腦會釋放出大量多巴胺和鴉片類物質，而給牠們使用能阻斷這些化學物質受體的藥物後，牠們就會失去正常情況下對於甜食的興趣（人類也是如此）。魚類體內也存在著多巴胺系統；如果給金魚使用能刺激腦部多巴胺釋放的化合物，比如安非他命或阿朴嗎啡，金魚就會表現出獎賞行為。受到安非他命影響的金魚，更喜歡在含有安非他命的區域內活動；而使用了戊巴比妥（pentobarbital）這種

「愉悅抑制劑」的金魚，則能學會躲避它。在猴子、老鼠和人類體內，安非他命能透過提高中央獎賞系統中多巴胺受體的效率而形成獎賞效應。由於金魚腦部也存在含有多巴胺的細胞，因此人們推測安非他命也能透過相同機制在金魚體內產生獎賞效應。和某些哺乳動物一樣，魚類也容易濫用難以抵擋的安非他命和可卡因（又名古柯鹼）。但那些悄悄游到會動的清潔魚模型旁邊尋求撫摸的刺尾鯛並不會成癮，那不過是一條魚對愉悅保健按摩的渴求而已。[1]

魚類的遊戲

如果你曾得過獎，或是從三分線外投籃命中，或者見過家長玩鬧著把孩子追得開心尖叫，那麼你肯定知道快樂是怎麼回事。遊戲就是一種能產生快樂的行為。它對於動物，尤其是那些需要增強體力和協調性、學習重要生存及社交技能的幼年動物來說非常重要。不僅如此，遊戲也會產生心理影響：它會讓遊戲者覺得有趣。科學家花了大量時間研究動物的遊戲行為，德國哲學家古魯斯（Karl Groos）早在 1898 年就出版了《動物的遊戲》（*The Play of Animals*）一書。

想要研究動物的遊戲並不是件容易的事。這是一種自發性的活動，參與者在遊戲中會感到輕鬆、愉快。人類觀察到的大多數動物遊戲都是在偶然間發現的。

這對田納西大學的動物行為學家、長相酷似達爾文的布格哈特

1　原注：我得高興地指出，實驗結束後研究人員將這些刺尾鯛放回了大堡礁的家中。

（Gordon M. Burghardt）來說卻不是一件難事。他從事動物行為學研究近六十年，發表了上千篇學術論文，在其學術生涯中從不放過那些具挑戰性的課題，其中就包括你不奢望能發現的動物遊戲。或用他寫在自己網站上的話來說，是「『不會玩耍的』動物之玩耍行為」。

2005 年，布格哈特發表了迄今為止最全面的動物遊戲研究結果。《動物遊戲起源》（*The Genesis of Animal Play*）一書封面上是條熱帶魚，一條養在魚缸裡且正用鼻子觸碰水中溫度計的雄性灰體藍首魚。布格哈特和迪內茲（Vladimir Dinets）、墨菲（James B. Murphy）兩位同事，發表了關於三條雄性灰體藍首魚與溫度計互動的研究。這支 11 公分長的玻璃管溫度計底部加了重物，能夠垂直懸浮在水中。在十二次實驗中，研究小組記錄到溫度計被這三條魚推了一千四百多次；而每次實驗中，三條魚都是被單獨放進魚缸中的。

每條魚都有自己的風格。一號魚主要「攻擊」溫度計頂部，讓溫度計左右搖擺，最後停在垂直位置。二號魚喜歡圍著溫度計轉圈，轉的過程時不時碰溫度計一下。三號魚會隨意頂撞溫度計底部、中部或頂部任意位置，這條魚撞擊得最用力，會讓溫度計在魚缸裡上下跳動，有時還會卡在角落裡，在隔壁房間都能聽到溫度計撞在玻璃壁上的巨大聲響。

這算是遊戲嗎？布格哈特認為，遊戲需要滿足以下條件：

1. 這種行為不會讓動物達到任何明確的生存目的，比如交配、覓食或爭鬥；
2. 這種行為是自願、自發或者有益的；
3. 這種行為跟典型的功能性行為（性行為、領地行為、捕食行為、自衛行為和覓食行為）在形式、目的或時機上明顯不同；

4. 這種行為會反覆出現，但不是神經質的行為；

5. 這種行為只在沒有飢餓、疾病、擁擠或捕食者等壓力源的情況下出現。

　　灰體藍首魚的行為符合以上所有標準。牠們並非捕食性魚類，對溫度計的攻擊跟典型覓食行為完全不同。有沒有食物對牠們用溫度計尋樂的行為而言沒有明顯影響。性行為的可能性也可以排除。灰體藍首魚跟溫度計的互動，與牠們快速猛擊對手的行為有些類似，但重複次數更多——更像是拳擊手在做沙包練習，而且只有這些魚在非壓力狀態、甚至是在缺少刺激的情況下獨處時才會出現。

　　實驗用的魚缸中還存在其他物體，像是小棍、植物和鵝卵石等等，但為什麼這些魚單單只攻擊溫度計呢？研究人員推測，灰體藍首魚可能是被物體碰撞後會反彈的特性給吸引，就像那種底部繫上重物、真人大小的充氣小丑玩具，對著它打兩下又會彈回到直立狀態。動物行為學家總是盡力從動物角度看待問題，因此布格哈特把溫度計的反彈解讀為「對手被激怒後永遠不會成功反擊」。

　　這是實體遊戲的例子，生物學家把兩個個體你來我往的玩鬧稱為社交遊戲。美國維吉尼亞州動物避難所的前員工就講了這樣一個例子。她曾和丈夫、幾隻貓以及一條獨霸魚缸的哥倫比亞英麗魚一起生活。這條魚跟家裡的幾隻貓慢慢玩起了一種遊戲，這些貓偶爾會踮起腳爬到書架上喝魚缸裡的水。而這條領地意識很強的英麗魚則會藏在魚缸一角的蘆葦叢後面，埋伏起來靜靜等候這些毛茸茸的入侵者出現。過往經歷教會這些貓先向水裡看一看是否存在埋伏，但是英麗魚知道這一點，因此會保持安靜。只有當貓的舌頭伸入水中的那一刻，牠才會突然行動，像小魚雷一樣從蘆葦後衝出來，鐵了心要從那條粗刺刺的舌頭上扯下一塊肉來。如果貓感到水下有異動，就會趁舌頭還沒被魚碰到時撒腿逃跑。

這種貓魚鬥智遊戲參與者的表現顯示了，這只是安靜室內生活中一點受歡迎的小插曲。遊戲的任一方都不會流下一滴血，有時貓甚至會立刻揚著腦袋、閃著狡黠的眼光回來參與這場遊戲。

這不僅是社交遊戲，也是物種之間的社交遊戲。

遊戲的第三個變體是獨自遊戲。2006 年，一位名叫賴希德（Alexandra Reichle）的德國語言治療師去斯圖加特市參觀藝術之屋的展覽時，親眼見到獨自遊戲的魚。她把這場名為「藝術生活」的展覽，形容為由全國所有博物館隱藏珍寶所組成的了不起的混合體。其中有個來自卡爾斯魯厄市國家自然史博物館的大型水族箱，這個精緻的展品容量約為 3700 公升，裡面生活著五彩斑斕、充滿異域風情的各種魚類。

身為愛魚之人，賴希德在水族箱前花了很長一段時間觀察玻璃另一側發生的事。她很快就注意到一條優雅的杏仁形小魚，牠的身體是華美的紫色，上面綴著黃色和鐵青色的斑紋（她之後辨認出這是一條原產於亞洲海域的靜擬花鮨）。這條魚看上去似乎有目的地。牠會在水箱底部朝一個方向游，碰到水箱一端的玻璃壁後，會突然向上游到水面。到達水面後，牠就會遇到從抽水馬達中流出的水流，這個小旅行者就會被水流推著、像火箭一樣回到水箱的另一端。之後，牠又會潛到水箱底部，再次踏上旅行。賴希德對我說：「有趣的是，我認為自己是個悲觀主義者，我的第一反應是這是一種圈養造成的刻板行為。但這條小魚看起來從中得到了很多樂趣。」

我問她為什麼覺得有趣。「其他魚大多只是漫無目的地游來游去，而這條魚看起來似乎是鐵了心要找些樂子。我很想讓其他魚跟牠一起、跟著人工製造的水流享受瘋狂之旅。」

無獨有偶，布格哈特也曾在高大的柱狀水族箱中觀察到，其中的海洋魚類會反覆「騎著」水箱底部氣泡石中冒出的氣泡到達水面。他認為對魚來說這是一種樂趣，對人類來說可能也一樣。

跳躍使魚快樂？

如果駕著氣泡對魚來說是件樂事，那麼牠們是否也會以跳躍來尋開心呢？如果你有過泛舟、垂釣或在湖畔河邊觀鳥的經驗，那很可能見過魚躍出水面的場景。我自己就見過很多次。根據平均律，這種事往往發生在我朝著另一方向看的時候，而我將目光轉回時恰好只看到一絲水花。偶爾，我也能幸運看到魚的身軀，比如我就曾見過30公分長的大魚和2.5公分左右的小魚，牠們躍出水面的高度超過自己的體長。

當然，魚類為了躲避捕食者，走投無路時也會主動從水中跳起。而海豚恰好會利用魚類這種行為，圍成一圈，捕食半空中驚慌失措的魚。但正如人類也會為了好玩或出於害怕而全力奔跑一樣，不同的情緒也可能會促使魚兒躍出水面。蝠鱝會讓自己龐大的軀體（寬達5公尺，重達1公噸）向上躍出3公尺再落回水面發出巨大聲響，這種行為並不是出於恐懼。世界上有十種已知的蝠鱝，牠們的空中絕技給自己贏得了「飛毯」的稱號。蝠鱝還會成百上千地集結成群，一起躍出水面。（見彩圖頁，蝠鱝）牠們在躍出水面時大多算好了要以肚皮朝下的姿勢落回水面，但有時也會向前空翻、以背部入水。雄性看上去是這種行為的發起者，因此有人推測這可能是一種求愛行為。其他科學家認為，這也有可能是為了除掉寄生蟲。不過，不管這種行為的目的是什麼，我都覺得蝠魟這麼做時非常開心。

在佛羅里達州查薩霍維茨卡國家野生動物保護區清澈的水面上玩獨木舟時，我曾看到幾群鯔魚排列成優美的隊形在水中游動，每一群有五十條甚至更多。鯔魚是這裡常見的漂亮魚類，牠們尾巴邊緣和身體後方的魚鰭呈乳白色，背部有金屬光澤，腹部為白色，兩者之間的交界處微微泛黃。牠們喜歡躍出水面且躍出時非常明顯。大多時候我會看到一條魚連續跳一兩次，不過有一次我看到了七連跳。每次跳躍時，鯔魚都會躍出水面約 30 公分高，跳躍長度達 60 至 90 公分。

世界上有八種鯔魚，沒人確定牠們為什麼會飛出水面。牠們往往側身落回水中，因此有理論認為，鯔魚是在嘗試甩掉皮膚表面的寄生蟲。而另一種觀點認為，牠們這樣做是為了吸氧。當水中氧含量低時，鯔魚便會出現更多跳躍行為，這支持了所謂的「空中呼吸理論」，但是跳躍本身消耗的能量可能比吞空氣得到的能量更多，無疑降低了這種理論的說服力。

這些魚躍出水面會不會只是為了好玩，就像一種遊戲呢？布格哈特曾公布十多種魚類反覆跳躍空翻的事例，有時牠們會越過漂浮在水面上的物體，比如木棍、蘆葦、曬太陽的海龜，甚至死魚，而牠們做這些事，除了自娛之外並沒有明確原因。

到目前為止，還沒有人能用科學實驗的方法驗證這一有趣的可能性。也許有人應該抓幾條聰明的魚，把牠們放進包括各種有趣設施，比如播放浪漫音樂和有會動的清潔魚模型的豪華魚缸裡，然後放上於水面上漂浮、能跳過去的物體。

半條泳衣

讓我來講一個我們都很熟悉關於感覺的小故事。當我們經過事故現場、拿到一份包裝精美的禮物，或在餐館裡偷聽到一場爭論時，內心都會產生這種感覺。這就是所謂的好奇。

阿拉斯加一位科學家告訴我，她去牙買加度蜜月、在人煙稀少的海灘上游泳時遇到了一群好奇的魚。當時她和丈夫正沿著一塊礁石浮潛。她丈夫的水性很好，卻沮喪地發現自己的新娘不會潛水。在試圖指導她潛水失敗後，他試了更激烈的方法：

> 他使勁扯掉我身上一半的泳衣，然後向水下游去，把它掛在距離水面約 4.5 公尺處的一截珊瑚枝杈上。他大笑著說，妳想把泳衣取回來嗎？
>
> 我不是個裸體主義者，即便周圍沒有其他人，我也感到不舒服。我不斷努力潛入水下，試圖取回衣服，但全都徒勞。這些瘋狂的行動對附近的珊瑚礁魚產生了意想不到的影響。牠們非但沒躲起來，反而開始在我們身邊聚集。我發現鮑勃的情緒也有了變化，嗯，很私密的變化。他朝我游過來，想要滿足心底的欲望，可惜我的浮力太大，難以成人之美。不過我們卻對魚的反應驚愕不已；小藍魚、刺蓋魚等生活在礁石附近各種顏色、形狀和大小的魚全都湊了過來，圍著我們組成一個閉合的環，面對著我們、看著我們，牠們的身體和尾巴左右搖擺，看上去就

像閃閃發亮的整體。

　　最終，那位丈夫可憐妻子，幫她取回了泳衣。隨著熱情漸漸消逝，魚兒也失去了興趣，牠們組成的圈子慢慢散去。兩個笨手笨腳打算一享魚水之歡的配偶被一群好事的魚兒圍起來，這件事讓她覺得有趣。她好奇那些魚是怎麼想的，牠們是否感受到了人類卿卿我我產生的能量。

　　由於魚類在水中對感官刺激非常敏感，有些理論或許可以解釋為什麼這些魚會成為偷窺狂。作為視覺動物，我們直覺上會推測牠們是被這對年輕戀人的舉動吸引過來，但也許是這兩人形成的電場或身體中的化學物質之類的東西勾起了魚的好奇心。還有，可能那些魚當時並不是出於善意的好奇，而是出於不安，監視著這對潛在的捕食者。這當然也可以視為另一種好奇，尤其是這兩人並不是牠們熟悉的入侵者。

　　當魚注意到人類時，我們就進入生物的另一種意識世界。這件事會讓人感到興奮。毫無疑問，研究魚類的情緒是項極具挑戰性的科學嘗試。但正如我們所知的，研究魚類的情感也有方法可循。現在有越來越多的證據表明，某些魚類會有各種情緒，比如恐懼、緊張、愉悅、快樂和好奇。

　　研究魚類的思維，要比試圖研究牠們的感受簡單一些，接下來我們會看到在魚類認知領域中的很多研究成果都可以說明這點。

這條黑色的「深海惡魔」彰顯了魚的神祕。雖然看起來像是海底的巨型怪獸,深海鮟鱇卻不足 20 公分,對於不諳世事的「獵物」來說,鮟鱇會發光的小燈籠極具誘惑力。(攝影 © David Shale/Minden Pictures)

愉悅感能夠激發有益的行為。目前科學家尚不清楚蝠鱝為何會躍出水面，但牠們似乎樂在其中。圖片攝於墨西哥瓦哈卡州。（攝影 Aaron Goulding Photography）

一條粉色的海葵魚縮在自己選定的海葵中，凝視著面前的攝影師。
（攝影 © Mary P. O'Malley）

魚沒有雙手，因此能夠使用的工具有限。圖中，生活在大堡礁的邵氏豬齒魚正準備在岩石上摔開蛤蜊。（攝影 Scott Gardner）

日本南部沿海的小型雄性四齒魨會花費數小時時間打造這種圓形的巢穴。我們能在圖案中心位置的左上方看到這條小魚。（攝影 © Yogi Okata/Minden Pictures）

在確認周圍環境安全後，一條生活在馬拉威湖的雌性麗魚放出了自己口孵的幼魚。（攝影 © Georgette Douwma/Minden Pictures）

條斑胡椒鯛張大了嘴，好讓裂唇魚仔細檢查並清潔。（攝影 © Fred Bavendam/Minden Pictures）

掠食性的石斑魚會利用身體動作或信號，邀請海鱔合作獵捕。圖片攝於地中海。（攝影 © Reinhard Dirscherl/Minden Pictures）

很多魚會在交配之前向對方大獻殷勤。圖中，兩條生活在加勒比海的美麗低紋鮨「性」致正濃。（攝影 © Alex Mustard/Minden Pictures）

經常出現在水族館中的天竺鯛已瀕臨滅絕。圖中的天竺鯛正等待著被裝載，從印尼運往美國及歐洲。（攝影 © Nicolas Cegalerba/Minden Pictures）

莫三比克一條半工業的捕蝦拖網漁船上捕撈上來的蝦，以及包括許多幼魚在內的副漁獲物。（攝影 © Jeff Rotman/Minden Pictures）

大多數魚——比如這條生活在印尼四王群島開闊水域的靜擬花鮨——的可見光譜範圍都比人類要廣。（攝影 © NPL/Minden Pictures）

很多魚都能認出彼此。安邦雀鯛能通過僅在紫外光譜下可見的面部圖案認出同伴。兩張圖片中的其實是同一條魚，右側是這條雀鯛在紫外光譜下的模樣。（攝影 © Ulrike Siebeck, University of Queenland）

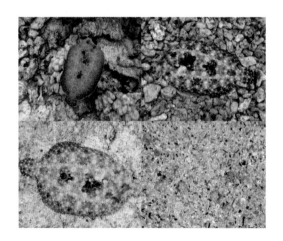

一條比目魚展示了自己高超的偽裝技巧。四張照片中的是同一條比目魚，拍攝時間間隔了幾分鐘。在最後一張照片中，這條魚完全把自己埋在了沙子裡，只有眼睛露在外面。

奧瓦迪亞和自己養的九歲大的阿拉伯魨「芒果」正在進行「瞪眼」比賽。（攝影 Corky Miller）

澤納托會輕柔地撫摸那些信任自己的鯊魚（圖中為三條佩氏真鯊），讓牠們放鬆下來，如果有需要的話，還可以幫牠們取出嘴裡的魚鉤。（攝影 Victor Douieb）

有些魚會十分信賴自己熟悉的潛水員。圖中，名為「拉里」的眼帶石斑魚正在享受潛水員的撫摸。

射水魚會透過練習和觀察磨練自己的技藝。（攝影 © Kim Taylor/Minden Pictures）

第四章

魚的思想

WHO A FISH KNOWS

只要符合自然規律，任何匪夷所思的事都是真實的。

——法拉第（Michael Faraday）

魚鰭、魚鱗和智力

> 每一種我們認為愚蠢無聊的動物，都有令人驚歎的祕密，只是
> 沒人發現罷了。
>
> ——迪內茲（Vladimir Dinets），《龍之歌》（*Dragon Songs*）

隨著時間流逝，演化必定會讓動物精通那些對自己來說重要的事。人類不會像黑猩猩一樣善於攀爬，牠們的上肢力量是我們的四到五倍。我們不會像獵豹一樣跑得飛快，或像袋鼠一樣跳得那麼遠。如果讓菲爾普斯（Michael Phelps，美國泳將，史上獲得最多奧運獎牌的運動員）和游得飛快的旗魚比賽，菲爾普斯還沒來得及換氣，旗魚就已經到達100公尺終點了。快速行動對於牠們生存的重要性遠大於人類，天擇機制決定了速度更快的個體更有可能把自己的基因傳給下一代。

心智方面也遵循相同的原理。如果大自然設置了一個智力問題，能解決這個問題會帶來巨大優勢，那麼經過一段時間，生物就會獲得認知能力——雖然我們會因為牠們體型小或是與人類親緣關係疏遠，便以為牠們不能掌握這些技能。現代認知生態學認為，智慧是由動物

日常生活面臨的種種生存需求塑造出來的。因此,有些鳥類能記住牠們把成千上萬顆堅果和種子埋在哪裡,以便在漫漫嚴冬中用來果腹;會打洞的嚙齒類動物能在兩天內,熟記由數百條通道構成的複雜地下迷宮;鱷魚能鎮定地頂著樹枝來到蒼鷺築巢地的下方,然後趁粗心的鳥兒俯衝下來收集築巢材料時猛撲過去。如果你不知道爬行動物擁有計畫和使用工具的能力,也不用覺得自己落伍,畢竟在 2015 年相關論文發表並獲得關注以前,科學家也不知道是這麼一回事。

那麼,魚類的心智能力又如何呢?雖然電影人自作主張拍了《小美人魚》、《海底總動員》和《海底總動員 2:多莉去哪兒》,但魚類真的會思考嗎?讓我們看看魚能用自己的腦子做些什麼。

深鰕虎的例子有助於說明魚類的智力水準。這是一種生活在大西洋東西兩岸潮間帶的小型魚類。退潮時,深鰕虎喜歡待在靠近海岸處,躲在單獨的溫暖水窪裡,牠們能在這裡找到不少美味食物。但水窪並不是一直保護牠們避開危險的安全港灣。由於章魚、蒼鷺之類的捕食者也可能來海灘覓食,每當這時,牠們就得匆忙逃走。但一條小魚能逃去哪裡呢?事實證明,深鰕虎能用一種令人難以置信的方式跳到旁邊的水窪裡。

但牠們是如何避免跳到岩石上,最後曝曬而死的呢?

深鰕虎有突出的眼睛,兩頰微微鼓起,嘴往外噘,尾巴渾圓,7公分長的魚雷型身體上佈滿灰褐色汙點狀的花斑,這模樣看上去完全不像是能參加動物智力奧運會的選手。但從各個角度來看,牠們的大腦都出乎意料地發達。小小深鰕虎能趁滿潮時一邊游泳一邊記住潮間帶的地勢,牠們會牢牢記住低窪地勢的分布,而這些地方在退潮後會形成水窪。

這是認知繪圖的一個例子。眾所周知，人類會利用認知繪圖幫助導航，而且人們一直認為這種能力是人類所獨有的，直到 20 世紀 40 年代晚期，科學家才在老鼠身上發現了同樣的能力。此後，很多種動物都被發現擁有這種能力。

美國自然史博物館的生物學家阿倫森（Lester Aronson，1911-1996）證明，深鰕虎也有這種能力。就在人們驚歎老鼠具有認知繪圖能力的同一時期，阿倫森在實驗室裡做了一塊人造礁石。他用模仿捕食者的棍子戳自己打造出的水窪，迫使深鰕虎跳躍起來。之前有機會在實驗室「滿潮」時游來游去的魚，有 97% 能跳到安全的水窪中；而沒有經歷過滿潮的無知小魚成功率只有 15%，跟隨便亂跳沒什麼區別。只要經歷一個「滿潮學習期」，深鰕虎就能在四十天的時間裡記住逃生路線。

需要指出的是，這些魚從野外家園被捕捉回來並放在陌生環境中圈養，一定會在實驗過程中處於壓力狀態。事實上也的確如此，在阿倫森的研究過程中有幾條魚生病死了，這表明牠們在人工餵養的環境中生活得並不好。

其他研究也表明，個體表現能反映出牠們在野生微環境中的經驗。海灘地區退潮時水窪較少，從那裡捕獲的魚在實驗中的成功率雖然高過隨機的機率，但仍比不上那些經驗豐富的同類。最近的一項研究結果表明，生活在岩石水窪中的深鰕虎的大腦，跟躲在沙坑裡不需東躲西藏的同類大腦有些不同：需要跳躍的深鰕虎大腦中用於空間記憶的灰質更豐富；而沙棲的那些魚的大腦中視覺處理的部分更發達。

深鰕虎用大腦繪製地圖的能力，讓牠們能夠在水窪之間精準地跳來跳去，這是生存需求練就出高超智力的經典例證。作為鱷科動物行為及認知領域的專家、同時也是作家兼生物學家的迪內茲說：「通常人們提到『智力』一詞時，指的是『能像我一樣思考』。」這是一種非常自我中心的智慧觀。我猜，要是深鰕虎給智力下個定義，牠一定會把能在腦中繪製並記憶地圖囊括其中。

記住逃生路線

　　形成認知地圖並能記憶數個星期，不僅證明深鰕虎具有避免盲目跳躍的驚人天賦，也暴露了人類的偏見往往會低估我們並不瞭解的生物。我不知道（金）魚到底為何會落下這種名聲，但牠們傳奇般的「三秒記憶」一說，至今仍存在於大眾文化中（在網路上隨便搜索一下就能知道）。我仍然會看到一家投資公司在機場打的廣告，裡面用公認的金魚三秒鐘記憶，與維護業務聯繫的重要性形成對比（我也得謙虛地承認，有時自己並不記得把手機或眼鏡放在哪裡，這時我的記憶還維持不了三秒鐘）。

　　好記性的實用性對魚來說並不遜於燕雀或雪貂。英國哥倫比亞大學的生物學教授皮徹（Tony Pitcher），回憶了多年前他在教授動物行為學課程時所做的課堂研究。當時學生們正在研究金魚的彩色視覺；每條魚都有一根顏色有著細微差異的餵食管，實驗證明金魚擁有良好的彩色視覺。實驗過後，這些金魚被放回水箱。隔年，其中一些金魚跟其他一些沒參加過該實驗的金魚混在一起，又參加了同樣的實驗。當牠們被放在實驗環境中，參加過實驗的金魚很快就把自己安頓在之前用過的管子前，顯然記得去年實驗中自己管子的顏色和（或）位置。

　　針對魚類記憶的研究並不罕見。1908 年，密西根大學的動物學教授賴格哈德（Jacob Reighard）公布了一項研究結果。實驗中，他給肉食性的笛鯛餵食死沙丁魚。有些沙丁魚用顏料染成紅色，有些則保持原樣。不管沙丁魚顏色如何，笛鯛對兩種魚都狼吞虎嚥。但是當賴格哈德往紅色沙丁魚的嘴裡縫上會產生刺痛感的水母觸手，以這種陰險方式讓沙丁魚變得難吃時，笛鯛很快就不吃紅色沙丁魚了。二十天後，笛鯛依然不碰紅色的沙丁魚。這個實驗不僅證明笛鯛擁有記憶，還證明牠能感受到疼痛並從中吸取教訓。

我最喜歡的魚類記憶研究，來自對魚類認知特別感興趣的生物學家布朗（Culum Brown）。他是《魚類認知及行為》（*Fish Cognition and Behavior*）一書的其中一位編者，這本書促進了當下人們對於魚類思維能力認識的轉變。

布朗從澳洲昆士蘭的一條小溪中收集了一些成年杜氏虹銀漢魚，並把牠們帶回自己的實驗室。這種魚因為身體兩側的魚鱗呈現帶狀萬花筒般的鮮豔色彩而得名。成年虹銀漢魚體長約 5 公分，布朗抓的魚介於一至三歲間。他把魚放進三個大魚缸，每缸約放四十條，之後給牠們一個月的時間熟悉周圍環境。

實驗當天，他隨機從魚缸中取出三條雄魚和二條雌魚，並將其放進實驗魚缸。實驗魚缸裝置了皮帶輪系統，能拉著一張垂直放置的拖網沿魚缸長邊移動。拖網的孔徑不足 1 公分，這些魚能透過拖網清楚看到另一邊的情況，但卻無法穿過網眼。拖網中央有個孔徑為 2 公分的略大網眼，當拖網從魚缸一端移動到另一端時，這個大網眼會給魚提供逃生通道。

布朗給魚十五分鐘時間適應新環境，然後用三十秒的時間將拖網從魚缸一端拖到另一端，並在距離魚缸壁 2.5 公分處停下。之後他將拖網取下，重新放到起始位置。這是一個完整的測試。隨後同樣的測試還會進行四次，相鄰兩次中間間隔二分鐘。1997 年，布朗對每組五條、共計五組魚進行了實驗，1998 年，他又對這批魚進行了另一次實驗。

在 1997 年的試驗中，虹銀漢魚在第一次測試時驚慌不已，毫無規律地四處亂竄，傾向待在魚缸邊緣，顯然不知道怎麼才能逃離逐漸靠近的拖網。牠們之中的大多數最終被困在玻璃和漁網中間。之後，牠們的表現穩步提升，第五次測試時，每一組中的五條魚都能從中間的大網眼裡逃出來。

十一個月後，實驗重新進行。在中間這段時間裡，這些魚完全沒見過實驗魚缸和拖網；但在這次實驗中，牠們的恐慌程度明顯低於前一年。牠們在第一次測試時就能找到大網眼並從裡面逃出，其逃生率跟 1997 年最後一次測試的結果差不多。「看上去牠們就跟沒中斷地連續做了十次測試一樣。」布朗這樣告訴我。

十一個月的時間，幾乎相當於虹銀漢魚三分之一的壽命。對於只發生一次的事件，這段記憶時間可說是相當長了。

魚類能夠記住很久以前事情的例子還有很多。研究表明，魚類會在長達一年的時間裡避免咬鉤；蓋斑鬥魚在遭到捕食者攻擊後的幾個月裡，都會避免進入攻擊發生的區域。除此之外還有很多軼聞趣事。比如一條叫作賓利的圈養蘇眉魚的故事。當習以為常的開餐鑼聲停用幾個月後再次出現時，賓利仍會立刻衝向投餵牠最喜歡的槍烏賊和蝦的地點。

生活和學習

記憶和學習的關係錯綜複雜，因為要記住一件事，必須首先要瞭解它。「哺乳動物或鳥類展現出來的幾乎每個學習成就，都可以在魚類中找到類似例子。」魚類生物學家雷布斯（Stéphan Reebs）這樣寫道。如果你想透過賣弄難懂的魚類術語給人留下深刻印象，可以試著飛快說出魚類以下幾種學習行為：非聯想式學習、習慣化、敏感化、假性條件反射、經典條件反射、操作性條件反射、迴避學習、控制轉移、連續逆向學習和交互學習。

你可以在 YouTube 網站上看到用點擊計數器訓練金魚穿過圓圈、把小球推進微型足球球門的影片。這是透過條件反射或聯想式學習獲得的技能。你可以在金魚做出目標行為的同時給予一個刺激，比如一道閃光，緊接著給牠食物作為獎賞。這樣一來，魚類很快就學會將穿過圓圈和閃光獎賞連結在一起。最終，牠們也能在閃光單獨出現時穿過圓圈，哪怕沒有食物，也會滿懷希望地執行任務。人們也能用同樣的點擊計數器訓練法訓練狗、貓、兔子和老鼠。

（只要稍有謙卑之心，我們就能意識到魚是人類的俘虜，在上述這樣的實驗中我們是處於掌控的一方。在很多實驗中，我們並沒有給魚所需的多樣而寬敞的空間；相反地，牠們生活在幾乎可以說是荒涼的受限空間內，沒有同類的陪伴，也幾乎沒有任何能藏身的地方。如果動物獲得食物的唯一方法就是把一個小球推來推去，那牠很可能會這麼做。如果我們處於類似的情境中，大概也會這麼做。但從另一個角度來說，這種方式比那些只給食物、沒有其他任何「娛樂設施」的圈養方法更可取一些）。

用魚缸養魚的人常說，他們的寵物似乎知道什麼時候該餵食了。簡單的圈養實驗就能證實這點。比如，布朗（Culum Brown）和他的同事早晨會在魚缸的一端給埃氏短棒鱂（當地人稱這種魚為「主教魚」）餵食，晚上則在另一端餵食。經過大約兩週時間後，這些魚就會在適當的時間出現在適當的地點。金體美鯿和神仙魚需要三至四週才能掌握這種所謂的「時間地點學習」。相較之下，老鼠學習所需的時間更少一些，大約是十九天，而園林鶯能在十一天內學會包括四個地點、四個時間段在內的更複雜內容。這些數字的說服力有限，因為在這些實驗中，我們假定牠們在不同的時間對食物（學習實驗中使用的激勵因素）的興趣一樣。但事實上，一般魚類的進食頻率（一天兩次）比小型鳥類（每隔幾分鐘就進食一次）低得多，因此讓牠們保有對學習實驗的動力更加困難，學習速度也可能因此看上去更慢。

　　魚類快速學習的能力，能提高人工孵化的魚類在野放後極低的生存率。在圈養環境中長大，意味著牠們一直繞著圈游動、會定時獲得食物，而且沒有面對過危險的捕食者；這和野外環境有著天壤之別。跟原本生活在野外的同類相比，牠們缺少在現實世界生存的技巧。為了給垂釣愛好者創造足夠的魚群數量，全球每年會放生約 50 億條人工養殖鮭魚，其中只有 5% 能活到完全成年。研究表示，人工繁育多代的動物會失去辨認捕食者的能力，而這可能是因為這種能力在圈養環境中並不會給牠們帶來任何生存益處。

　　巴西米納斯吉拉斯天主教大學的生物學家梅斯基塔（Flávia Mesquita）和楊（Robert Young）在一個實驗中，讓幼年的尼羅吳郭魚接觸鋸脂鯉標本（標本會用透明塑膠膜包裹起來，以防向水中散發特殊氣味），然後迅速用漁網抓住魚缸底部的尼羅吳郭魚。很快地，這些魚就會將不愉快的被捕經驗跟見到的捕食者連結在一起。經過三次實驗，尼羅吳郭魚見到鋸脂鯉標本就會迅速向四處逃跑，期待以「散射效應」來迷惑捕食者。被捕十二次之後，之前毫無經驗的小魚開始改變牠們的反捕食策略，選擇游到水面保持不動。至於對照組，則不會被漁網捕捉。

最初牠們會避開鋸脂鯉標本——這是魚類見到新鮮的陌生物體時典型的躲避反應，但很快就直接無視於它。經過訓練的魚，在完成最後一輪訓練 75 天後再次進行實驗，有超過一半的魚仍記得之前學會的技能。

跟大多數研究魚類認知的實驗一樣，這些實驗都是以硬骨魚為對象進行。那麼，板鰓亞綱魚類（鯊和鰩）在學習方面的表現如何呢？早在 20 世紀 60 年代，人們就發現鉸口鯊在辨別黑白實驗中，表現與老鼠旗鼓相當，這兩種動物在訓練五天後都達到 80% 的成功率。查普曼和海洋生物保育研究所透過重播實驗顯示，長鰭真鯊能學會趁漁船關掉引擎時對它們進行偵查，因為關掉引擎意味著漁船捕到了魚，而長鰭真鯊此時有機會在漁夫把魚撈上船之前搶走獵物。這些行為表明長鰭真鯊也是有智慧的。

在針對軟骨魚解決問題能力的研究中，來自以色列、奧地利和美國的生物學家，把難以獲得的食物放到生活在南美洲的淡水魚卡氏江魟面前。在野外環境中，這些卡氏江魟以泥沙中的蛤蚌、蠕蟲等小動物為食，需要把牠們從沙子裡挖出來吸進嘴裡。

在訓練階段，五隻年幼的卡氏江魟很快就明白一截 20 公分長的塑膠 PVC 管裡有一塊食物，並學會利用水形成的吸力使食物塊朝自己移動，最終成功吃到食物。兩條雌性卡氏江魟中的一條，在所有測試中都成功吃到食物，這可能是因為牠先觀察了其他的卡氏江魟，然後才進行自己的第一次嘗試。兩天之內，五隻卡氏江魟全都掌握了這項技能。牠們使用的策略並不一樣。二條雌性卡氏江魟像波浪一樣揮動魚鰭、使管內形成水流，從而讓食物朝自己移動。三條雄性卡氏江魟有時使用這種方法，但更多時候會把自己的碟狀身體當成吸盤，或把吸水和揮動魚鰭兩種方法結合起來（研究人員並不確定這種性別差異是巧合，還是恰好反映了這種動物在覓食方式上存在的性別差異）。

接下來，實驗者增加了難度。他們在管子兩頭分別裝上黑色和白色的連接物。黑色連接物有網眼，會把食物擋住，而白色連接物沒有網眼。每條卡氏江魟都經過八次測試。測試結束時，所有魚都成功從白色連接物一端把食物吸了出來。有趣的是，五條卡氏江魟都在這個階段的實驗中改變了策略。總體而言，牠們都從使用一種方法變為同時使用兩種方法。一條雄性卡氏江魟還試圖向管子裡噴水，把食物給沖出來。

這些實驗表明，卡氏江魟不僅具有學習能力，還能用新方法解決問題。牠們會用介質控制物體（在實驗中表現為用水獲取食物），這表示牠們能使用工具。更重要的是，能做到遠離有強烈吸引力的線索（管子一端的食物氣味）並從另一端嘗試，這並不是一件簡單的事，因為這意味著牠們必須對抗自己與生具來追隨化學信號的衝動，這需要靈活性、認知力和一點點決心。

可塑造的心智

你可能會認為，我之前提到的老鼠和鉸口鯊學習行為中 20% 的失敗率是一個相當可觀的數字，而一種動物必須達到百分之百的成功率，才有可能被視為智慧生物。不過，跟其他動物一樣，魚並不在意自己的測試分數。牠們並不是透過機械性遵守固定的生活模式而成功生存下來的，演化本身就要求牠們保持靈活好奇，敢於嘗試新的角度，跳出條條框框（或管子）來思考問題。即使受過嚴格訓練的魚，也會一直嘗試其他方法，這在不斷變化的真實世界中是一種非常有用的行為方式。牠們周圍一直存在暴風雨、地震、洪水以及人類入侵的威脅，靈活機動對牠們來說不是壞事。

即便如此，我也並不認為各式各樣的魚都具有同樣的智力水準。不同個體難免有的聰明、有的遲鈍。況且不同物種的演化歷程也不盡相同，挑戰性更高的棲息環境自然要求生活其中的動物有更敏銳的頭腦。正如我們看到生活在不同沿海環境中的深鰕虎所反映的情況一樣。大腦區域的不同大小及與之相關的智力水準差異，都會體現在不同個體身上。

印度喀拉拉邦聖心學院的希娜賈（K. K. Sheenaja）和湯瑪斯（K. John Thomas）提供的例子，證明了生存環境中的挑戰如何影響動物的智力水準。在野外環境中，攀鱸既可以生活在死水中，也可以生活在活水中。研究人員分別從兩條不同的印度溪流（活水）和兩個附近的池塘（死水）中收集了攀鱸樣本，並比較牠們在迷宮學習能力方面的差異。想要走出迷宮，牠們必須穿過魚缸四面牆上的小門找到出路，而迷宮的出口處放著一塊食物作為獎賞。

猜猜哪種魚記路線記得更快？答案是生活在溪流中的攀鱸。牠們經過四次測試就掌握了迷宮路線，而生活在池塘中的攀鱸平均要經過六次測試才能學會。而當研究人員在每扇小門旁邊擺了一小株植物作為視覺標記後，池塘攀鱸的學習表現幾乎提高到和溪流攀鱸一樣的水準，而後者的表現並沒有明顯改善。顯然，視覺標記對池塘裡的攀鱸來說是有用的，而生活在溪流中的攀鱸則會忽視這些標記。

希娜賈和湯瑪斯對於這些行為規律做出了簡潔的解釋：與池塘相比，溪流的環境有更多變化，常年受到包括週期性洪水在內的水流因素影響，讓藉助石頭、植物和其他標誌記住移動路徑並不可靠。最可靠的參照物就是自己。生活在溪流中的攀鱸因為更依賴「自我中心線索」而非視覺線索，因此無法在沒有標記的迷宮中表現出色。相反地，在池塘這種相對穩定的環境中，標記相對可靠，因此記住標記會有所幫助（有趣的是，研究發現的同一物種在種群水準間的差異，也能證明演化正在進行。你可以想像，如果這兩個種群很多代都不進行交配，那麼牠們最終會演化到無法成功進行交配的地步。到那時候，牠們就成了兩個完全不同的物種）。

正因為魚的智力具可塑性，人們可以透過訓練牠們、糾正我們覺得不喜歡的行為，這在人工養殖環境中非常有用。負責迪士尼動物專案的動物行為管理部經理達維絲（Lisa Davis）向我描述了他們如何糾正海鱺的行為問題。這些體型龐大的光滑魚類能長到 1.8 公尺長、78 公斤重。牠們的胃口特別好，如果在水族箱裡生活，最後往往會超重。達維絲照顧的海鱺也有這方面的問題，牠們會在餵食時段打壓其他魚。因此達維絲和她的團隊會訓練海鱺游到魚缸的特定位置，在那裡接受單獨餵食。這個手段能讓牠們遠離競爭環境，而其他魚則能在 6 公尺外的地方吃「自助餐」。這樣一來，其他魚都能吃飽，海鱺也能恢復到正常體重，可謂雙贏。達維絲跟我說，「甚至連之前鼓出來的眼睛都回到了正常位置」。

同樣地，當水族館中的生物需要進行醫務處理時，協作也是最好的方法。生活在香港海洋公園、亞特蘭大喬治亞水族館和奧蘭多迪士尼「明日世界」主題公園中的蝠鱝和石斑魚，都能透過正強化訓練，學會自己游到擔架上被帶走。利用正強化方法訓練魚類自願參與到護理和餵養過程中，有益於圈養魚類的生活，並且能讓牠們的生活更有趣，或許還能打破我們對其智力水準的刻板印象。

談到這裡，我們發現魚類並非傻瓜，牠們展現出擁有智慧和精神生活的特徵。但是牠們是否擁有更高級的智慧能力，比如計畫和使用工具的能力呢？

What a Fish Knows

工具、計畫、比猴還精

知識一路行來，智慧徘徊無依。

——丁尼生爵士（Alfred, Lord Tennyson）

2009 年 7 月 12 日，貝爾納迪（Giacomo Bernardi）在太平洋帛琉群島上潛水時發現一些不尋常的事，並且幸運地用影片記錄了下來。一條鞍斑豬齒魚衝著一個埋在沙裡的蛤蜊吐水，把牠挖了出來，並用嘴銜著帶到近 30 公尺以外的一塊大岩石旁。接著，這條魚迅速甩頭並挑準時機及時鬆口，反覆幾次後，蛤蜊終於在岩石上摔開了。接下來二十分鐘裡，這條魚用這種方法吃掉三個蛤蜊。

貝爾納迪是加州大學聖克魯茲分校的演化生物學教授，也是公認首位拍攝到能證明魚類會使用工具的影像資料的科學家。不論從哪個方面來說，這都是值得關注的魚類行為。長久以來，人們都認為使用工具是人類的獨門絕技，直到過去十年間，科學家才開始認為哺乳動物和鳥類以外的動物也具有這樣的能力。

每次看貝爾納迪的影片，我都會有新的發現。一開始，我沒注意到這條野心勃勃的鞍斑豬齒魚不是按照我所預想的方式——即從嘴裡吐出水流讓蛤蜊暴露出來。事實上，牠背對著自己的目標，使勁闔上鰓蓋，就像我們快速闔上書本時會鼓出風來如此產生水流。這種行為比使用工具更複雜。這條魚將一系列在時空上各自獨立的靈活行為按邏輯順序一一完成，簡直就是個規劃師。這些行為會讓人聯想到黑猩猩把小樹枝和草稈伸到白蟻穴中取食白蟻，或者巴西捲尾猴把表面平坦的巨石當作鐵砧，在上面用重石塊砸開堅硬的堅果，又或者烏鴉把堅果扔到繁忙的十字路口，等待紅燈亮起時再猛地俯衝下來撿拾被車輪碾碎的果仁吃。

豬齒魚像海中明星一樣吸引了很多圍觀群眾。好幾種魚都游過來看牠吹沙的實況，其他魚則在豬齒魚游向岩石時迅速加入，就像希望獲得報導好素材的記者一般。

游到一半時，這條豬齒魚停下來試了試沙子上另一塊小一點的石頭好不好用。牠漫不經心地試扔了幾下，然後繼續趕路，似乎覺得這塊石頭不值得浪費時間。誰會看不出這一段小插曲恰恰反映了普通生命總是會出現錯誤呢？

對任何動物來說，這些都是了不起的認知技巧。魚類已掌握這些技巧的事實，駁斥了那些至今仍被廣泛接受、認為魚類只具備非常低級的動物智慧之猜測。即便這條特殊的豬齒魚就像魚類中的霍金一樣稀有，牠的行為也同樣令人矚目。

但是，貝爾納迪那天看到的並非個案。科學家在其他魚身上也觀察到了類似行為，比如澳洲大堡礁的邵氏豬齒魚（見彩圖頁），佛羅里達州沿海的黃首海豬魚，以及水族箱中的哈氏錦魚。哈氏錦魚的魚食大到難以一口吞下，又硬得很難咬成小塊，因此哈氏錦魚會把魚食帶到水族箱的一塊石頭上砸開，就像豬齒魚摔開蛤蜊一樣。觀察到該現象的是波蘭弗羅茨瓦夫大學的動物學家帕希科（Łukasz Paśko），他先後十五次觀察到哈氏錦魚摔碎魚食的行為，而且是哈氏錦魚被圈養幾週後，他才第一次注意到這種行為。他認為這種行為「驚人地一致」且「幾乎屢試不爽」。

頑固的懷疑主義者認為，這種行為並不是真正使用工具，因為在這些案例中的魚，並沒有使用一個物體去控制另一個物體，和我們用斧頭劈開木頭或黑猩猩用樹枝抓取美味的白蟻並不一樣。帕希科把哈氏錦魚的行為描述成「發揮了工具的作用」。但這並沒有貶低這種行為的價值，因為正如他所說的，用其他工具摔碎蛤蜊或魚食，對魚來說根本是不可能的。一方面，魚並沒有能抓握的四肢；另一方面，水的黏性和密度太大，因而使用工具（嘗試在水下墊著石頭砸開胡桃殼）時難以產生足夠的動力。而且魚類使用其他工具的方法只能是用嘴叼著，這也沒有效率，因為食物的碎片會漂走，被其他饑腸轆轆的動物給吞食。

和豬齒魚利用水沖走沙子一樣，射水魚也會借助水來覓食，只不過牠們把水當作捕獵的武器。這些生活在熱帶水域中 10 公分長且銀色身軀兩側長了一排漂亮黑斑的「射手」，主要分布在從印度到菲律賓，從澳洲到波利尼西亞的河口、紅樹林以及溪流水域中。牠們的眼睛非常寬大而且十分靈活，能夠產生雙眼視覺。牠們還長著令人過目難忘的反頜（戽斗），可以起到類似槍管的作用。牠們用舌頭抵住上頜凹槽後突然收縮喉部和口部，就可以快速噴射出高達 3 公尺的水柱。射水魚會埋伏在甲蟲或蚱蜢棲息葉片下的死水中，從 1 公尺外噴水射擊，有些魚幾乎能做到百發百中。

這種行為十分靈活。射水魚能用單發的模式噴水，也能像機關槍一樣猛烈射擊。牠們的目標可以是昆蟲、蜘蛛、小蜥蜴、生肉塊、獵物模型甚至是觀察者的眼睛，還會順帶把他們叼著的香菸給澆滅。射水魚也會根據獵物的體型大小填裝「彈藥」，對於塊頭大、身體重的目標，牠們會用更多的水射擊。有經驗的射水魚可能會瞄準垂直面上獵物的正下方，讓獵物直接跌入水中而不是掉到更遠的陸地上。

用水做彈藥只是射水魚眾多覓食方法之一。大多數時候，牠們和其他魚一樣在水下覓食。如果獵物只在水面上方 30 公分左右的位置，牠們也可能採用更直接的方式，躍出水面一口咬住獵物。

射水魚是群居動物，牠們的觀察學習技巧令人驚歎。牠們超凡的捕獵技巧並非與生俱來，因此新手只有經過漫長的練習才能成功命中快速移動的目標。德國埃爾朗根—紐倫堡大學的研究人員研究了圈養在實驗室裡的射水魚，發現缺乏經驗的個體，在目標以每秒 1.3 公分的低速運動時也無法成功命中。但在觀察了一千次其他射水魚射擊移動目標的嘗試（包括成功和不成功案例）後，新手就能成功命中快速移動的目標。科學家得出結論：射水魚能透過在遠處觀察其他個體習得有難度的技能，這一行為被稱作「觀點取替」（perspective taking）。與圈養黑猩猩把受傷的椋鳥放回樹上並幫助鳥兒重新飛翔相比，射水魚學習射擊並不需要同樣的認知水準，但仍是從另一個角度理解事物的方式。

高速影片紀錄顯示，射水魚會根據飛行獵物的速度和位置，採取不同的射擊策略。使用研究人員所說的「預測引領策略」，射水魚會根據昆蟲的飛行速度調整噴水的運動軌跡。如果昆蟲飛得快，牠們就會朝昆蟲前方瞄準；若目標飛得低（通常距水面不到 18 公分），射水魚就會採取研究人員所稱的「轉身發射」策略。牠會水平旋轉身體，配合目標獵物的橫向運動軌跡，讓噴射水流能「跟蹤」目標在空中的運動路徑，這種技術恐怕連橄欖球四分衛都會佩服不已。（見彩圖頁，射水魚）

射水魚還會根據光線在水和空氣交界面發生折射所導致的視覺錯位來調整射擊，並判斷獵物的大小以及自己與獵物的相對位置。總結出規律後，射水魚就能從不熟悉的角度和距離判斷物體的實際大小。我很好奇射水魚是否也懂昆蟲學，能用眼睛辨別昆蟲種類，從而判斷牠們的味道如何、是否體型太大吃不了或者太小不值得費勁，又或者是不是會蜇傷自己。

很有可能射水魚噴射水流的歷史跟人類的投石史一樣長。說不定早在鐵器時代，人類的祖先開始在鐵砧上敲打熱金屬之前，豬齒魚就已經在用石頭砸蛤蜊了。但是魚能否像人一樣，在面對意料之外的情況時主動發明工具呢？2014 年 5 月的一項研究中提到，用於水產研究而圈養的大西洋鱈能發明新工具。研究中每條魚的背鰭後部都固定了一個彩色塑膠標籤，方便研究人員辨識。魚缸裡有自動餵食器，只要拽一下末端綁了小環的繩子就能啟動。鱈魚很快就學會游到小環旁邊，把它銜在嘴裡用力一拽，然後等待機器放出一點食物來。

顯然有些鱈魚意外發現，只要把小環掛在自己的標籤上，然後游一小段距離就能啟動機器。這些聰明的鱈魚經過成百上千次「實驗」反覆練習這項技能，而這也成為一系列精確調控且有明確目的的協調運動。這印證了鱈魚行為的精確性，因為用新方法獲取食物會比用嘴啟動機器快速近 1 秒。牠們能像例行公事一樣跟一台沒見過的機器互動從而餵飽自己，這已經非常驚人了，但有些魚還能使用自己身上標籤想出新方法，這表明魚類的行為具靈活性和創造力。

　　就人類目前所知，使用工具的現象似乎僅局限在少數幾種魚當中。布朗指出，隆頭魚的智力水準在魚類中的地位，相當於靈長類動物在哺乳動物中的地位，以及鴉科動物（烏鴉、渡鴉、喜鵲和松鴉）在鳥類中的地位。而這些動物使用工具的能力，都高於同類平均水準。也許生活在水下使用工具的機會比在陸地上少。不過，我們知道的豬齒魚（隆頭魚科成員）和射水魚，能夠證明演化會涵納解決問題的創造性方法，同時也證明可能還有很多魚類擁有相同的能力。

　　狗脂鯉算不算其中之一呢？

形勢逆轉

　　鳥類潛入水中捕魚吃的歷史已有數千年了。鵜鶘、鸕、塘鵝、燕鷗和翠鳥都是魚類長羽毛敵軍陣營中頗為驚人的成員。塘鵝體長超過1公尺，體重可達 3.6 公斤，能夠從 15 至 30 公尺的半空中俯衝下來。當牠們收起翅膀入水時，速度高達每小時 96 公里，並且能潛入 18 公尺深的水下，用尖尖的喙捕魚吃。

　　不過有時候形勢也會逆轉。

　　2014 年 1 月，科學家在南非林波波省敘羅達水庫的人工湖上，用影像記錄下之前當地人聲稱出現過的現象。三隻家燕掠過水面時，一條狗脂鯉一躍而出，在半空中將其中一隻一口咬了下來。

　　狗脂鯉身體呈卵圓型，表面覆蓋著銀色的鱗片，是生活在非洲淡水水域中的捕食者。狗脂鯉包括幾個物種，最大的一種能達到 68 公斤重。狗脂鯉也叫虎魚，因身體兩側有水平條紋且口中長有幾排巨大尖利的牙齒而得名。牠們往往被漁夫視為重要的垂釣種。

捕食燕子並非偶然現象。發表這篇論文的研究小組指出，每天都有二十多起捕燕事件，也就是說，在十五天的調查期間中，就有多達 300 隻家燕去見了上帝。

讓我們來仔細想想這件事。燕子以速度和靈活著稱，牠們是在飛行中捕食昆蟲的鳥類。這些鳥在突然變成狗脂鯉的盤中飧之前，飛行速度至少在每小時 32 公里以上。我很難想像一條沒腦子的魚能成功抓住飛行中的燕子。若沒有事先盤算好，就算是一百萬次滿懷希望地躍出水面，也未必能抓到一隻燕子。即使狗脂鯉緊貼著水面，在鳥類靠近時筆直起跳，就像殺人鯊躍出水面抓住海豹一樣，恐怕牠衝到空中時燕子也早就飛走了。但是成功捕到燕子的影片紀錄顯示，狗脂鯉並非垂直起跳。相反地，燕子是從後面被伏擊的。在影片中，狗脂鯉從燕子正後方以極快速度起跳，並在落回水中前追上了燕子。

這四名生態學家描述了狗脂鯉使用的兩種不同攻擊方法。一種是貼著水面緊跟在燕子身後，然後突然躍起抓住牠。另一種方法是直接從約 45 公分深的水下向上發起攻擊。第一種方法的好處在於狗脂鯉不需考慮水面光線折射所導致的影像偏移，也就是從水下看時燕子的位置比實際靠後。但這種方法的缺點是會折損驚喜的感覺。顯然，至少有些魚學會了調整折射造成的角度偏差，不然第二種方法也就不會成功了。

對於這種行為，我心裡有很多疑問。狗脂鯉是從什麼時候開始出現這種行為的？這種行為是怎麼產生的？它如何在狗脂鯉種群中傳播？燕子為何沒有做出遠離水面飛行等躲避動作呢？

我決定直接向狗脂鯉捕食鳥類論文的第一作者——南非彼得馬

里茲堡夸祖魯—納塔爾大學生命科學學院的淡水生態學家歐布萊恩（Gordon O'Brien）發問。「敘羅達水庫裡的狗脂鯉建立種群的時間還不長，牠們是由 20 世紀 90 年代晚期林波波河下游的狗脂鯉繁衍而成。因此，可以說這個種群非常年輕。」歐布萊恩回答說，「儘管狗脂鯉在大部分地區過得都還不錯，但由於人類活動的影響，南非境內的狗脂鯉數量正在下降。因此，牠已被列入南非的物種保護名單，正在引入人工棲地。」

我問歐布萊恩捕鳥行為是如何產生的。他解釋說，從狗脂鯉的角度來講，這個水庫相當小，他相信種群是出於無奈，要麼做出改變，要麼等待死亡。他和同事發現，2009 年這一行為最早被記錄下來時，很多體型較大的狗脂鯉身體狀況都非常差。

對於捕鳥行為如何在狗脂鯉種群中傳播的問題，歐布萊恩也有不少想說的。「這似乎是一種習得的行為。體型較小的個體並不是種群中的佼佼者，牠們更喜歡用『水面追擊』的方法伏擊，而不是從水下更深處發起攻擊，因為一旦選擇了後者，這些個體就必須糾正折射所造成的偏差……我們知道狗脂鯉非常愛投機取巧，牠們容易被其他個體的活力所吸引，這種情況下，牠們開啟了瘋狂競爭的進食模式。當燕子成群結隊遷徙回來時，場面十分壯觀，我認為就是在這段時期，幼年狗脂鯉學會了捕食。」

食鳥行為並非狗脂鯉所獨有。大口黑鱸、狗魚和其他捕食性魚類，在極少數情況下，也會躍出水面捕捉棲息在附近蘆葦上的小型鳥類。近來人們在法國南部的塔恩河拍到大鯰魚捕捉在河邊淺灘飲水的鴿子場景。牠們會暫時跳上岸讓自己擱淺，就和虎鯨捕捉海獅時用的伏擊方法一樣。

這些魚做出食鳥行為，不大可能是因為炫耀，牠們確實是走投無路。敘羅達水庫是 1993 年建成的人工棲地，狗脂鯉也是以擴大種群為目的被引到這裡的。但在南非其他地區，狗脂鯉的數量正逐漸減少。之前的研究表示，敘羅達水庫的狗脂鯉明顯比當地其他狗脂鯉花更多時間覓食（超出多達三倍），這可能是湖內食物短缺所致。捕鳥行為甚至會讓狗脂鯉淪為該地區常見的非洲魚鷹之獵物。塔恩河流域出現的鯰魚捕鴿現象，可能也是由類似困境所造成的。1983 年，鯰魚被引入塔恩河並在此處棲居。不過在正常情況下，鴿子並不在鯰魚的食譜上，牠們之所以要抓鳥吃，可能是因為鯰魚經常捕食的小型魚類和鼇蝦在這一流域數量很少。如果說創新的動力來自必需品的短缺，那麼這個道理對魚類來說也同樣適用。

公布敘羅達水庫發現的論文作者，引用了認為狗脂鯉會捕食鳥類的生物學家在 1945 年和 1960 年發表的南非其他地點類似發現的研究筆記。可能一條大膽的狗脂鯉幸運捕捉到了毫無防備的燕子，之後反覆練習，造就了精湛的技藝。之後，這種行為透過觀察學習，在種群內逐漸傳播開來。畢竟對射水魚的研究表明魚類非常擅長於觀察學習。

無論捕食鳥類的行為是如何出現的，都是一種可靈活調整的認知行為。它具有投機性，因為狗脂鯉這種動物一般情況下並不會出現捕鳥行為；它需要經過練習，執行起來也需要技巧（毫無疑問，狗脂鯉捕鳥未遂的情況很多）；而且幾乎可以肯定，這種行為是透過觀察學習擴散開來的；狗脂鯉捕食鳥類的方法不止一種。

至於燕子為什麼還沒有學會遠離水面飛行、從而躲避狗脂鯉的捕獵，可能有以下幾種原因：燕子根本沒意識到自己會被魚抓住；靠近水面飛行比較節省體力，而且大多數昆蟲都在水面附近。要說這些鳥絲毫沒察覺到危險也有些牽強，畢竟牠們不太可能沒注意到水裡突然殺出一條大魚並吃掉附近的同伴。有可能被魚抓走非常罕見，而在水面附近覓食的好處又太多，燕子才沒有放棄低空飛行。

魚和靈長類動物

　　如果魚有創新能力，能夠學會費力且危險的捕食方法，那麼牠們是不是也能解開人類設計的時空難題呢？假設你現在饑腸轆轆，而我手中有兩塊完全一樣的披薩，我告訴你左手的這一塊兩分鐘後就要被收走，而另一塊一直都會在。那麼你會先吃哪一塊呢？如果你餓得能吃下兩塊，肯定會先吃左手那一塊。

　　好，現在假設你是一條魚，具體來說是條裂唇魚（又名清潔魚）。你面前有兩盤除了盤子顏色以外完全一樣的食物。如果你先吃藍色盤子裡的食物，那麼紅色盤子就會被拿走；如果你先吃紅色盤子裡的食物，藍盤子還是會留在原地，你就可以兩盤都吃到。我們沒辦法直接告訴一條魚那盤紅色食物會先被拿走，因此魚必須透過經驗獲取這個資訊。科學家在另外三種聰明的靈長類動物，即八隻捲尾猴、四隻紅猩猩和四隻黑猩猩身上做了類似的實驗。

　　你覺得哪種動物的表現會更好呢？如果答案是猿猴，那你就吃不到披薩了——因為魚類解決這問題的能力比上述任何靈長類動物都來得強。參加實驗的六條成年裂唇魚，都學會了先吃紅色盤子裡的食物，而且學習過程平均只需四十五次試驗。相較之下，只有二隻黑猩猩在一百次試驗內（分別是六十次和七十次）解決了這個問題。剩下二隻黑猩猩和所有紅猩猩、捲尾猴始終沒學會先吃紅盤子裡的食物。之後，研究人員對實驗設計進行修改，以便幫助靈長類動物學習，後來所有捲尾猴和三隻紅猩猩在一百次試驗內學會了這個行為，另外兩隻黑猩猩還是沒能學會。

在這之後，由德國、瑞士和美國的十位科學家組成的研究團隊，讓成功學會任務的個體接受相反的實驗，即互換了兩個盤子的角色。突然出現這樣的改變，實驗對象都顯得不適應。只有成年裂唇魚和捲尾猴在一百次的試驗內學會先吃藍色盤子裡的食物。

研究人員對幾條幼年期的裂唇魚也做了同樣的實驗。牠們的表現比成年魚差很多，這也表示這種能力必須透過學習來獲得。其中一位研究人員什里（Redouan Bshary）甚至用自己四歲大的女兒做了實驗。他設計了類似的「覓食」實驗，把 M&M 巧克力豆分別放在會被拿走和不會被拿走的盤子上。一百次試驗後，她都沒有學會先吃會被拿走的盤子裡的巧克力。

據此，研究人員得出了關鍵結論：「裂唇魚表現出來的那種老謀深算的覓食決定，並不是擁有複雜、有條理的大腦之物種能輕易學會的。」但這些技能並不是沒來由的。裂唇魚先吃哪一盤的精明決定，跟野外環境中的清潔魚挑選哪位礁石魚客戶的決策非常相似。這個實驗設計恰好就是這種情況的類比。如果這種行為對某個物種的生存至關重要，那麼該動物很可能會十分擅長此道，而跟腦容量沒啥關係。

清潔魚以其他魚類身上掉下來的食物殘渣為食，由於清潔魚並不清楚這些魚之後要去哪裡做什麼，因此必須留意自己「衣食父母」的行為。香蕉不會忽然消失，但是短暫停留需要清理身體的魚會。清潔魚也有機會進行大量練習。即使是在相對清閒的日子，清潔魚也會為上百個魚客戶服務。而業務繁忙時，牠們眼前一天會有 2 千多個各種各樣的客戶游過，其中一些是住在這塊珊瑚礁的常客，另一些（可能是其他物種）只是恰好經過。清潔魚能辨別出兩種客人，並會優先服務那些若沒立刻迎上去就可能游去其他地方接受其他清潔魚服務的客人，而常客一直都在。紅盤子、藍盤子。

　　如果你跟我一樣，就會為靈長類動物在我們看來並不困難的智力難題中敗陣下來而感到失望。「猿猴不成功的表現出人意料，這似乎是因為牠們被這項任務弄得心灰意冷。」作者寫道。但原因肯定不是牠們蠢，類人猿是出了名的解謎高手，有些謎題甚至比人類解得更快更好。比如，面對隨機分布在電腦螢幕上的數字空間記憶任務，黑猩猩的表現遠遠好過人類。牠們也會利用阿基米德的浮力原理，把放在透明細管底部的花生取出來。牠們沒辦法移動花生或把手伸進管子裡，因此會找到附近的水源，含一口水然後吐進管中，直到花生浮到牠們能撈著的位置。有些機智的黑猩猩甚至會直接往管裡尿尿。紅猩猩能夠記住自己生活的森林裡成千上百棵果樹的位置，以及哪些樹什麼時候會結果子。牠們的逃生能力也赫赫有名，牠們會撬鎖，甚至還會引誘管理員把鑰匙交出來。

　　但這是兩類不同的技能。裂唇魚的技能對靈長類動物來說可能也沒什麼用，畢竟牠們一出生就過著圈養生活，每天都有人規律餵食，也不會出現把食物拿走的情況。相反地，裂唇魚來自野外，牠們必須自謀生計。

＊　＊　＊

　　魚類在某些智力任務上擊敗靈長類動物的事實，再次提醒我們腦容量、體型大小、長皮還是長鱗，以及人類在演化歷程上的優勢地位等等，都不是評判智力的硬性標準。魚類證明智慧的多樣化，而且與生存環境緊密相關且並不是固定的，而是一整套能夠靈活調整的能力。多元智慧理論的概念之所以誘人，就在於它能夠解釋為什麼一個人可以成為優秀的藝術家或出色的運動員，卻不擅長數學和邏輯。它也降低了我們以前為「智力」這概念賦予的重要性，人類根據自身能力定義了智力，但這個概念對我們自己來說都有些狹隘。

　　到目前為止，我們所討論的大部分內容都是魚類個體的行為。但是選擇獨居生活的魚類很少，大部分的魚都是社會性動物，因此，研究魚類社會能夠揭示出魚類更多不為人知的側面。

第五章

魚的社交

WHO A FISH KNOWS

真正的朋友未必相識最早，卻一生不離不棄。

——佚名

並肩浮游

我們這些長著異國面孔、說著異國語言的人必須團結起來。

——桑塞姆（C. J. Sansom）

粗略掃一眼在珊瑚礁附近游動的魚群，你可能會覺得牠們不過就是一群無組織、無紀律的烏合之眾。但如果你仔細觀察，就會發現牠們選擇和誰在一起是有講究的。作為動物行為學家，我在世界各地觀光旅行的過程中見過生活在各式各樣環境中的魚，既有人工餵養的，也有野生的。從佛羅里達到華盛頓、墨西哥，我看到魚類以形形色色的方式聚集成群、一起行動。在佛羅里達南部的比斯坎灣和基拉戈島附近浮潛時，我遇到幾十種魚。有些魚獨來獨往，比如在海灘淺水處游過我身邊的魟魚，還有懸在礁石上方一動也不動的梭子魚。不過大多數的魚都會與同類一起行動。大西洋圓尾鶴鱵會集結成小群停靠在靠近海岸和水面的地方。黃線仿石鱸會聚集成緊密的魚群，隨著波動的水流搖曳漂蕩。十八隻紫鸚哥魚組成的魚群悠閒地在水底慢慢游動，咬珊瑚礁時發出咯吱咯吱的聲音。黃敏尾笛鯛雖然社交活動較少，但我從未見過這種魚單獨行動。儘管多個物種組成的魚群十分常見，但魚顯然能認出自己的同類，也更喜歡跟同伴待在一起。

這種與誰同行的偏好，在水族館的圈養環境中就表現不出來了，因為那裡每個物種的個體數量都更少。在參觀位於華盛頓的史密森學會自然史博物館時，我在一個活的珊瑚礁展品前停下腳步。這個水族箱中生活著大約二十種不同的魚以及少量無脊椎動物：蝦、海膽、海星和海葵。裡面有一對黃色高鰭刺尾鯛，這種魚通體是檸檬黃色，身體就像長了尖嘴的碟子，《海底總動員》中那隻叫作泡泡的魚就是黃高鰭刺尾鯛。這兩條魚緊挨著彼此，從不分開超過 5 公分。兩條雀鯛反覆輪換著衝到水面上吞口空氣，然後立刻返回水下。另一對雀鯛則在附近從容游動，彼此間保持幾公分的距離，和對方動作一致。裡面還有兩群小丑魚，其中一對在靠近水族箱底部的海葵觸手中安了家，另外三隻在水面附近游動。在我面前是一個有組織的群落，由社會性的自主生物所構成。儘管人工餵養的魚不能決定跟誰生活在一起，但牠們仍然成功形成了和諧共處的關係，這讓我欽佩不已。

水族箱裡的情況剛好能生動地證明魚類也有社交生活。牠們會一起游泳，能透過視覺、嗅覺、聲音和其他感官識別另一個個體，也能自主地選擇伴侶，還會合作。

魚類的基本社會單位是魚群，即一群聚集在一起，有互動、有社交行為的魚。魚群中的魚知道彼此的存在且會努力待在魚群中，但牠們各自游動，同一時間不同個體的游動方向並不一樣。有的魚群組織更加嚴密，這種魚群中的魚游動起來更有秩序，所有魚都以相同速度朝著相同方向前進，彼此之間保持著相對恆定的間隔。魚類在覓食時往往會組成一般形式的魚群，就像我之前提到的紫鸚哥魚那樣，而更有組織的魚群形式往往出現在趕路時。一百萬條沙丁魚一起沿著亞得里亞海岸遷移時，就會形成高度組織化的魚群。這種魚群的規模更大，維持的時間也更長。

2015 年，我和女友在波多黎各西部海濱浮潛時，曾近距離觀察到一大群高度組織化的魚，有可能是大西洋青鱗魚。正當我們盯著身體下方幾公尺處可愛珊瑚礁顏色的魚群觀看時，忽然發現自己置身在一大團小小的銀灰色魚群中，牠們正沿著海岸往北移動。每條魚的顏色和大小都跟金屬指甲銼差不多，相鄰的魚保持著大約 8 公分的間距。牠們的大眼中閃著一絲擔憂，依靠尾巴不停地迅速擺動向前，顯得十分認真。因為當天有風，水下能見度比平時低，而這個魚群中個體的數量和密度也很大，導致我們完全看不到牠們上方的任何東西。我們就這樣淹沒在魚群裡。我轉身跟牠們一起游了幾秒鐘，明明自己在游動，但周圍環境卻相對靜止，這種感覺很奇妙。牠們看上去絲毫沒受到出現在牠們中間兩個長相怪異的好事猿猴的影響。我瞥見深海方向的銀色閃光，那是正準備伏擊牠們的更大魚類的身體側面。一分鐘過去，這些小小過客突然消失，就像牠們出現時那樣，繼續自己北上的旅程。

為什麼魚會形成這樣的高度組織化的大魚群呢？生活在魚群中的魚行動更方便，能更快發現捕食者，可以共用資訊，而且規模效應也會讓魚的力量和安全性大為增加。很多魚同時向一個方向移動時會形成一股水流，這樣魚群中的成員就能節省體力，就像自行車隊能降低風阻一樣。有證據表明，遷徙中的魚類身體表面分泌的黏液能減小摩擦，針對大西洋棘白鮋的研究表明，這種效應能將移動效率提高60%。但隨後針對從野生環境中捕獲的大西洋美洲原銀漢魚的研究，卻對這種降阻效應提出質疑。研究人員朝魚缸中加入人工合成的降阻劑，其劑量遠超過一萬條銀漢魚在自然條件下分泌出的黏液量，但卻發現魚類在這樣的魚缸中游動時，擺尾頻率並沒有下降。

大型遷移魚群中的魚彼此並不相識，但一般魚群中的魚卻很熟悉彼此。研究發現，彼此熟悉的魚組成的魚群，比其他魚群的行動效率更高。彼此熟悉的胖頭鱥魚群的凝聚力更強，行動起來氣勢更足，出現不順暢的情況也更少。彼此相熟的魚所組成的魚群能更多地監視捕食者，其中一兩條魚會通風報信，避免附近的捕食者突然發動奇襲。

雖然都是處在同伴的環繞中，但魚群中的不同位置還是有好壞之分。劍橋大學魚類生物學家克勞澤（Jens Krause）做實驗的時候發現，20條歐鱥（一種米諾魚）所組成的魚群在不受干擾時，並不會表現出位置偏好。而當克勞澤在水中加入魚類的警戒費洛蒙後，歐鱥突然表現出強烈的位置偏好，牠們更希望在和自己體型相當的個體旁邊待著。體型較大的歐鱥位於魚群中央，而體型較小的則調整到捕食者更有可能攻擊的危險周邊。克勞澤沒有發現牠們有任何進攻的跡象，但魚類就是莫名其妙地知道該待在哪裡。

調整魚群中的個體位置，並不是魚群唯一的反捕食策略。僅僅是身處群體當中的混淆效應，就可能會降低個體被捕食的風險。比如捕食其他魚類的鱸魚、狗魚和銀漢魚，就很難從大魚群中捕捉到獵物。我們並不清楚捕食者到底是怎麼被矇住的，不過有名生物學家把困惑的捕食者比作走進糖果店的小孩，因為眼前的各種糖果而眼花繚亂，他反而無法決定該選哪一個。

同一種魚組成的魚群在視覺上具有高度一致性，能夠增強混淆效果。一群米諾魚中，用墨汁做了標記的個體更容易受到狗魚的攻擊。難怪黑色或白色的花鱂在面對黑白兩色的魚群時，會選擇加入跟自己顏色一樣的那組。魚類傾向選擇沒有寄生蟲的魚群而不是受大量寄生蟲困擾的魚群（這些魚身上有明顯的黑斑），可能也是因為這樣，自己在魚群中才不會太過顯眼。

除了數量帶來的好處之外，魚群在集體行動時，能透過更多主動的方式降低個體被捕獲的機率。正在逃跑的魚群會使用噴泉策略，分成兩群快速從捕食者身體兩側游過，然後在牠身後匯合。如果捕食者掉轉過頭來，魚群會再次使用同樣策略。雖然捕食者速度更快，但獵物身體更加靈活，如果游動方向相反，獵物就更容易躲避捕食者。噴泉策略就利用了這樣的事實。這種行為要求魚群中的個體與同伴快速配合，同樣的行為在迅速改變飛行方向的鳥群中也能見到（儘管個體之間會稍有延遲）。

噴泉策略的一個壯觀變體是快速膨脹，也就是魚群受到攻擊時，所有魚都會迅速從中央向外游動。魚群的直徑能在 0.06 秒的時間內，迅速擴張為原本的十到二十倍。儘管這種行動的速度極快，但魚群中的個體並不會相互碰撞，因此有人推測牠們一定有辦法知道魚群要往哪個方向游動。

針對秀體底鱂的研究顯示，牠們能根據環境形成不同大小的魚群。行為生態學家推測，較大的魚群能更好地抵擋捕食者的攻擊，而小魚群由於競爭者少，更適合覓食。同時給卵生鱂魚食物和警示信號時形成的魚群，大於單獨給食物時的魚群、小於單獨給警示信號時的魚群，可能也是基於同樣理由。[1]

1　原注：對魚來說不幸的是，以魚群形式進行反捕食的優點，在人類面前反成了缺點，因為人類發明了專門捕魚的工具，能夠探測到魚的活動，然後把一群魚一網打盡。

魚群中間誰是誰

如果不仔細看，魚群中的每一條魚看起來都差不多，我們當然也會懷疑牠們能否分清楚彼此是誰。事實上，牠們不僅分得清楚，甚至瑞士納沙泰爾大學的魚類行為研究組組長什里也表示，根本沒聽說過哪個研究曾發現牠們認不出彼此。魚類能利用發達的感覺系統中的一種或多種感官識別魚群中的個體，或從其他物種中認出同類。在人工餵養的環境中，有些魚類比如真鱸，經過訓練後僅憑嗅覺就能認出其他魚類；而在野生環境中，牠們可能需要依靠其他感官資訊才能判斷。正如我們所知，魚類也能認出其他魚類中的不同個體，比如清潔魚能夠準確分辨牠的客戶。

布朗研究了魚類的個體識別行為。他很想知道對於一條魚來說，與誰為伴是否重要。答案是肯定的。經過十至十二天，孔雀魚就會熟悉和牠一起生活的新夥伴，能認出至少十五個同伴。這種技能有什麼用處呢？用處就是，孔雀魚和狼、雞、黑猩猩一樣，都會建立社會等級，因此瞭解一個個體的社會地位非常必要。聰明的孔雀魚知道何時可以利用更高的社會地位欺負等級較低的魚，以及何時要服從地位更高的魚，以免自己吃上苦頭。

不僅如此，孔雀魚作為旁觀者時也能充分利用這些資訊：如果一條孔雀魚見過另外兩條孔雀魚打鬥，牠很可能會在輸的一方面前表現得強勢。同時，參與打鬥的雄性孔雀魚也能清楚知道有哪些魚在旁圍觀，或者至少對觀眾的性別一清二楚。如果圍觀的是雌性，牠們就會對自己的攻勢加以控制，因為雌性不喜歡和攻擊性強的雄性交配。但如果圍觀的是另一條雄魚，牠們就毫不留情。等級較高的魚也需要個體識別能力，而這些觀眾效應就能推斷出不同個體的地位高低。比如說，生活在非洲東部淡水一種叫作伯氏妊麗魚的麗魚在實驗中就表現出了推斷能力，如果 A 魚比 B 魚的地位高，而 B 魚比 C 魚的地位高，那麼牠就能推斷出 A 魚的地位一定比 C 魚高。

魚類個體的身分資訊也有其他用處。以真鰔為實驗對象的研究顯示，牠們能分辨出魚群中不太會爭奪食物的個體，且更願意與之交往。如果把個體從之前的魚群中分離出來，牠們會更傾向加入魚缸中覓食效率較低的那組。藍鰓太陽魚也會做這種事，或許很多其他種類的魚也是如此。

魚類能夠認出另一條魚是一碼事，但魚能認出人嗎？無數魚類愛好者都能證明，魚確實會記得照顧過自己的人類。參與加州里弗塞德市生物監測專案的生態學家庫克（Rosamonde Cook）給我講了這樣一個例子：

1996 年到 1999 年，我在科羅拉多州立大學漁業和野生生物系做博士後研究。學生在我辦公室附近的走廊擺了一個淡水魚缸，裡面養著一條很小的小口黑鱸。暑假時學生紛紛離校，沒人留下來照顧這條魚，於是我提出說我可以幫忙。幾週後，我發現只要我一靠近魚缸，這條魚就會急切地游到玻璃面前並浮上水面。我覺得牠應該是認出我了。我跟一位漁業學教授說起此事，他斬釘截鐵地告訴我，魚是認不出人類個體的。

轉眼到了秋天，走廊上又擠滿了學生，我繼續觀察這條魚的行為。有時我會在走廊另一邊悄悄觀察，但我從沒見過牠對其他人有類似反應。但是每當我走近魚缸時，牠就會過來迎接我，

甚至我還在 3 公尺外被其他人圍著時也是如此。除了牠認識我
而且能從人群中認出我以外，我找不到其他解釋。

庫克對我說，後來她把這條鱸魚放生到大學的池塘裡。那裡禁止
垂釣。

2014 年 4 月，我有機會跟美國魚類及野生動物局的前員工聊了
一次天，當時他正用漁網從波托馬克河的死水區中撈出一些米諾魚，
並將其放在水桶裡。這些小魚是他多年餵養的大口黑鱸的食物。「有
時我也會從 PetSmart[2] 買一些餵食用的金魚，」他說，「不過這個更便
宜。」

由於聽了庫克和其他魚類愛好者不計其數的故事，我問他覺得自
己養的鱸魚能不能認出他。

「當然能了。是我餵牠的，我老婆和女兒在房間時牠不吵不鬧。
但只要我一進去，牠就會游到離我最近的魚缸一角，像小狗一樣搖起
尾巴。」

魚類認人的傳聞是否有科學依據呢？根據人們對射水魚的研究，
魚類真的能認出人類。研究人員把兩張人臉圖像擺在射水魚面前，牠
們很快就能挑出有食物獎賞的那一個。

邊境巡視

識別其他個體的能力對於保衛自己覓食海陸美食的特定地點非常

---

2 PetSmart 是全球最大的綜合性寵物服務公司，總部設在美國亞利桑那州。

有用。佔地盤這種行為在魚類中非常常見，牠們往往會用各種方式向越界者表達「你走開」的意思。牠們會張開魚鰭和鰓蓋讓自己顯得更魁梧，會原地不動做些誇張的動作，會用嘴巴發出爆破音，會改變顏色，會追擊對方，甚至使出直接上嘴咬的絕招。

我幾年前曾在動物行為協會舉辦的某場會議中聽過一次極棒的講座。講座的主題是「如同出自吉卜林[3]作品集的故事」。其中戈達爾（Renee Godard）對黑枕威森鶯的研究，改變了我對小型鳥類智力的看法。這種不到 14 公克重的鳥有著極出眾的方向感，牠們每年都要在美國東部和中美洲之間遷徙，而且每次都會回到自己曾棲息的那一小片區域。這種五顏六色的鳥能通過鳴叫和不斷巡視，重新建立起自己的領地。

值得注意的是，戈達爾發現雄性黑枕威森鶯每年都能記住熟悉的鄰居。她給雄鳥重播這些鄰居的叫聲時，發現只要其他雄鳥的叫聲是從牠熟悉的地方傳來的，牠就不會有異常反應。但如果把音箱稍加移動，讓聲音從實驗對象領地的另一側傳來，鳥就會顯得很緊張，就好像你隔壁的鄰居出人意料地站在馬路對面的房子前跟你打招呼一樣。

這種鳥看上去個頭小巧，卻能在八個月後仍記得同伴的叫聲，並且能將特定叫聲與特定位置聯繫起來。這種能力令人嘖嘖稱奇。你可能會好奇這跟魚有什麼關係。下面我們就來聊一聊三斑雀鯛。

雀鯛是包括約 250 種五彩斑斕的小型魚，牠們生活在大西洋和印度洋—太平洋的熱帶海域中，因《海底總動員》而廣為人知的小丑魚

3　吉卜林（Rudyard Kipling）是英國作家，1907 年憑藉作品《基姆》獲得諾貝爾文學獎。

就是雀鯛科的成員之一。儘管雀鯛的名字看上去溫文儒雅，但這種魚在保衛自己珊瑚礁中的地盤時非常驍勇。我曾在波多黎各珊瑚礁附近潛水時，多次看到黃尾藍雀鯛從自己棲息的小洞中衝出來，追趕離自己太近的人魚。

那麼，三斑雀鯛能否像戈達爾發現的黑枕威森鶯一樣辨別自己的鄰居呢？在戈達爾開始對黑枕威森鶯進行研究的幾年前，思雷舍（Ronald Thresher）就在研究這一問題。思雷舍當時是邁阿密大學海洋科學專業的博士後，他決定將生活在巴拿馬海濱附近珊瑚礁上的三斑雀鯛作為他的研究對象。

他想到了一個簡單有效的方法，用以比較不同的三斑雀鯛對其他魚入侵領地的反應。他先辨認出不同領地的主人，然後把與之相鄰領地上的「鄰居」和生活在至少 15 公尺外的「陌生人」都抓來。接下來，他把鄰居放在一個透明的 3.7 公升大瓶中，把陌生人放在另一個同款瓶中。之後，他雙手各拿一個瓶子，從鄰居的領地開始，將瓶子慢慢移向「領主」的領地。

思雷舍對不同雄性三斑雀鯛做了至少十五組實驗，記錄領主魚會在何時發動攻擊，以及對這兩個不明智的闖入者的攻擊是否有差別。他也用類似方法測試三斑雀鯛對同一屬、親緣關係相近的其他雀鯛，以及親緣關係更遠的藍刺尾鯛的不同反應。

事實證明，領主魚對陌生人和鄰居的反應截然不同。牠會對陌生人發起猛烈攻擊，用力撞向瓶子，努力打破令牠困擾的屏障並試圖狠狠咬住對方，但卻完全不理會一旁瓶裡的鄰居。當把鄰居和陌生人換成其他物種的雀鯛或刺尾鯛時，領主魚就分辨不出兩者差異了。

思雷舍所做的同伴實驗證明，這些雀鯛能透過體型大小，尤其是花紋的細微差別，來辨別誰是生活在牠周圍的鄰居。實驗中用到的所有魚最終都被放生到原來生活的領地，研究人員希望牠們能在珊瑚礁上重建自己的幸福家園。

沒有人驗證過雀鯛能否像黑枕威森鶯一樣，在很久之後仍記得自己的鄰居。也許牠們不需要這項技能，因為牠們並不需要遷徙。但假設牠們可以，我也絲毫不會覺得意外。

和刺尾鯛一樣，有些雄性隆頭鸚哥魚也有領地意識。這些魚因為長了球型的骨質額頭而得名，是生活在珊瑚礁中的大型魚類，能長達1.5 公尺，重達 75 公斤。出現領土爭端時，兩條相隔幾公尺的雄性隆頭鸚哥魚會向對方游過去，額頭相撞時發出響亮的隆隆聲。這種行為和大角山羊彼此撞頭的目的類似；兩個雄性個體擺開陣勢不斷頂頭，直到一方敗下陣來逃離現場。儘管參與暴力鬥毆需要承擔一定的風險，但牠們都會盡力避免身受重傷或是死亡，因此會允許勝利的一方保留領地，鬥敗的一方則另覓家園。在戰鬥中受過傷的魚會在隆起的額頭上留下小坑，一段時間後，由於鱗片和皮膚的磨損，這些地方會變白。出人意料的是，直到 2012 年，人們才發現隆頭鸚哥魚（或其他任何海洋魚類）會互相撞頭。科學家猜測，人們沒能更早發現這種現象，可能是因為這本身就非常少見。由於過度捕撈，隆頭鸚哥魚變得越來越稀少，因此必須透過戰鬥才能解決爭端的競爭者也就變少了。

有個性的不只是人

個體識別及競爭行為的存在，暗示著我們還可以研究一下魚類社會的其他可能性，比如魚類的個性。在陸生動物中個性是廣泛存在的。

那麼魚呢？

幾年前，我有一次從家附近的亞洲餐廳外帶食物。在等待的過程中，我在門口的魚缸前晃蕩，而缸裡養著三條紅尾高歡雀鯛。紅尾高歡雀鯛是一種原產於太平洋的鮮紅色魚類，體長約 20 公分，英文名字叫作 garibaldi，以義大利軍事家、政治家加里波第（Giuseppe Garibaldi）的名字命名，這是因為加里波第的追隨者，通常會穿著標誌性的緋紅色或紅色上衣。這三條魚在餐館裡的家與珊瑚礁的自然棲地相比十分單調，裡面只有一塊假石頭、幾株塑膠植物和鋪滿池底的彩色石子，而牠們要在這裡生活十五年之久。

我幾次去餐館時都會觀察這些魚，發現牠們其實是三個獨立個體，即有某種行為模式的社會單位。兩條體型稍大的魚的其中一條總是單獨行動，只待在魚缸一端，而另外兩條魚會在魚缸另一端的石塊周圍活動，獨行俠通常會與牠們保持 1 公尺的距離。這幾隻魚會表現出順從、獨斷或是深情款款的態度及行為。有一次，我看到獨行俠和兩條魚中的一條在魚缸中央打鬥，反覆快速地衝撞對方。牠們也互相推擠、咬啄，但沒有出現令人髮指的暴力行為。還有一次，這對魚中的一條倒著在底部游動，另一條則用嘴輕輕戳著牠的軀幹。在野外環境中，雄性紅尾高歡雀鯛會為配偶清理築巢地點。我不止一次看到魚缸底部鋪滿的石子中間出現錐形的凹陷，代表魚而正在焦急地築巢。雄性紅尾高歡雀鯛是領地意識非常強的動物，牠們有時會咬啄進入自己築巢區的潛水者。我猜這三條魚中有一對是配偶，另一條則是單獨的雄魚。如果多出來的這條是雌魚的話，魚缸裡的氣氛就會緩和很多。很多魚會在生命的不同階段轉換性別，紅尾高歡雀鯛就是其中之一。

我觀察這三條魚的時間總計不過三十分鐘，而這只是牠們生活極小的一部分。但這段時間我觀察到一些會伴隨我一生的東西。我意識到自己看到的不只是三條簡單的魚，而是三個擁有自主獨立生活的個體。牠們在這裡生活了四年，後來我再去餐館時，發現牠們都不見了，取而代之的是另外幾條不同種類的小魚。

不管怎麼說，那三條紅尾高歡雀鯛無疑是有個性的個體。似乎所有的魚都有自己的個性，不管牠是一條不起眼的鯡魚、中餐館魚缸裡的海鯛，還是那條名叫「祖母」的礁鯊。聽澤納托（Cristina Zenato）聊起「祖母」時，你分明可以感受到她描述的是一個自己很在意的有個性生物：「牠的性格很溫和，靠近我的時候會讓我覺得牠想讓我餵牠、撫摸牠。牠總是很喜歡過來找我。即便有其他人在水下餵食，而我離牠又比較遠，牠還是會先向我這兒游來。有時我讓牠離開，牠還會很快轉身游回我身邊。」

「祖母」是一條年紀較大的佩氏真鯊，也是澤納托這位海洋探險家、動物保護主義者兼持證潛水教練最愛的動物。澤納托是個運動能力很強、精力充沛又天不怕地不怕的人，她在巴哈馬群島的基地和世界各地潛水觀察鯊魚已有二十年了。她潛水時還會輕輕撫摸鯊魚讓牠們放鬆，然後把牠們口中的魚鉤取出來（見彩圖頁）。對澤納托來說，鯊魚不是物品。牠們和人一樣，是有好惡、有態度、有個性的個體。

澤納托覺得這條鯊魚蒼白的體色就像老婦的白髮一樣，因此給牠取名叫「祖母」。她們相識已有五年。「祖母」是反覆來到澤納托潛水地的佩氏真鯊群中最大的一隻。「祖母」從鼻子到尾巴的總長度為2.4公尺，根據體型來看，牠大約二十歲了。

澤納托對這條鯊魚的喜愛並非單方面的：「牠非常溫柔，喜歡靠近我、讓我撫摸牠。隨著彼此信任不斷增加，我和這些鯊魚產生了令人驚訝的羈絆。」

2014年初,「祖母」消失了一段時間。在此之前,澤納托發現「祖母」懷孕了,因此她猜測「祖母」應該是去尋找隱蔽的生產地點了。佩氏真鯊的繁殖速度較慢,牠們每兩年生育一次,每次會產下五至六條小鯊魚。時間慢慢過去,「祖母」依然沒有出現,澤納托開始擔心起來。又一週過去,「祖母」終於回來了。在大海的搖籃中產下小鯊魚後,牠明顯變得有精神了:「牠游動得更快了。產下小鯊魚後,牠非常需要食物。我能從牠的身體語言和態度看出來。」

重逢讓她們無比幸福。

和鯊魚在一起,讓澤納托理解了牠們不同的天性。「和鯊魚的關係,讓我明白了什麼是『無條件』,也就是沒有期望的真正含義。這和人類之間充滿期望的人際關係大不相同,而且更加美好。我很關心『祖母』。看到牠的時候我就會微笑,牠能給我帶來快樂。而牠似乎也很享受我們之間的關係。」

澤納托也非常喜歡自己遇到的硬骨魚,有時還會在潛水時給牠們餵食。在經常潛水的區域,她和「花生」、「低語者」、「間諜」三條石斑魚成了朋友。她認為牠們非常聰明,能知道自己的心思。

她是怎麼區分這三條魚的呢?「其實並不比你區分數學老師和媽媽更困難。牠們的顏色、外型、身體特徵和行為都不一樣。」

「花生」身長近 1.5 公尺,橄欖灰色的身體上分布著黑色和黃銅色斑點,是三條魚中體型最大的。牠曾試圖從鯊魚嘴裡偷一塊懸在外面的魚,但被鯊魚咬傷,導致右半邊的臉不能變色,因此當牠情緒放鬆、身體顏色變白時,右臉仍像戴著黑色面具一樣,就像是《歌劇魅影》裡的演員。

　　另兩條魚的外觀也有特別之處。「間諜」體型居中，「低語者」最小。澤納托覺得「間諜」是三隻當中最漂亮的。「牠的皮膚是純色的，沒有任何斑點或雜色，臉也更細長。」

　　不過，即使這三條魚的體型和顏色很類似，牠們也還是有很大的不同。撇開面部殘疾不說，「花生」是三條魚中最外向的。牠一看到澤納托帶了食物，就會直接衝她的臉游過來，而且懂得看澤納托表示「沒輪到你吃」（手中拿一截 PVC 管）和「現在你來吃」（藏起 PVC 管）的手勢。

　　「即使我沒有帶食物，牠也會湊過來推我的手讓我撫摸牠。」澤納托笑著說，「牠特別喜歡我的鏈甲潛水服碰到牠皮膚的感覺。」

　　「間諜」習慣躲在澤納托的視野範圍之外，停在她的左背或右背下方，因此才有了這個名字。和「花生」一樣，「間諜」也知道她何時會給鯊魚餵食，何時會輪到自己。

　　「低語者」是三條魚中最羞澀的。牠總是躲在澤納托耳後，就像在跟她說悄悄話一樣：「給我一條魚，給我一條魚！」但是牠像野貓一樣冷淡，永遠不會讓澤納托碰牠。

　　「如果我轉身或移動，牠也會隨著我移動，永遠不讓我看到牠，除非我突然扭過頭去，出其不意。」

　　「祖母」和「低語者」這樣的生物破除了常見的偏見，那就是鯊魚並不總是領地意識很強的動物，硬骨魚也不總是原始呆滯的。對於有意識、有社會生活的複雜生物來說，天擇作用於個體之間的差異就體現在個性上。你不需要皮毛、羽毛才能有個性，長著鱗片和魚鰭就足夠了。

相親相愛

　　魚類沒有豐富的面部表情，因此人類很難鑑別或同情牠們（不過想想海豚也不能改變面部表情，但為什麼人類對牠們沒有偏見？可能是因為牠們看上去很開心，或者因為人類知道牠們是聰明的哺乳動物，又或者兩者都是）。但是魚類已經有了能在交配、撫育後代、合作和保障安全的過程中形成親密關係的堅實演化基礎。無數例證說明了魚類的社會關係並不只是單純的點頭之交。

　　薩布麗娜（Sabrina Golmassian）在新墨西哥州做研究生時養了幾條魚。她對水族箱知之甚少，因此在買了一條 2.5 公分長的金色條紋小魮之後，並不覺得魚類的生活有多麼豐富多彩。她把一條名為「弗蘭基」的魚和一隻蝸牛、一隻蛙，一起養在魚缸裡。這條魚經常挑釁自己的室友，但對方總是沒什麼反應，看上去有點無聊。所以薩布麗娜又買了一條條紋小魮，給牠起名「佐伊」。新夥伴的到來讓「弗蘭基」的行為很快發生了變化。「佐伊」進入魚缸時，牠的身體全動了起來，水面上泛起漣漪，這顯然是因為興奮。薩布麗娜這樣形容：「牠很自然地愛上了新室友。這是個驚喜，畢竟牠獨居了很久。我見過別的魚害怕新室友或是一點都不感興趣，但『弗蘭基』對新室友一見鍾情。」

　　「佐伊」最初對「弗蘭基」一點都不感興趣。相處久了，也有了一些熱情，這兩條魚在魚缸裡過起幸福的生活。

　　一天，薩布麗娜清理魚缸時，「弗蘭基」跳了出去，落進水槽裡。「佐伊」開始瘋狂地繞著魚缸游，看上去十分焦慮。薩布麗娜趕快把「弗蘭基」放回水裡，但牠已不能游動，而且幾乎失去意識。「佐伊」立刻游過去推牠，把牠從魚缸底部托起來，彷彿希望牠趕快醒過來。

「弗蘭基」恢復了過來，不過前幾天行動仍有些遲緩。在牠恢復行動和認知能力後，「佐伊」看上去更加積極。

除了推測這兩條魚之間建立了深厚的感情外，人們也想不出別的解釋了。一條魚經歷了創傷，隨後另一條魚的行為發生了明顯變化，這表示牠們並不僅僅是共同生活在一起而已。

還有一則和魚類社交生活相關的趣聞。有一天，卡內基梅隆大學的高級圖書管理員道利（Maureen Dawley），在賓州匹茲堡市附近的比奇伍德農場自然保護區內的小池塘邊休息時，發現水邊有兩條魚在一起游動。她是這樣描述後來發生的事情：「一條魚艱難地讓身體保持直立，每隔幾秒鐘就會朝身體一側歪去，彷彿肚皮馬上就要翻過來了。每當這條魚往一邊倒的時候，另一條魚就會輕柔地用身體或鼻子頂牠一下，幫助同伴恢復直立姿勢。我第一次看到魚類這麼有善心。」

這個故事讓我想起之前我們提到過的金魚，牠會游到受傷的室友小黑身體下方，幫助牠游到水面上吃東西。

我敢說有個場景你肯定很熟悉，因為它經常出現在人工餵養的魚身上。這個故事是紐約馬里斯特學院的經濟學副教授皮特斯（John Peters）給我講的。皮特斯年少時養過很多魚，印象最深的是他養在自己臥室裡的地圖魚。地圖魚是捕食性的魚，除了牠以外，唯一在這個魚缸中生活過的是約翰給牠當食物吃的可憐金魚。約翰非常喜歡這條漂亮的地圖魚，每天晚上都會用相同的音調對牠說「晚安」。

時間一點點過去，約翰注意到這條名為「奧斯卡」的魚，會在靠近約翰床邊的魚缸一側睡覺或休息，離床大概 1 公尺遠的樣子。一年後，約翰重新佈置了房間的家具。為了適應新擺設，「奧斯卡」的魚缸被放到了另一面牆的旁邊，魚也到了床的另一邊。幾天時間裡，「奧斯卡」就改變了自己的睡覺地點。後來，不管約翰何時對牠說晚安，牠都會待在離床最近的玻璃後面。

這是友誼嗎？也許是，也許不是。很多地圖魚都喜歡被人類溫柔地寵愛。當然人類也會給牠們餵食，因此這種行為也有可能只是希望獲得食物獎勵。

儘管地圖魚可以活八至十二年，但「奧斯卡」只活了不到三年。金魚也算報了自己的血海深仇。有一天「奧斯卡」生病了，很快地（用約翰的話說）牠就「瘋了」，使勁地撞向魚缸裡的所有物體，上下游動打翻東西。當牠停下來不再亂撞時，已變得奄奄一息。後來約翰才得知金魚對地圖魚來說是有毒的。

這種小故事往往會被人遺忘。這有點可惜，因為這些對我這樣的科學家是有價值的。人類不僅會被故事感動，也會獲得故事所展示出來但科學尚未（或不能）探索的動物行為現象。我希望科學家和魚類愛好者能夠分享自己的發現。或許這樣，我們就能發現某種行為模式，吸引有魄力的科學家繼續研究。

社會關係

孤掌難鳴。

——塞內卡（Seneca）

隨著時間推移，生物逐漸具有個性、記憶以及識別其他個體的能力，也就具備了能進行更複雜互動，亦即能建立長期社會契約的條件。理髮館、餐廳這類提供現場服務的臨街商店想要保持生意興隆，偶爾光顧的客人和忠實老顧客缺一不可。在充滿競爭的世界中，只有拿出好的產品才能打造堅實的顧客基礎。如果鬍子刮得潦草，顧客下次就不會來；而若食物售罄，也總還有別的地方可以吃飯。有時商家的失信行為會被曝光，顧客對商家的懲罰接踵而至，聲譽就此毀於一旦。

珊瑚礁的圈子也會發生類似的事情。

我們又要說回到清潔魚和顧客的共生關係。這不僅僅是魚類，也是所有動物當中最複雜、最微妙的社交系統。在這個系統中，一條或兩條清潔魚會示意開始營業。牠們會在特定地點提供服務，可能會用游泳的姿勢和鮮豔的體色讓營業信號更加明顯（這相當於魚類世界中理髮店門口旋轉的紅白藍三色圓柱）。其他魚則會聚集到清潔站，排隊等待清潔魚的服務。這些所謂的顧客魚，有時會擺出頭朝上或頭朝下的靜止姿勢，示意自己已經準備好了。清潔魚一般會以上下游動或擺動尾巴的方式靠近有興趣的客戶。牠們會用嘴啄顧客的身體，吃掉上面的寄生蟲、死皮、藻類以及其他不討喜的髒東西。顧客享受了包括剔除寄生蟲在內的身體水療護理服務，清潔魚則吃飽了肚子。

提供和接受清潔服務的物種很多，證明了這種互惠行為有極強的實用性。魚類的清潔行為是多次獨立演化出來的，這種行為在世界各地的多種棲息環境中均有發現。生活在海洋中的清潔魚，包括很多隆頭魚科的魚、某些鱗魨、蝴蝶魚、盤麗魚、雀鯛、刺蓋魚、鰕虎、革鯵、海龍魚、舵魚、海鯽、䲁魚、馬鯵和安芬擬銀漢魚。淡水清潔魚則包括麗魚、孔雀魚、鯉魚、太陽魚、卵生鱂魚和棘背魚。另外，包括幾種蝦在內的某些無脊椎動物也會提供清潔服務。而接受清潔服務的魚有上百種，包括鯊和鱝。其他接受清潔服務的動物還包括：龍蝦、海龜、海蛇、章魚、海鬣蜥、鯨、河馬和人類。[1]

雖然我見過清潔魚無所事事地等待下一位顧客，但牠們也有非常忙碌的時候。一項在大堡礁展開的研究發現，一條裂唇魚平均每天會給 2297 位客人提供服務。有些魚類客戶平均一天拜訪特定的清潔魚多達一百四十四次。這相當於在白天的十二個小時裡，每隔五分鐘就去接受一次清潔服務！這聽上去肯定是潔癖了。如果找清潔魚的唯一目

1　原注：在亞洲的一些溫泉中，顧客可以享受特殊的付費服務，只要把腳伸進水池，裡面饑腸轆轆的清潔魚就會啄食客人的腳皮。

的是去除寄生蟲和藻類，那麼這些東西造成的感染肯定十分嚴重，不然也不需要這麼頻繁的清潔。這並不是貶低寄生蟲在促成這類共生關係中的作用。澳洲昆士蘭大學的格魯特爾（Alexandra Grutter）研究發現，平均每天每條清潔魚會從顧客身上吃掉 1,218 條寄生蟲。格魯特爾把珊瑚礁中的一位顧客黑鰭半裸魚在籠子裡關了十二小時，在無法享受清潔服務的情況下，這條可憐的魚身上的寄生蟲數量增長了四倍半。

在珊瑚礁魚類的社群中，清潔站的作用十分重要，以至於清潔魚會對珊瑚礁上的物種多樣性產生重大影響。格魯特爾帶領的研究團隊，將生活在澳洲東海岸外蜥蜴島小型珊瑚礁上的裂唇魚移走，十八個月後，珊瑚礁上魚種只剩下之前的一半，而在珊瑚礁之間遷徙的魚類總量也減少到原來的四分之一。研究人員得出結論：很多魚，尤其是在珊瑚礁之間遷徙的魚，選擇棲地的依據就是是否有清潔魚。這類物種減少的過程發生得很緩慢，把清潔魚移走六個月後，物種的多樣性僅受到些微影響。

顧客也不是被動的參與者。輪到自己接受服務時，牠們會靠近清潔站並懸停在原地、展開魚鰭，好讓清潔魚能摳到身體的每個角落和縫隙。有些魚會張開嘴和鰓蓋，讓體型小的清潔魚進進出出（見彩圖頁）。清潔魚有時會用嘴去碰撞顧客的魚鰭和鰓蓋，示意對方張開以便檢查。清潔魚還會用腹鰭拍打客戶身體，潛臺詞就是「這個位置請不要動，我要仔細檢查」。

如果客戶是大型捕食者，那就會很有意思。儘管鯊魚或爪哇裸胸鱔能輕易咬死清潔魚打打牙祭，但把自己的服務員吃掉可不是什麼明智之舉。相反地，牠們會對清潔魚表現出體諒。比如，石斑魚會用肢體語言幫助照顧牠們的清潔魚。如果把嘴張得很大，就相當於發出邀請函。而清潔魚忙不過來時，石斑魚會留意附近是否有危險。如果危險臨近，清潔魚恰好又在石斑魚嘴裡，石斑魚就會把嘴合上一些，留下足夠空間讓清潔魚逃出並迅速躲進珊瑚礁的安全縫隙中。如果清潔魚在石斑魚的鰓裡，牠也會做出類似的事，只不過是讓鰓蓋半開著。

鈍吻真鯊會把身體向上傾斜並張開嘴巴，邀請清潔魚來為自己服務。清潔魚游進鯊魚的死亡之口時毫不害怕，牠們似乎知道這位比自己大上千百倍的巨大捕食者並沒有惡意。

由於清潔魚的技術難度相當高，牠們也掌握了一些不可思議的認知技能。牠們和顧客的關係並不是隨機的（想想一天去一百四十四趟的例子吧）。這種關係建立在相互信任的基礎上，需要幾週甚至幾個月的時間才能建立，而且需要清潔魚具備識別客戶的能力。每條清潔魚都有眾多客戶，牠們在心裡存了一份龐大的顧客資料庫。在選擇實驗中，清潔魚可以選擇游向兩個客戶中的哪一個，而且會在熟悉的顧客身邊待更長時間。有趣的是，客戶不會在實驗中表現出這樣的偏好，這可能是因為牠們只需記住哪裡有清潔魚就行，在那之後，牠們就能從同一條清潔魚處反覆到清潔服務。

除了能記住給哪位顧客提供了服務外，裂唇魚還能記住服務的時間長度。假如一條鱗魨錯過了上一次的清潔，那麼清潔魚很可能會優先為牠服務，因為這位客人身上會積累更多寄生蟲（這讓我想起，蜂鳥也會根據自己上次採蜜的時間，來安排給特定花朵採蜜的順序）。在實驗中，研究人員使用四種不同顏色和圖案的盤子給清潔魚餵食，牠們能學會選擇食物補充更快的盤子。清潔魚懂得選擇哪個客戶更划算。牠們利用種類、時間和個體三個記憶維度來建立情境記憶，而這是生物學家眼中只有高等動物才有的認知技能。

如果魚能記住過去的事情，是不是也能對未來進行推測呢？塔希提島上的一項研究表明，四處徘徊的裂唇魚會根據所謂「未來陰影」來調整自己的行為。在人類社會中，這個博弈術語是指人們傾向和未來互動可能性更大的同伴合作。同樣地，清潔魚更傾向和那些離自己活動範圍更近的顧客合作，因為這樣牠們再次遇到客戶的機會比較大。牠們會盡量少吃顧客身上的黏液，在清潔過程中也會盡可能避免讓顧客的身體晃動。這一研究給我們提供了為數不多的案例，證明非人類動物也能根據夥伴在未來帶來的收益來調整合作水準。

沒把握的生意

吃黏液？身體晃動？這會讓清潔魚和顧客的共生關係更複雜，甚至有點玩弄權謀的意思。這種共生關係看上去十分簡單，雙方都會獲益，而且宣導禮貌和相互體諒；然而，一旦其中一方自私地利用了這種建立在信任和善意基礎上的關係，它就會變得岌岌可危。隨著科學家對清潔魚以及客戶互利關係的研究更加深入，他們也發現了利益衝突和其他一些惡劣行為。

事實上，清潔魚最喜歡吃的就是顧客身上的黏液。這種東西比海藻和寄生蟲更有營養，而且味道也更好。不用說，顧客並不喜歡自己身上的黏液被吃掉。當清潔魚啄食客戶身體表面具保護作用的黏液層時，客戶的身體就會退縮並發生晃動。這可能是因為疼痛，但這動作也是在告訴清潔魚牠們啄了不該啄的地方，而對於這一切，客戶心知肚明。

清潔魚和客戶之間的利益衝突會產生一系列後果。在互利關係建立的初期，清潔魚會表現得很體貼。牠們會背對顧客，快速搧動腹鰭和背鰭來撫慰牠們。這種安撫行為可能出於以下兩種原因：一是讓客戶在清潔站停留更長時間，二是對客人身體晃動的安撫。面對肉食性的顧客，清潔魚會更多做出安撫行為，以此降低存在威脅的顧客對自己發起攻擊的風險。無論饑餓的肉食性顧客和吃飽了的顧客身上的寄生蟲數量是否相同，前者都能得到更多安撫。如果顧客惱羞成怒而追擊服務員，搞不好會將其一口吞食，這對清潔魚來說是一種實實在在的威脅。不過，還沒有哪位潛水夫見過這樣的例子。

肉食性顧客進入清潔魚的服務範圍時，攻擊性也不會那麼強，因此這些區域可算是珊瑚礁的避難港。與能提供除食物以外有價值服務的魚類相處時，捕食者的行為也會變得恰當得體，這是非常有道理的。我猜測，清潔魚給客戶的觸覺刺激，也起到一定的安撫效果。

然而，有很大一部分顧客並不是肉食性魚類，也就是說，這些顧客並不存在捕食的威脅，因此清潔魚也就沒必要本本分分、謹小慎微地進行清潔工作。

那麼這種沒有威脅的客戶會怎麼做呢？牠們有另一套策略來保證清潔魚提供優質服務，而這基本上是以牙還牙的思路。潛在客戶在決定是否要由某位清潔員檢查自己身體之前，會先觀察牠們的表現。透過觀察，顧客會在心裡給特定清潔魚打一個形象分數——這可不是我編出來的，這就像是魚類世界中網路上的買家評分機制。讓顧客受驚更多且啄食更多黏液的清潔魚生意更少，誠實的清潔魚則更受青睞。這種服務品質保障系統能讓共生關係良性發展。清潔魚的口碑有好壞之分，要啄食黏液就會付出代價。因此清潔魚在被觀察時，會更加配合對客戶的服務。

　　如果一位從未接受清潔魚服務的新顧客上當受騙了，牠只會選擇迅速游開。但已建立信任關係的老顧客遭背叛時，就會表現得像是受到攻擊一樣，會追著清潔魚到處跑。這種懲罰會讓清潔魚在以後的服務中更加配合。

　　清潔服務的品質也取決於獲客難度和客戶族群的大小。在顧客較少光臨的珊瑚礁上，提供清潔服務的鰕虎會更加誠信，與吃掉寄生蟲的數量相比，吃掉的鱗片數量會更少。清潔魚的行為誠信，跟經濟學中基本的供需關係決定價格的原理類似：競爭激烈時，顧客的市場價值更高，因此清潔魚也會努力提供更好的服務。

　　這種互利現象是自然界中最複雜且人類研究最深入的社會制度之一。這一領域的權威科學家卜沙里（Redouan Bshary）認為，裂唇魚能認出超過一百位不同物種的顧客，而且能記住上一次的服務情況。除此之外，這種制度需要建立在信任、犯罪與懲處、選擇、觀眾意識、口碑和討好之上。這些社交動態在在表明，魚類的意識程度和社會複雜性遠遠超出人類的印象。

　　雖然清潔魚和顧客的共生關係有利於兩者的演化，但能夠維持這種關係的其中一個重要元素就是愉悅感。這是自然界中鼓勵「好」（適應環境的）行為的手段。雙方的一些互動若傳達出清潔服務的體驗是好的，顧客就會主動要求清潔服務，甚至連牠們沒有寄生蟲或傷口困擾時也是如此；而清潔魚也會盡心盡力地用魚鰭安撫牠們。顧客還會改變體色，表明自己的心情變好了。感到愉悅本身就是一種適應性行為，能夠證明清潔行為有不錯的療癒效果。

　　雖然魚類的認知能力令人驚奇，但清潔魚及其客戶不太可能意識到這種關係在演化上的重要意義。我從沒聽誰說過，客戶找清潔魚是因為牠們明白在達爾文看來，這種行為能讓牠們更適應環境。牠們這麼做完全是因為自己想去。

表裡如一

　　清潔魚和客戶之間的共生關係，也很容易被另一種更陰險的欺騙形式給破壞。有些物種會模仿清潔魚，這些動物幾乎跟清潔魚長得一模一樣，而且會做出一樣的動作。但是牠們會趁顧客不備時咬牠們的魚鰭，然後迅速逃走。

　　最成功的騙子就是三帶盾齒䲁了。這些體型小巧的騙子跟牠們模仿的裂唇魚一樣靈巧。在一系列的實驗中，研究人員會讓三帶盾齒䲁感受到顧客受到刺激後的反應，有些魚會一直追逐著想要報復，有些魚則不會。報復行為會讓三帶盾齒䲁選擇其他物種作為顧客的機率提高三倍，以此避免更多攻擊。這不僅證明三帶盾齒䲁能記住過去行騙的結果，也證明報復行為是一種真正意義上的懲罰。驅趕三帶盾齒䲁的懲罰對同類顧客來說是一種「公共財」。

　　傳統的演化理論認為，如果其他「搭便車」的個體不用付出任何代價就能從某種行為中獲益，那麼這種行為就不會被保留下來。這種觀點存在一個疑點，即為什麼有的顧客會在已造成傷害的情況下仍繼續花力氣懲罰三帶盾齒䲁？事實證明，三帶盾齒䲁有辦法分辨報復者和搭便車者（也就是那些不願自己報復，只想享受同伴報復行為所帶來好處的魚），這些搭便車者以後遭受攻擊的可能性更大。因此，如果你是一條被三帶盾齒䲁在魚鰭上咬出個洞的顧客魚，報復一下也是值得的。

　　這種分析很有道理，但似乎過於冷血和機械化。我們把自己限制在演化的小算計中時，就會低估了動物的情緒能力。我們就不能認為顧客之所以會反擊，是因為牠們演化出情緒、演化出最基本的憤怒嗎？有鑑於人們已發現魚類擁有的情緒，這種解讀本身也可能是合理的。

文化

考慮到其中的微妙差異，如果說清潔魚和顧客的互利共生關係中包含了文化因素，我一點都不會感到驚奇。在生物學家眼中，文化是生物代際之間傳遞的非遺傳信息。人類基因並不能直接讓我們給自己紋上刺青或是去看電影，但很多人都會從他人身上學到這些東西。人們曾認為文化是人類所專屬，不過現在已證實文化廣泛存在於哺乳動物和鳥類，尤其是那些壽命較長的社會性動物之間。在動物世界中，經由文化傳遞的特徵包括：烏鴉製造工具的行為、大象對遷徙路線的選擇、虎鯨的方言，以及羚羊的公有的集體求偶地等。

學習對於文化的延續來說至關重要。春末夏初，當我架好音箱，在大不列顛哥倫比亞省的田間和森林中播放蝙蝠覓食發出的回聲錄音時，幾乎沒有蝙蝠會回應。每年那個時候，只有成年蝙蝠會在外面飛，牠們都知道最好的覓食地點在哪裡，何必去管不知從哪冒出的陌生覓食呼喚呢？而到了八、九月，小蝙蝠斷奶後開始學習夜間覓食時，故事就會有所不同。我放置的音箱會引來成群蝙蝠，似乎那些年輕、沒經驗的蝙蝠，要利用年長有經驗的蝙蝠發出的聲音尋找覓食地點並捕食昆蟲。三年後的夏末，我在德州南部觀察無數墨西哥游離尾蝠在日落時分湧出岩洞時，小蝙蝠一定也跟著年長蝙蝠學習覓食區域的位置。那時候沒人把這種現象稱作文化，但是當我想到不同代蝙蝠的遷徙路線、棲息地點和覓食地點都一模一樣時，就會覺得把這被稱為文化沒什麼不妥。

魚類世界是否也存在文化呢？加州大學聖芭芭拉分校的華納（Robert Warner）對雙帶錦魚進行了長達十二年的研究，他選擇了分布在巴拿馬聖布拉斯群島附近已被人類深入瞭解的點礁（指小而孤立的珊瑚礁，又稱礁坪），並對礁上八十七個雙帶錦魚交配地點進行了持續觀察。這些加勒比珊瑚魚幾乎全年都處在性活躍的狀態，每天都會交配。華納發現，這些魚選擇的長期交配地點非常固定。十二年當中，牠們每天都會回到同一地點交配。這種魚的壽命最長三年，也就是說至少有四代雙帶錦魚都使用同一個交配地點。在華納看來，這些點礁上還有無數條件不錯的潛在交配地，但不知為什麼，雙帶錦魚就是不來這些地方交配。不僅如此，即便那段時間出現了較大的種群規模波動，但這八十七個備受青睞的愛巢也沒有一個停止使用。華納想知道這些交配地點之所以受青睞，是否是因為它們擁有最佳的資源組合。若是這樣，那麼把這裡的原住民搬走、讓一些新居民遷入，後者應該也會選擇同樣的地點。

於是，華納移走了所有點礁上的雙帶錦魚原住民，然後把從其他珊瑚礁上收集來的雙帶錦魚遷入這裡。這些新居民很快就確定了交配地點，而且事實證明，牠們並沒有選擇前人的寶地。牠們確立了新的交配地點，而且連續幾代新居民都對它表現出和原住民一樣的忠誠。在對照實驗中，整群搬遷的所有雙帶錦魚被放回到原來的礁石後，仍會使用原來的交配地點（這樣就可證明搬遷和圈養並不是更換交配地點的原因）。華納認為，對交配地點的選擇並不是基於地點本身的品質，而是體現了文化傳承的特點。[2]

雙帶錦魚並不是唯一一種透過社會成規來維持傳統繁殖地點的魚類。類似的還有鯡魚、石斑魚、笛鯛、刺尾鯛、籃子魚、鸚哥魚和鯔魚。魚類在其他情況，比如日常性和季節性的遷移時，也會表現出文化特性。

小型魚類有眾多潛在的捕食者，因此與同伴的外貌和行動保持一致，能有效避免被捕食者盯上。這也許能解釋孔雀魚的文化一致性，牠們會觀察身邊的魚並記住覓食路線，哪怕領路魚離開很久，牠們也會使用同樣的路線。即使有一條更快捷的路徑出現，牠們還是會堅持選擇（至少剛開始是這樣）原先的路線。有趣的是，這會讓人聯想到人類也會在高效的新方法出現後，固執地沿用傳統（比如手寫便箋）。但孔雀魚的固執並不會持續太久；牠們很快就會選擇更有效率的路徑，這一點表明，牠們和人類一樣，並不是傳統的盲從者。

可悲的是，人類的捕撈行為會導致魚類文化的喪失。2014年，一些漁業生物學家和生物物理學家的研究結果顯示，人類掠奪式的漁獵活動以及我們對較大個體的偏好，導致魚類遷移路線的資訊傳遞受到干擾。研究人員建立的數學模型基於三個影響因素：魚類之間的社會關係緊密程度、獲知資訊的個體比例（只有大魚知道遷移路徑和目的地），以及這些獲知資訊的個體對於某些目的地的偏好。他們發現，魚群凝聚力以及個體偏好，是避免協調障礙和群體解散的最重要因素。

2　原注：我必須承認，我在看這些研究論文時五味雜陳。一方面，我欽佩科學家的熱忱和創造性，他們設計了各種巧妙方法來檢驗理論假設。另一方面，我也很同情這些動物，我們干擾了牠們的生活。這些被強制遷走的居民會怎麼想呢？我們大概也會好奇，有文化屬性的動物在離開自己熱愛的家園時的感受。

　　這種文化破壞很可能是不可逆的。文化並沒有寫入基因，一旦喪失，重建的可能性就微乎其微。「只是恢復魚類的種群數量是不夠的。」研究團隊中的生物物理學家德盧卡（Giancarlo De Luca）說，「牠們基本上已喪失了群體記憶。」這或許能解釋為什麼破壞行為停止後，很多動物種群還是無法恢復。人類停止大規模捕鯨後的半個多世紀以來，北大西洋露脊鯨、西北太平洋灰鯨和很多藍鯨的種群數量，都沒有顯示增長的跡象。魚類種群數量太少時，商業捕撈難以維繫，也是基於同樣道理。雖然人類將漁獵目標轉向了其他物種，但鱈魚、黑首胸燧鯛（牠以前的名字「黏頭魚」讓人很難提起食欲）、鱗頭犬牙南極魚（也叫智利海鱸魚）等存在代際文化資訊積累現象的魚類，數量也都沒有恢復。

　　儘管我們在海洋中進行了掠奪式的捕撈活動，但作為有文化屬性的動物，人類傾向看到自己眾多社會活動中積極的一面。今日，大部分專橫暴君和封建領主都被民主取而代之，民主政治選舉出的領導者會更多考慮選民的需求。相較於過去，解決地區衝突更需要多國的共同努力。在魚類社會中，美德、民主與和平同樣佔有一席之地，接下來我們就會討論這個話題。

合作、民主與和平

如果沒有眾多個體的無私合作，真正有價值的東西是難以實現的。

—— 愛因斯坦

合作

2015 年 4 月，我在波多黎各西海岸一座別墅的二層陽台上俯瞰加勒比海時，觀察到非常有戲劇性的魚類行為。離海灘約 45 公尺遠的地方忽然出現一陣騷動，幾十條身長約 7 公分的銀色魚一起躍出了水面。在牠們落回水面之前，有更多魚從水下躍出，讓人不禁想起煙火表演的尾聲。這個魚群中可能有幾百條魚。而迅速打破水面的大魚鰭，說明了牠們正被捕食者追趕。

當時的場面令人興奮。逃生的魚群動作很大，我和女友都能聽到牠們游向海岸時發出的穿梭和拍打水面聲。魚群一次又一次快速躍出水面，在傍晚的陽光下閃閃發光，然後是幾秒鐘的平靜。牠們急切地逃生，有些魚甚至擱淺在海岸上，彈跳著翻動身體，等待下一波海浪將自己拯救。一隻燕鷗俯衝而下，靈巧地從沙子裡叼起一隻魚。其他魚則暫時孤立無援地待在從灘塗中伸出、蓋滿海草的岩石上。

這群翻騰的魚離我們只有幾公尺遠時，我們發現體長約 45 公分的大型魚正以整齊隊形游在牠們上方。牠們緊密的隊形和捕食獵物的方式，讓我想到合作捕獵的海豚；後者會把一群魚包圍起來，將牠們逼到岸上，然後趁獵物絕望地躍起逃生時，一口咬住不太走運的那些魚。我們看到的捕食過程並不包含包圍，但這一隊獵手似乎想利用海岸線讓獵物陷入困境，然後發動伏擊。

動畫片中常出現小魚被大魚吃掉、大魚被更大的魚吃掉這種無限迴圈的畫面，但我們在陽臺上看到的場景完全不是這樣。在我看來，這種老套畫面只把魚描繪成被饑餓衝動所驅使的盲目機器，而我們看到的卻是魚類的團結協作。我們並不是最早發現這個現象的人。科學家早就知道一些魚會協作捕獵，比如梭子魚群會以緊密的螺旋隊形游動，把獵物驅趕到更容易攻擊的淺水區域。排列成拋物線型的鮪魚，也是靠著合作來捕食獵物。

獅子以合作捕獵的超群技巧聞名，虎鯨也是如此。科學家不知道獅子如何彼此示意捕獵時機已到，但牠們顯然會這麼做。

魚類是否也能表達自己的捕獵意圖呢？

研究這個問題，最好從跟獅子有類似名稱的海洋魚類開始。獅子魚（學名為蓑鮋）因為長了跟獅子類似的「鬃毛」而得名，但那其實是細長帶狀的有毒胸鰭。不過，從牠們合作捕獵的方式來看，這名字倒也沒取錯。2014 年，一項針對兩種獅子魚的研究發現，牠們會用一種特殊的魚鰭展開方式來表達共同捕獵的意圖。有捕獵意圖的魚會壓低頭部、展開胸鰭，然後靠近其他同類，迅速擺動尾鰭持續幾秒，接著緩緩擺動其他胸鰭。收到信號的魚會立刻擺動魚鰭予以回應，然後兩條魚便達成合作共識。在這種捕食行為中，一對相互配合的魚會利用牠們的長胸鰭把一條體型較小的魚困住，然後輪流發起攻擊。兩種獅子魚的示意動作看上去一樣，有時合作夥伴也不限於同一物種，畢竟共同捕獵的成功率要比單獨捕獵更高。牠們也會與搭檔分享獵物，這一點很重要，因為自私的行為很快就會讓合作的意願崩解。

圓口海緋鯉的捕食方式更接近獅子，牠們會給團隊成員安排不同的角色。這種魚身體呈流線型，體長約 30 公分，生活在珊瑚礁中，通體呈黃色，但也可以變成粉色和藍色。牠們會分工合作、結成小組進行捕獵，有的追趕獵物，有的攔截獵物。追擊者負責把獵物從藏身的狹縫中驅趕出來，攔截者則負責防止獵物逃跑。功能不同又互補的隊員相互配合，捕獵方式相當複雜精妙。

不過，魚類的捕食者聯盟還可以更複雜（見彩圖頁）。石斑魚和爪哇裸胸鱔將獅子魚和圓口海緋鯉的策略合二為一，使用信號或動作彼此交流，還會以互補角色共同完成抓捕。2006 年，科學家卜沙里和三位同事在紅海首次發現了這個行為。在珊瑚礁上游來游去的青星九棘鱸會用全身快速抖動的方式邀請巨型爪哇裸胸鱔和牠一起捕獵，這兩名隊友會像朋友一樣，慢慢在珊瑚礁上方游動。研究人員觀察到幾十個類似案例，而青星九棘鱸和爪哇裸胸鱔共同捕獲的魚要比單獨捕獵時更多。合作成功的關鍵，就在於兩種魚在團隊中發揮的互補作用。爪哇裸胸鱔能在珊瑚礁狹窄的空間內一展拳腳，而青星九棘鱸在開闊水域中的身手不凡。可憐的獵物最終無處可躲。

在青星九棘鱸和爪哇裸胸鱔的溝通中，最令人驚奇也最不容易被注意到的部分，就是牠們在獵物沒出現時就達成了共識。青星九棘鱸向爪哇裸胸鱔表達捕食意願時並沒有獵物在場，牠們期待和規劃的是未來的捕食行為。這其實是動物計畫行為的一個例子。談到合作這問題時，靈長類生物學家德瓦爾（Frans de Waal）認為，魚類或許沒有做不到的事，「涉及生存問題時，跟人類差異巨大的魚，也能找到聰明的解決辦法。」

2013 年，另一組研究人員發現紅海中的刺鰓鮨合作捕獵的另一種方式，不過這一次的溝通信號，有點像人類在向同伴描述隱藏物時直接用手指的方式。青星九棘鱸和與之親緣關係相近的花斑刺鰓鮨，會用倒立的姿勢表示隱藏獵物的位置，並能和多種動物，比如巨型爪哇裸胸鱔、曲紋唇魚和藍章魚合作完成捕獵。儘管方式大體相同，但倒立明確地表達了藏在刺鰓鮨搆不到之處的魚或其他可食動物的位置。這種身體語言帶有指示性，除人類之外，已知能使用這種身體語言的動物只有猿和渡鴉——而這兩類都是動物世界中的愛因斯坦。

皮卡（Simone Pika）和布格尼亞爾（Thomas Bugnyar）兩位生物學家基於對渡鴉的溝通研究，提出界定指示性身體語言的標準，而倒立信號完全符合以下五個標準：

1. 這種動作指向一個物體（躲在珊瑚礁縫隙中的獵物）；

2. 這種動作只有溝通效果，不能直接行動（動作本身不能抓到獵物）；

3. 這種動作指向潛在的資訊接收方（比如爪哇裸胸鱔、曲紋唇魚和藍章魚）；

4. 這種動作會引發自願回應（比如爪哇裸胸鱔會過來尋找獵物）；

5. 這種動作能表達意向。

這種標準非常簡潔。能用手指是一種重要的溝通和社交技巧，也是兒童發育過程中的重要里程碑。當小孩會指東西時，就用到了分享式注意力；換言之，他希望你能注意到他正在指的東西。

刺鰓鮨是非常有耐心的動物，牠們能在同一個地方等候 10 至 25 分鐘。有時捕獵的搭檔（比如一條爪哇裸胸鱔）離得太遠，看不到刺鰓鮨的指向手勢，刺鰓鮨就會游到牠的身邊並做出抖動身體的動作。這種合作邀請一般而言都會奏效，牠們會一起游到獵物藏身的縫隙處。

之後，研究人員對刺鰓鮨進行了人工餵養研究，結果顯示刺鰓鮨的合作能力和黑猩猩相差無幾。研究人員製作了兩種模擬爪哇裸胸鱔，即在透明塑膠片中嵌入實物比例的照片，然後用隱藏的線纜和滑輪操控模擬魚。在那之後，他們讓刺鰓鮨進行合作捕獵。一條假鱔魚會配合地把獵物趕出來，另一條則會朝相反方向游動。實驗第一天，刺鰓鮨對兩條假魚沒有任何偏好。但到第二天，牠們就能分辨出誰是合作的好搭檔並且表現出明顯的偏好，其偏好程度跟黑猩猩的程度相當。刺鰓鮨在決定何時需要尋找合作者的效率也跟黑猩猩差不多，在 83% 的情況下，牠們會選擇合作。而魚類在判斷不需合作者的效率上則優於黑猩猩。

這是否表明刺鰓鮨比黑猩猩聰明呢？並非如此。黑猩猩生活在陸地上，能夠用手抓握，這是魚做不到的；那麼這兩種動物有什麼可比較的呢？研究顯示，當有需要的時候，魚類能做出聰明而靈活的行為。韋爾（Alexander Vail）認為，珊瑚礁中石斑魚（刺鰓鮨）和鱔魚（裸胸鱔）

的合作捕獵，可視為社會工具的使用行為：「黑猩猩可以拿樹枝從洞裡掏出蜂蜜。石斑魚沒有手也撿不起樹枝，但是牠能利用交流控制另一個動物，從而滿足自己的需求。」聰明的科普作家楊（Ed Yong）用文章標題總結了這種觀點：「如果獵物藏進洞裡而你沒有小棍，就用鱔魚吧。」

民主

對我來說，刺鰓鮨的合作捕獵之所以精彩，是因為牠們有意為之。在這個過程中，兩條魚溝通順暢，能將欲望轉化成對雙方都有利的結果。

另一種透過意圖達成社會結果的方式是集體決策。「我們在魚群、鳥群和靈長類動物群等群體中發現的一項共同特徵，就是動物能有效表決決定去哪裡和做什麼。」普林斯頓大學的演化生物學家庫贊（Iain Couzin）說，「當一條魚決定去一個可能有食物的地方時，其他魚就會用魚鰭表決是否跟隨。」這種高度民主化的決策過程能讓群體動物做出更好的決策。

協商一致的好處是隨著群體規模增加，決策的速度和準確性也會提高，因為群體有效結合了各個成員給出的不同資訊。比如說，情報有誤的金體美鯿在跟隨群體一起行動時，犯錯的機率就會降低許多。動物群體做出決策的方法，要麼是彙總資訊後少數服從多數，要麼就是跟隨幾個見多識廣的專家或意見領袖。

魚類個體的外貌也會影響最終決策。在其他條件都相同的情況下，身體更健康、精力更充沛的魚更懂得照顧自己，因此更有可能被「推舉」為決策者。魚類會有這樣的歧視嗎？為了弄清楚這問題，來自瑞典、英國、美國和澳洲的生物學家共同設計了實驗，把棘背魚放進樹脂玻璃魚缸中，而魚缸兩頭有兩個一模一樣、由好看的岩石和植被構成的藏身地點。另外，在魚缸後壁附近，有一對塑膠棘背魚模型由單絲線拖著勻速地向兩頭藏身地點「游動」。其中一個模型看上去更健康一些——比如較大的模型看上去更健康，因為體型大意味著牠尋找食物和長期生存的能力更強；至於腹部鼓脹、更豐滿的模型看上去營養更好，而身上有黑斑的模型則可能是長了寄生蟲。

棘背魚的行為看上去就像預習過研究計畫一樣。只有一條魚在魚缸時，牠跟隨看上去更健康的模型抵達藏身地點的機率是 60%。而隨著群體數量增加，這個機率也會越來越高。當放進十條棘背魚時，牠們跟隨健康模型的機率超過了 80%。這很好地說明了魚類的集體決策。

為了研究魚類的民主問題，科學家又開發出更複雜的工具。機器魚是會游泳的模擬魚，米諾魚等魚類會自然地對它做出反應。機器魚能幫助科學家深入理解集體行為的價值。比如落單的棘背魚較容易跟隨有不良適應性行為（向捕食者運動）的機器魚領頭，而較大魚群中少數服從多數的機制，通常能避免這種陷阱。若有足夠多的魚反對，剩下的魚也更有可能跟著反對者一起行動。與此類似，在 Y 形迷宮實驗裡，小群大肚魚會跟著機器魚游到有捕食者的一邊，而較大魚群則更有可能不顧機器魚的帶領，選擇游到安全的一邊。

關於模擬魚、假魚、模型魚和複製魚，有一點需要澄清。魚類對它們有反應，並不代表牠們認為這些就是真正的魚。同樣需要注意的是，這些魚都是在人工創造的條件和陌生環境中進行實驗的。研究人員把牠們捕捉回來後，往往要花上幾週甚至幾個月的時間，才能讓牠們平靜下來而表現「正常」。感覺敏銳的魚也許能看出人工模型有點不對勁，但避免可怕刺激的心理可能會抵消牠們的顧慮。

維持和平

遭遇捕食者並不是動物會面臨的唯一危險。魚類還需要解決同類之間的矛盾，由於生物需要生存繁衍並不希望直接面對受傷或死亡，因此敵對的雙方真正以身體對抗彼此較為罕見。和其他動物一樣，魚類通常會用示威手段，展示自己的力量和氣魄，從而避免可能會導致一方或雙方受傷的更嚴重肉搏。魚類會使用各種策略給其他動物灌輸戰鬥不是好主意的觀點。牠們會張開魚鰭、打開鰓蓋或側身展示體長，盡量讓自己顯得高大威猛。發出隆隆聲能顯得身強體壯，擺動尾巴形成強力水流能讓武力威脅更有效。其他展示方法還有搖頭、扭動身體、露出身體上顏色鮮豔的部分或者改變體色等。

並不是所有的外觀展示都是要表現攻擊性。魚類也會息事寧人，而其中露出身體脆弱的部分就是一種有效的息事寧人方式，比如狼露出喉嚨、猴子露出生殖器等等，這種策略能強化避免衝突的意圖。紅身藍首魚（一種麗魚）是攻擊性很強的領地性動物，牠們會抖動身體，展示出柔軟的上腹部周圍明亮的黃色條帶，以此向對手求和。

倘若衝突沒有升級，麗魚就會擺出一副和事佬的姿態。生活在馬拉威的縱帶黑麗魚就是如此。在人工飼養的條件下，這種乳黃色、兩側有黑白相間賽車條紋的魚，會形成某種線型的等級序列，個體之間的衝突多半發生在上下等級之間。雄性會主動調解雌性之間的爭端，中立地打斷雙方的爭執。其中相對陌生的雌魚會受到偏袒，因此雄性的調解往往會提高新的雌魚加入魚群的機會。對雄魚來說，這當然是再好不過的事，因為自己又多了一個潛在配偶。

動物的等級往往取決於體型，體型越大，等級往往就越高。就像加拿大馬鹿的雄性首領妻妾成群，並且會努力阻止其他雄性跟自己的後宮佳麗交配一樣；在某些魚類族群中，只有體型最大的雄性能和雌性交配。如果等級較低的雄魚體型只比最大的雄性小 5% 以內，就必須冒險與之決鬥。如果輸掉，牠的交配順位又會往下掉幾級。那一條小魚該怎麼辦呢？各個種類雄性鰕虎的自制力讓人欽佩；牠們寧可減少食物攝入量，也要保持交配順位。

其實，節食的鰕虎並不是什麼聖人，但克制能帶來長期的好處。一群鰕虎差不多有十幾條，當等級較高的鰕虎死去後，其他鰕虎的等級就會上升。有證據顯示，節食能延長很多種動物的壽命，因此這也許是一種奪取交配權的長期策略。

在群體中，就連最好鬥的動物都會優先遵守自制和誠信原則。佛羅里達州坦帕市的庫克（Lori Cook）出於同情，救起一些養在當地沃爾瑪超市裡被裝進單獨杯子裡的泰國鬥魚。她小心地照料這些魚，之後將牠們放進小池塘中。隨著她「魚類之友」的名聲越來越響亮，她飼養的鬥魚也越來越多，鄰居家不想養的魚都會送到她這來。她最終從 PetSmart 寵物店裡以每條 1 美元的價格買到了幾條雌魚。因為雌性鬥魚不好鬥，來買寵物的顧客通常都對牠們不愛搭理，認為牠們很無趣。

洛麗養的這些鬥魚為牠們的好鬥名聲翻了案。每天早晨她都會去餵魚，而這些魚會聚在池塘邊等待食物。鬥魚生活在熱帶地區，因此即便是佛羅里達州南部的溫度，對牠們來說也有點低，在比較冷的幾個月裡，洛麗還會用到水箱加熱器。儘管養了很多泰國鬥魚且其中不乏雄性，洛麗還是發現：「我從沒見過兩條鬥魚打鬥，也沒看到過任何打鬥跡象，比如咬痕或殘破的魚鰭。」

為什麼人們眼中的鬥士會這樣被動呢？或許和睦相處比劍拔弩張好處更多。雄性鬥魚互相撕咬的其中一個原因是人工餵養的條件所致。低等級的鬥魚想要逃跑避免衝突，但無路可走，於是高等級鬥魚誤以為對手改變了主意，打算戰鬥一番。我猜，這也是據說放在同一魚缸裡的鬥魚最終會死掉的原因。

鬥魚的心理會讓牠們避免危險的打鬥。奧利維拉（Rui Oliveira）和他在里斯本高等應用心理學研究所的同事發現，敵對的雄性鬥魚會觀察其他雄性在打鬥中的表現，並對贏家表現出更多服從。觀察過其他雄性打鬥的雄魚，並不會急於靠近並挑釁牠見過的贏家，而對於牠不知道誰勝誰負的雄魚，則不會有這種差別對待。

騙術

或許你會因為魚類王國中存在克制、合作、維護和平的行為，就認定每條魚都是「天使」，但不要這麼快就下結論。正如我們在清潔魚和顧客共生關係中看到的那樣，任何形式的合作和社會互動都可能存在撈取私利的空間。和人類一樣，魚也會利用眼花繚亂的外觀和行為上的騙術去唬弄其他個體。牠們離自私並不遠。

有些騙術只是為了躲避捕食者的小伎倆。在最容易受到攻擊的幼年時期，很多魚都會利用擬態來模仿其他顏色鮮豔的有毒動物。彎鰭燕魚幼魚的體型和顏色，都和一種有毒的扁蟲非常相似，而珍珠白的體色配上黑色斑點，則讓駝背鱸幼魚看起來像是另一種有毒的扁蟲。

行為上的改變會增強騙術的效果。2011 年，德國哥廷根大學的克普（Godehard Kopp）在印尼海邊拍攝到魚類擬態的絕佳例子。一隻本身就是模仿大師的擬態章魚在沙子上緩緩爬行、準備覓食時，發現一條黑白相間的後頜魚在章魚的觸手上忽隱忽現。這條魚身上的顏色和花紋跟這隻頭足類動物一模一樣，還能將身體與章魚觸手平行排列，增強其偽裝效果。報導這種現象的科學家猜測，這種騙術能讓成年後幾乎都待在安全沙溝裡的後頜魚，到達距離自己家更遠的地方覓食，而且能保持相對安全。這是人類已知唯一一個對另一種生物的擬態進行擬態的例子。

擬態和偽裝並不只是用來躲避捕食者，捕食者也可以透過擬態和偽裝來偷偷靠近獵物。在南美洲和非洲的淡水流域中，葉鱸演化出模仿漂在水上和沉入水底的枯葉和腐葉擬態。透過外觀和行為上的雙重騙術，這些有耐心的獵人能抓到離自己很近的小魚。葉鱸會有策略地選擇埋伏地點，漂著或懸浮著，完全融入周圍的葉子當中。牠們的胸鰭小而透明，能以極快的頻率擺動，從而讓自己待在同個地方保持靜止。其下頜上粗糙的肉質突起，看上去就像正在腐爛的葉柄，導致毫無警覺的鰕虎被牠一口吞下。一旦小魚進入了捕食範圍，葉鱸就會用有彈性的頜部製造真空將獵物吸進嘴裡，只需不到四分之一秒，一切就結束了。

葉鱸的騙術還有一個極端的變體，生活在東非馬拉威湖中的某些雨麗魚屬會軟綿綿地側臥在湖底裝死。好奇的食腐魚類前來查探時，「屍體」會一下躍起，吃掉這個好奇的調查員。

管口魚和海龍魚悄悄接近獵物的方式更像是遊戲，牠們會騎在鸚哥魚背上玩捉迷藏。牠們想抓的小魚不會被植食性的鸚哥魚嚇走，而且通常注意不到管口魚和海龍的存在，因此當管口魚和海龍從鸚哥魚背上滑下來時，可以攻擊任何能搆到的魚。管口魚還會藏在經過的小魚群中悄悄靠近，以防被獵物發現。牠們的狡猾本領讓人吃驚，然而更讓人驚訝的是，讓這些騙子藏身其中的共犯居然能容忍牠們，並不害怕與捕食者並肩前行。

終年生活在暗無天日的海洋深處的鮟鱇根本無須東躲西藏，但是牠們別具一格的騙術也非常有名。牠們的背鰭是非常有效的魚餌。你或許聽說過鮟鱇的大名，牠們形狀怪異，嘴巴也合不攏，總讓我想到中世紀教堂外立面上裝飾的獸型滴水嘴。但你可能不知道，只有雌性鮟鱇的背鰭變成絲狀桿，專家把這個結構叫作「擬餌」（illicium，其拉丁詞源意為「引誘」或「誤導」），其末端有個叫作「釣餌」的發光器官。深海鮟鱇有 160 多種，其誘餌千變萬化，絕對能超越任何漁夫的釣具箱。鮟鱇還能透過收縮絲狀桿底部的肌肉，讓它產生類似蠕蟲的蠕動效果。在淺水中的鮟鱇，其誘餌顏色鮮豔；至於生活在沒有光線的深海裡的鮟鱇，只能放棄鮮豔的顏色，轉而讓絲狀桿特殊區域內的生物發光細菌發光。有些鮟鱇的誘餌尖端還有透鏡，能把可調節的絲狀桿變成精細的管狀導管，成為純天然的光纖。還有一種鮟鱇的誘餌能直接擺到嘴裡，把毫無戒心鑽到嘴裡探險小魚關在裡面（大魚也可以，因為鮟鱇能吞下和自己體型相當的獵物）。

鮟鱇擺動背鰭上的誘餌時，能意識到自己正在策劃一場騙局嗎？這是關於動物精神世界問題的一項挑戰。懷疑論者會指著利用擬態愚弄鳥類等其他捕食者的昆蟲說，魚類並沒有意識到自己在做什麼。我並沒有任何貶低昆蟲的意思，但鮟鱇、葉鱸和管口魚可不是無脊椎動物，牠們是脊椎動物聯盟中的正式成員，有與之對應的大腦、感覺、生化過程以及意識。生活在墨水一樣的深海中的魚，勢必需要相當的智謀和訣竅，尤其牠們的獵物也是有頭腦的脊椎動物。

走筆至此，我已經介紹魚類如何感知周圍環境、牠們的生理和情緒感受，以及思維和社交生活。從這些方面，我們得知魚類是有意識、有記憶的個體，能夠制定計畫、識別其他個體，有本能、也能從經驗中學習。某些魚類還有文化。正如上面討論的，魚類會進行種內和種間的合作，並體現出一些美德。

我們還有魚類社交生活中的一個重要面向沒有討論，這也是所有生物的終極目標——繁衍。時機成熟時，繁殖的衝動會蓋過覓食這個最基本的需求。正如牠們的物種豐富性一樣，魚類也設計出海量形形色色的繁殖及養育後代的方法。

第六章

魚的繁衍

HOW A FISH BREEDS

小豬：「『愛』怎麼寫？」

維尼：「愛不是用來寫的，是用來感受的。」

——米爾恩

魚的性生活

魚類的性生活有極強的可塑性和靈活性，其他任何脊椎動物都
無法與之匹敵。

——攀弟安（Thavamani J. Pandian），《魚
類的性》（*Sexuality in Fishes*）

魚類的外型非常多樣，繁殖方式也有 32 種之多。牠們的繁殖行為
和策略，跟其他所有脊椎動物的加起來一樣多。[1]魚類中有沒固
定伴侶的、有一夫多妻的、有一夫一妻的，還有一生只有一個伴侶的。
根據不同的特性，雄魚可能妻妾成群、需要保衛領地、集體產卵、偷
偷交配、作為低等級雄性等待交配機會，或是做出違規的性行為。我
們還會發現，雌魚並不是被動的附屬品。

大多數魚類的性別模式都是人們熟悉的雌雄異體，這個有點奇怪

---

1 原注：攀弟安認為，日本研究人員最熱衷揭開魚類性行為的祕密。有些科學家
　為了一項研究，會在水下待五百多個小時收集資料。水下呼吸器技術的進步也
　大大推動了人們對魚類性生活的瞭解。

的名字指的是生物體的一生，要麼是雄性，要麼是雌性。但是想必你
也可以猜到這意味著什麼；有幾十種魚類並不是嚴格的雌性或雄性。
出於某些原因，生活在珊瑚礁中的魚的性別表現尤其多樣。有四分之
一的珊瑚礁魚無須手術，就能從雄性變為雌性或從雌性變為雄性。其
他雌雄同體的魚，也能同時或先後具有雄性和雌性特徵。

　　能夠同時產生精子和卵子的物種即為雌雄同體，牠們大多生活在
幽暗的深海中。如果尋找到另一個同類的希望就像深海光線一樣渺
茫，那麼能夠完成自我受精，就是一種非常實用的技能。性反轉的魚
並不是嚴格的雌性或雄性，牠們在不同年齡和不同體型條件下具有不
同性別，是有很多好處的。比如說，在一個雄性會霸佔多個雌性的交
配體制中，剛開始是雌性，而等體型更大、更強壯、更能無視競爭者
的挑戰後變成雄性，是非常划算的。通常一個物種中的所有幼體都是
雌性，有多個配偶的雄性則處於支配地位。在其他情況下，支配者與
被支配者也會換位，很多低等級的雄性會變成有交配優勢的雌性。

　　《海底總動員》中有名的小丑魚會依靠體型、社會等級和性別的
改變來保持社會秩序。牠們是群居魚，魚群中有兩條較大的魚和很多
體型較小的魚。較大的兩條魚可以繁殖後代，而其中體型更大的是具
繁殖力的雌魚。其他所有魚都是雄性，根據體型大小排列等級。儘管
低等級魚的年齡可能和產卵的魚差不多大，但性成熟個體在行為上的
支配力，會讓魚群中的從屬魚難以發育成長。漢斯和弗里克（Hans and
Simone Fricke）研究了這種嚴格的交配體制，認為低等級的雄魚實際上
遭遇了心理上的閹割。每條魚都守著自己的位置，直到有等級更高的
位置空出來。如果有繁殖力的雌魚死了，最大的雄魚就會變成雌魚，
第二大的雄魚就會變成雄魚裡的頭兒。所以小丑魚家庭中被性壓制的

雄性個體永遠有希望（電影《海底總動員》中的故事有些不準確的地方。事實上，尼莫失去母親後，牠的父親馬林應該變成牠的新媽媽才對）。

性反轉的魚會根據當前的性別做出與之對應的性行為。而那些一般情況下不會發生性反轉、但會受激素影響的魚的性行為也具有可塑性。儘管我們還不明確瞭解這種現象的發生機制，但人們在野外和實驗室中的觀察發現，某些硬骨魚的大腦有雙性別潛能，能夠控制兩種行為。而大部分脊椎動物受制於大腦的性別分化，只能做出一種性別的典型性行為。

魚類改變性別的能力，顯示了自然界的性別分工是不固定的。如果你對社會動態稍有瞭解，就會發現人類的性別界限也變得越來越模糊。比如《成為妮可》（*Becoming Nicole*）這本書就探討了人類家庭面臨的社會挑戰，這個家庭裡的雙胞胎兒子之一，在很小的時候就希望能改變自己的性別。隨著醫學的進步，我們真的能選擇自己的性別了，不知不覺間，我們變得更像魚了。

勾引的藝術

儘管自己的性別明確了，但和誰交配仍是一個問題。這是很重要的決定。性伴侶是你後代另一半基因的提供者，你肯定希望這些基因的品質夠好。如果能夠衡量潛在配偶的水準和意願，就能省下不少事，於是才有「求偶」這種行為的存在。我們會約會、吃飯、跳舞、互送禮物，用各樣方法進行婚前測試。同樣地，很多魚也會用自己的方式勾引未來伴侶，包括跳舞、唱情歌和撫摸等。

而且，至少有一種魚會創造藝術。人們一般不會把魚看成藝術家，至少不會因為很多魚體表面出現的漂亮花紋和顏色，就把牠們看作是藝術家。但經驗豐富的日本潛水夫、攝影師大方洋二在日本最南端潛水時，讓他感到意外的東西恰好就是藝術。在那裡，24 公尺深的水下沙灘上有直徑 1.8 公尺的對稱環形圖案。在這幅壁畫一樣的圖案中，兩個漣漪般的同心圓從中央圓盤向外輻射，彷彿一個身高 150 公尺的巨人走進了海中，把拇指指紋印在沙子上。（見彩圖頁，四齒魨）

因為困惑是什麼創造了這個精美的珍品，大方洋二幾天後帶了一個拍攝小組回到那裡。祕密很快就揭開了。這些幾何「麥田怪圈」是一種樣貌平平的小型雄性四齒魨弄出來的。這些 12 公分長的魚會把身體歪向一側、用胸鰭擺動著游泳，如此花費數小時進行創作。牠會一邊游一邊觀察，然後用嘴咬開小貝殼碎片，把它們撒在中間的溝槽裡進行裝飾。

之後人們又發現了其他雄魚的傑作，而且每一幅都不一樣。這些東西可能有幾種功能。首先，如果一切順利，它能吸引雌性四齒魨來到最裡面的圈產卵。這些溝槽能防止卵被洋流帶走，而咬碎的貝殼也能強化這一功能，同時為卵提供偽裝。創造出複雜圓圈圖案的雄性更有可能交配成功，於是就演化出了這種複雜技藝。

這種日本的小型四齒魨可能是魚類世界中的畢卡索，但牠並不是唯一一種透過沙子表現審美趣味的魚。澳洲的園丁鳥因為能建造用來吸引並討好雌性的精巧結構而出名，很多麗魚也和園丁鳥一樣，能夠造出求偶亭，以此提高交配的成功率。這倒不是說兩者建成的求偶亭模樣類似，而是跟長羽毛的遠親搭建的求偶亭一樣，魚類的求偶亭主要是用來展示、求偶和產卵。只要一排完卵，雌性麗魚就會把卵銜起來，挪到更安全的孵化地點。

　　魚是如何建造求偶亭的呢？雄性麗魚沒有能抓握的四肢，因此必須用嘴把沙粒叼起來然後扔下去，同時搧動魚鰭來控制沙子。每種麗魚建造的求偶亭都有些不同，從簡單的沙坑到有放射性輻條的圓形場地，再到高約 30 公分、頂部有求偶平台的火山狀沙堡。這些水中建築的高度或深度，能夠顯示雄性動物的健康狀況和基因品質。驅動雄性做出這些行為的動力就是挑剔的雌性，後者能區分出雄性能力的微妙差異。雌性會優先與建築技巧高超的雄性交配，於是經過幾代的更替後，這種建築技巧就會變得越發精湛。

　　雄性棘背魚也會用嘴搭建交配亭（其 U 型外貌跟有些園丁鳥的求偶亭非常相似），但牠們還會使用其他工具輔助。牠們的腎能夠產生一種黏稠的黏液狀物質。當建築大體完成、需添加裝飾的時候，雄性棘背魚就會從泄殖腔分泌出這種絲狀膠水，把樹葉、草和絲狀藻類黏在自己的巢穴上。奧斯陸大學的奧斯特倫—尼爾森（Sara Östlund- Nilsson）和霍爾姆隆德（Mikael Holmlund）研究了生活在瑞典西海岸的三刺魚，發現雄魚會選擇顏色怪異的顯眼藻類來裝飾巢穴入口。當研究人員在附近放上閃閃發光的錫箔和手鐲碎片時，雄魚會毫不猶豫地把這些東西拖出來，用來裝飾自己的家。儘管這些巢穴在捕食者面前的偽裝效果並不好，但它越俗麗就越能吸引異性。由此可以看出，人類和園丁鳥並不是唯二喜歡亮晶晶東西的生物。

假高潮和吞精

　　工藝只是贏得配偶的其中一種方法，另一種則是大家耳熟能詳的古老策略——欺騙。正如我們所知，魚類也是詭計多端的動物。

　　雌性鱒魚的騙術是假高潮。牠會在沙子裡挖個坑作為巢穴，然後在發情的雄魚面前一邊劇烈抖動身體、一邊排卵。附近的雄魚受到引誘，會抓緊機會配合雌魚的節奏，劇烈抖動身體，把精子排到水中。但有時候雄魚會上當，因為雌魚抖動身體時並不排卵。人們不清楚雌魚為什麼要這樣做。一種可能是牠在測試雄魚的活力，或者牠可能認為對方並非自己心儀的對象，打算引來其他更好的雄魚做自己孩子的父親。這種繁殖衝突在自然界很常見。雄性精子數量眾多且生產成本低，即便一條雌魚的所有卵子都受精了，還能留下一些給其他雌魚。對雌魚來說，自己寶貴的卵子由不同雄魚受精是更好的選擇，這樣可能會提高卵子被品質最佳的雄魚精子受精的可能性。

　　雌性天竺鯛也有自己的騙術，或說自己的伎倆。為了保護雌魚的卵，雄魚會小心翼翼地把它們銜在嘴裡。對父親來說，這是偉大的自我犧牲，這意味著牠在繁殖的重要時期是不能進食的。有時候雄魚實在餓得受不了，會把整團卵一口吞下。為了降低這種結果出現的可能性，雌性天竺鯛會產下部分沒有卵黃的假卵，將其混在真正的卵中。這些假卵能讓雄性天竺鯛以為自己嘴裡放了很多後代，需要更細心的保護。在我看來，這種解釋缺少說服力，它假設了雌魚和雄魚之間是利用關係，但從善意角度出發也能解釋這一行為。也許我們會發現，雌魚排出這些「營養卵」是為了獎勵雄魚的辛勤付出，而雄魚可以區分受精卵中的假卵，將其吃掉，留下真卵。畢竟，受精卵也是雄魚的骨肉。

　　生活在馬拉威湖的各種麗魚中，雄性則是用卵來玩弄伴侶的那一個，牠所用的招數就是卵的擬態。雌魚會先把卵產在底物上，然後將其吞入口中。作為受精的輔助手段，雄魚的臀鰭上有黃色斑點，看起來就像是立體的卵。雌魚難以拒絕這樣的誘惑，便會游到雄魚生殖器官附近，吸入牠所排出的大部分精子，這樣受精的成功率就更高了。這是一種明顯的視覺騙術，但我並不認為雄魚的「卵狀」斑點是跟刺激一樣的騙術。繁殖對於雌魚和雄魚同等重要，因此，也許雌魚看到雄魚充滿誘惑的視覺信號時並不會覺得上當受騙。

口交在很受歡迎的觀賞魚——兵鯰——的受精過程中起了更直接的作用。雌魚會直接把嘴貼到生殖孔附近吸入精液。精子很快就會通過雌性的消化通道，排在腹鰭中間一團三十顆左右的卵上。

我覺得自己應該不是唯一一個好奇為什麼精子沒被雌魚體內的消化酶破壞的人。但精液流過雌魚腸道的速度快得驚人。日本的研究團隊以二十二條雌魚測試了體內精子穿過消化道所需的時間。他們在雌魚吸入雄魚精液時向雌魚嘴中注射一些藍色染劑，之後他們等著雌魚肛門附近出現一團藍色的東西（當然，這種無禮的舉動加劇了對牠們隱私的侵犯）。他們需要等待的時間很短，平均只要 4.2 秒！

兵鯰還有另一種方法能讓精子快速通過雌魚腸道時完好無損。牠們使用常到空氣呼吸，在水面吞下空氣後將精子快速送過腸道。牠們的消化系統似乎早就具備了能讓精子快速通過身體卻完好無損的條件。

為什麼魚類要用這麼戲劇化的方法完成受精？一方面，利用這種辦法，雙親都能確定孩子的基因來自於誰，如果你是謹慎挑選配偶的類型，那麼這一點非常重要。對雄魚來說，牠可以確定精子的去處，且能確定雌魚只接受了自己的精子。不管最終的好處是什麼，吞精對鯰魚來說顯然是不錯的辦法，因為人們發現有多達二十種鯰魚都有類似的行為。

　　雌性的腸道，可能不是精子和卵子相遇的最奇怪地方，還有一些魚選擇了無脊椎動物的內臟。海洋中最優雅的共生關係是鰟鮍（一種生活在歐洲溪流中的小型魚類）和貽貝的奇特性行為。交配季節到來時，雌性鰟鮍會找一個大小合適的貽貝，並把卵產在裡面。牠要怎樣才能把卵產到雙殼緊閉的貽貝裡呢？準鰟鮍媽媽會用長長的產卵管，把卵塞進雙殼綱動物用來過濾水和食物的管道中。一旦卵子進入貽貝體內，雄性鰟鮍就會在排管入口處排出精子，這樣部分精子就會被貽貝吸入體內。接下來幾天，鰟鮍的受精卵就會在安全的軟體動物外套膜中孵化並發育。

　　這種安排對鰟鮍來說再好不過，但是作為鰟鮍繁殖容器的貽貝能從中得到什麼好處呢？答案就是，貽貝要等到自己的卵成熟時，才會把鰟鮍的幼魚放出來，此時牠的卵可以暫時黏附在幼魚身上，讓幼魚成為軟體動物方便又實用的卵子傳播器。這和一些植物種子上長了小刺，可以附著在動物皮毛（及人類衣服）上搭免費便車一樣。貽貝的卵也利用這種方式尋找富饒的新領地，以此站穩腳跟。正所謂好人有好報。

女權主義魚的手段

　　我曾見過雌性鰟鮍把卵子排到蛤體內的圖片，像極了加油站裡的加油槍，我很好奇牠是否能意識到自己的繁殖方法有多古怪。除非牠觀察過其他雌性鰟鮍產卵，不然一定是天生就知道該怎麼做。雄性短鰭花鱂的交配行為看上去不像是生來就會，因為牠會隨著社群條件的變化而改變自己的行為。尤其是牠會假裝自己對其他雌性感興趣，從而欺騙雄性對手。雄性短鰭花鱂擁有名為生殖肢的射精器，這是一種內部有骨骼支撐的肉質附肢，功能就和陰莖一樣。雄魚會咬雌魚，同時用生殖肢頂雌魚身體，以此表達自己的交配意願。在普拉思（Martin Plath）進行的研究中，他在有觀眾和沒觀眾兩種條件下讓雄性短鰭花鱂接觸雌魚。首先，他把雄魚單獨放在有一對雌魚的魚缸中，讓牠們自由選擇交配對象。接著，把雄魚再次放到同樣兩條雌魚面前，不過這一次，有一半的雄魚會被放在魚缸後方透明圓柱中的雄魚對手盯著看。

沒有觀眾的對照組雄魚不會改變對雌魚的偏好。但是幾乎所有被競爭對手盯著看的雄魚，都開始對之前不喜歡的雌性表現出好感。牠們的偏好會從體型較大的短鰭花鱂雌魚變成體型較小的，甚至會從同種雌性變成親緣關係相近的雌性秀美花鱂。

雄性短鰭花鱂之所以這麼做，是要讓對手的注意力從牠更喜歡的雌性身上移開。之前就有研究發現，雄性短鰭花鱂會受到對手偏好的影響，從喜歡短鰭花鱂變為喜歡秀美花鱂。這種手段是為了減少精子的競爭，因為附近的雄性可能會利用這種公開資訊，模仿之前雄性的假配偶選擇。把對手的注意力轉移到另一個雌性身上後，雄魚就能提高自己的精子給心儀對象受精的機率。

短鰭花鱂這種花招也有相反性別的版本。牠們的近親秀美花鱂全都是雌性。爬行動物、兩棲動物、魚類和鳥類中都存在少數幾種全部是雌性個體的物種，牠們的生殖方式不需要精子給卵子受精，因此被稱為孤雌生殖。秀美花鱂的情況更特殊，因為牠們只有在與其他種類的雄性花鱂交配後才能產生受精卵。儘管交配行為能觸發排卵，但其實雄性「浪費」了精子，沒能讓雌性秀美花鱂的卵受精。可以說，和秀美花鱂交配的雄性花鱂是完美騙局的受害者。

　　你可能會覺得奇怪，為什麼天擇容許精子最終走向絕路的雄性短鰭花鱂與雌性秀美花鱂交配。這是因為這些雄性個體若對雌性短鰭花鱂表現出興趣，可能會更有好處。包括花鱂和牠們的近親孔雀魚在內的一些魚類都會有「傾向意識」，而雌性短鰭花鱂通常會做出和秀美花鱂一樣的配偶選擇。

器大之魚

　　花鱂雖然古怪，但牠只是眾多體內受精魚類中的一員。大多數魚不需要雄魚把生殖器伸到雌魚體內就能交配，不過也有例外。所有雄性板鰓亞綱魚類（鯊魚和鰩魚）都有鰭腳，這是性交時雄魚插入雌性生殖孔內的一對器官。硬骨魚中，孔雀魚、花鱂、花斑劍尾魚和劍尾魚都有生殖肢。

　　大多數時候生殖肢都是朝向後方的，但是需要使用時，它就會甩到前面。我想起大學時在動物行為學的實驗室中，我們會記錄性興奮的雄性孔雀魚隔多長時間會發生一次「生殖肢搖擺」和「彎折」，擺出準備交配的 S 形姿勢。體色耀眼的雄性四處擺動著難以駕馭的「魔杖」，明顯是為了討好雌性。儘管孔雀魚體型很小，只有 2.5 至 5 公分長，但牠們的生殖肢有體長的五分之一，因此學生能輕鬆地觀察並記錄結果。

　　學名 *Phallostethidae*（意為「胸上的陰莖」）的精器魚，也會進行插入式性交。這些魚身體較小（最長 3.5 公分），其貌不揚，共有 23 種。牠們的身體呈半透明，生活在泰國和菲律賓的半鹹水域中。牠們得名於生長在雄魚喉部下方肌肉發達的骨質交配器官精器。沒錯，有些物種的精器旁還長了功能健全的睾丸。精器的另一特徵是有鋸齒狀的櫛狀突，能在交配過程中固定在雌性體內。經過仔細解剖研究後，人們確認這種極複雜的結構是從消失的腰帶和腹鰭演變而來的。

性的重要性顯而易見，魚在演化過程中寧可放棄一對實用的魚鰭，也要換取交配的便利性。這證明了生命的神祕，畢竟這些魚的祖先似乎沒有精器也可以生存得很好。沒有人知道為什麼陰莖會慢慢移到魚的頭部一端。或許，陰莖長在眼部附近，能讓雄性精器魚插入的準確性更高？

雌魚如何看待雄魚的生殖器呢？或者更直接一點說，在魚類世界中，尺寸是否重要呢？大肚魚的生殖肢能達到雄魚體長的 70%，這樣看來尺寸的確重要。聖路易斯華盛頓大學的生物學家朗格漢斯（Brian Langerhans）驗證了尺寸重要的理論，他把雌魚放進魚缸中，身體兩側分別打出雄魚的投影。其中一條雄魚的生殖肢經過電腦調整，顯得比另一條魚的更長。每次實驗中，雌魚都會游向生殖肢更長的雄魚。但是講求效率的大自然會限制生物的浪費行為，生殖器太長對雄性大肚魚來說會是一種負擔。如果孔雀尾巴比對手長 60 公分，那麼牠在有機會交配前，更有可能被捕食者吃掉。同樣地，生殖器大的大肚魚在敵人面前更顯脆弱。大生殖肢會在水中形成較大阻力，導致雄魚更容易被抓住。因此生活在捕食者較多的湖中的雄性，比生活在安全水域中的雄性的生殖肢要小。

以上我們把重點放在探討插入式性交的魚類，我並不是看不上那些不計其數將卵子和精子直接釋放到水中進行體外受精的魚。這種繁衍方式在魚類當中非常普遍。我來簡單舉個例子：海七鰓鰻有著非常複雜的築巢和交配行為，跟人們對這種古老的無頜魚類形成的「原始」刻板印象相去甚遠。和鮭魚一樣，牠們也是一種洄游性魚類，生活史分成海水和淡水兩個階段。到了產卵時，牠們會逆流而上，搭起一個直徑為 60 至 90 公分的卵圓形巢穴。成為配偶的魚會用吸盤狀的口拾起石塊，或把石塊拖到巢穴上游方向堆成一堆。交配時，雌性會用嘴緊緊叼住石塊，雄性則緊緊抓住雌性頭部後方，然後把身體纏繞在雌魚身上，接著兩條魚就會劇烈顫動。這種動作會把細沙攪起來，附著在排出的卵上，幫助卵落到巢穴中。接下來，這對海七鰓鰻會分開，然後把上游方向的石堆挪到下游方向去。這樣做有兩個目的：一是讓沙子留下來蓋住受精卵，二是堵住巢穴的縫隙、讓卵待在裡面。海七鰓鰻會反覆這個過程，直到雌性所有的卵都排出體外。這種交配過程有著羅密歐和茱麗葉式的結局。最終，牠們會力竭而亡。

和大多數情況一樣，我們對魚類性行為的瞭解只是冰山一角。人們研究過的物種中，很多都生活在人造環境裡，這種環境有很多便利條件，但也可能會抑制野外的性行為。比如，人工餵養的黃刺尻魚就不會進行通常跟維持一夫多妻行為相伴而生的求偶行為。我們會想知道那些驚人現象是終將會被發現，還是會永遠埋藏在深海中。

可以確信的一點是，對很多魚來說，繁殖的終點並不是性交。魚類也會哺育後代，而且牠們也有一些非常有創意的辦法。

育兒方式

在這個世界上，只要能為他人減輕負擔就不是無所作為。

——狄更斯（Charles Dickens）

在我八歲那年，老師播放了一部電影給我們看，講述鮭魚長途跋涉、從海洋回到出生的溪流產卵而後死去的故事。老師讓我們寫電影觀後感，而我母親把我當年的作業保留至今。我在其中寫道：

> 鮭魚必須產下許多卵。因為牠們天敵眾多，不然所有卵都會被吃光。幾週後，只有 15 個卵依然健在。一週後，魚苗長大了一些，可以認出牠們是鮭魚了。忽然，一個龐然大物向牠們游了過來，所有小魚都奮力游開想要逃生，但大部分還是被一條大狗魚給吃掉了。

我努力回想，想起那部影片給我灌輸了一種印象，那就是鮭魚的生活是徹底而不斷的掙扎，儘管我明智地總結出「交配在你看來可能是一場鬥爭，但鮭魚其實非常享受這個過程」。雖然小男孩在嘗試表述事實時有些可笑，不過那部電影卻傳遞了一個關於魚類生活的錯誤觀念——雖然老師說鮭魚完成了自己的使命，在故鄉溪流中產卵後死去，但事實上有些雄魚和很多雌魚都會轉身游回海中，恢復正常的身體狀態、繼續生活，可能幾年後才會再次在繁殖衝動的影響下回到溪流中。

那部影片還讓我認為魚類不會照顧自己的孩子。事實上，魚類的育兒行為至少獨立演化了二十二次。大約四分之一的魚類物種，也就是大約 8 千種魚會做出某種形式的看護後代行為。魚類看護的行為非常多樣，從保護受精卵、到幼魚出生後最脆弱的前幾週寸步不離。包括鯊魚在內的很多魚類都是胎生，也就是說會直接產下活的幼魚。有些鯊魚還有胎盤，能透過臍帶給發育中的胚胎輸送養分，直到牠們出生。

儘管有的魚類有哺乳動物的繁殖特徵，但牠們不會像哺乳動物一樣用乳汁餵養幼魚。但也有一些種類會產生能夠餵養後代的物質，最有名的就是盤麗魚。盤麗魚是一種原產於南美、經常能在水族館中見到的麗魚。盤麗魚會對發育中的幼魚悉心照料，盤麗魚父母會讓幾週大的孩子吃覆蓋在自己身體表面起保護作用的黏液。牠們吃的不是以前的黏液，而是父母體側加厚的特化鱗片分泌出來的。這是一種能加強幼魚免疫力的私人營養餐，黏液中含有豐富的抗菌物質，能防止幼魚感染。科學家發現，免疫增強物質在魚類中十分常見。人們就從魚的黏液中分離出一類新的抗菌胜肽（piscidin，意指「跟魚有關的化合物」）。

魚類世界中的乳汁替代品不是只有美味的黏液。還記得雌性天竺鯛專門為用嘴孵卵的雄性所產下的未受精假卵嗎？很多鯊魚都會產下假卵，作為出生前正在發育的胚胎的額外食物來源。馬拉威湖中的一種鯰魚也會產下假卵，以此餵養在水裡游來游去的魚苗。幼魚會游到母親的泄殖孔附近，當雌魚把假卵排出來時，幼魚就會把卵吃掉——可說是隨時都可享用的魚子醬。

保衛受精卵

小魚出生前，準爸爸、準媽媽負責保衛受精卵，其中一種方法是趕走入侵者，從而確保卵的安全。生性好鬥的雀鯛保護欲非常強烈。我在佛羅里達州基拉戈島附近一處小型珊瑚礁潛游的一小時中，看到好幾次魚類之間的攻擊行為——幾乎所有入侵者都會被副刻齒雀鯛給驅趕。全球知名的魚類學家蒂斯（Tierney Thys）曾描述自己見到的雀鯛保護受精卵的場景。她靠近受精卵仔細觀察時，這種體長 12 公分左右的小魚會反覆用聲音發出警告。雀鯛發現自己無法成功驅趕面前巨大的潛水者後，便直接衝了上來，「用牠的小牙咬住我一大縷頭髮，然後使勁向後拽，力氣特別大，我疼得不由自主得叫出聲來」。

除此之外，魚類父母還會建造各式各樣的巢穴或避難所，把卵藏在裡面，其中就包括用植物和大量特殊唾液吹成的泡泡建造而成的精巧結構。紫黑眶鋸雀鯛築巢方式可謂一流。紫黑眶鋸雀鯛父母會用噴沙法清潔產卵地點。牠們嘴含一口沙子，將其用力噴到選定的岩面上，然後用魚鰭搧一搧，再用嘴巴把卡在岩面中的沙粒拔出來。

提高卵生存率的另一種更實際的方法是隨身攜帶它們。有些魚會把卵含在嘴裡，有些則是放在育兒袋中——雄性海馬正是以此聞名。生活在熱帶印度洋海域中的剃刀魚，是令人稱奇的偽裝大師。雌性剃刀魚的腹鰭長在一起，形成一個像搖籃一樣的育兒袋；而海馬的近親海龍，則是和海馬一樣由雄性長出育兒袋。生活在新幾內亞的雄性鉤頭魚，會把配偶產的卵掛在前額的突起上，像一串葡萄一樣。幾內亞的底棲鯰魚則會把卵團成一團，附著在皮膚上，由一層增生的皮膚包裹著，直到胚胎發育成熟、從這個不尋常的子宮中游出來。

　　一種名為飾紋布瓊麗魚的南美洲麗魚，會精心挑選一片鬆動的葉子在上面產卵。準備交配的雄魚和雌魚通常會在產卵前對葉片進行測試：牠們會拉拽、抬起並翻動候選葉片，盡量挑出容易移動的。產卵後，雄魚和雌魚會一起守衛牠們的受精卵。受到打擾時，飾紋布瓊麗魚就會咬住葉片一端，急忙把它拖到更深、更安全的地點。

　　阿氏絲鰭脂鯉也是保護卵的高手，牠們的名字也得益於這種古怪的方式（其英文俗名直譯為「濺水脂鯉」）。跟把卵產在水下葉片上的飾紋布瓊麗魚不同，這些身手矯健的魚會把卵產在垂在半空中的葉片上。準魚爸和準魚媽會貼著水面垂直排成一列，然後在精妙的一瞬間相互示意後，同步躍向事先選好的葉片。每次跳躍的最後，兩條魚都會將肚皮翻到天上，把精子和十幾個卵一起排出體外。牠們是掌握時機的高手。透過這種方式，一對阿氏絲鰭脂鯉能夠將幾十個透明且經過精巧偽裝的卵附著在目標葉片上成團。我在資料中看到牠們能跳 10 公分高，但是拍到這種行為的影片顯示阿氏絲鰭脂鯉其實跳得更高。牠們還會在葉子上停留數秒，贏得更多的產卵時間。

　　還好卵的孵化時間很短，不然負責給卵保濕的準魚爸肯定會累死。牠會熟練地擺動尾巴，將水甩到卵團上。這是一項艱辛的工作，因為在二至三天的孵化期內，牠必須每隔一分鐘就濺一次水花，直到魚苗從卵中孵化出來後掉進水裡。

每逢遇到這種神奇的動物行為時，我總會忍不住猜測這些行為是如何形成的。魚類在水中產卵並照顧受精卵的行為，是如何變成把卵寄存在樹葉上、濺起水花為其保濕等等古怪行為的呢？當然，答案一定是階段性而逐漸的演變。有些原始脂鯉生活的環境可能存在著某種看得見的捕食者，脂鯉把卵產在水下植物的葉片上時，捕食者就吃不到它們。後來，來自其他捕食者的壓力迫使某對有魄力的脂鯉父母擺動腰部跳起來，把已經變得黏糊糊的卵寄存在低垂著的葉片上。再到後來，也許是在決心更大的水生捕食者的壓力下，脂鯉越跳越高，最終掌握了跳躍技巧。演化的每一步都必然伴隨著某些益處，否則這種行為在群體遺傳上就不可能具有優勢。

阿氏絲鰭脂鯉並不是唯一會把卵產在水外的魚。很多棲息在最高潮位和最低潮位間的潮間帶魚，都能在空氣中孵化魚卵。退潮時，線鳚、錦鳚和狼鰻會用牠們長長的身體把卵團包裹起來，並在卵團周圍存下小小的一汪水。為了保護自己未來的後代，魚會在空氣中躺上好幾個小時，不得不說父愛、母愛是極其偉大的。

保護不在水中的卵，策略還包括用海草蓋住、埋進沙裡以及藏在岩石中間。這些方法都能讓孵化溫度更高、含氧量更高，同時也讓捕食者的威脅更小。

吞而不嚥

為了讓後代安然度過最幼小、最脆弱的時期，魚類設計出最具獨創性的辦法，就是把牠們直接含在嘴裡。這種用嘴攜帶卵或能自由游動的小魚的方法被稱為口孵（mouthbrooding），地球上四個大陸中至少有 9 科魚具有這種行為。有些魚類家庭遇到危險時，大魚就會把頭壓低緩緩後退，發出危險信號。小魚則會向大魚靠近，被吸入大魚嘴中。直等到危險過去，大魚才會把牠們放出來。大魚把小魚吸進嘴裡的時候，就好像在倒放嘔吐的影像片段。

麗魚是口孵育兒法的專家，已知的 2 千種麗魚中，有 70% 都會用嘴巴照顧後代（見彩圖頁）。麗魚豐富的物種多樣性以及龐大的數量，可能部分要歸功於這種適應性行為。大概由於魚嘴裡只能容納一定數量的後代，麗魚的產卵量也比其他魚類少很多。但後代在幼年期更高的存活率，很好地彌補了產卵少的劣勢。

有口孵行為的魚類中名氣最大的是鬥魚屬，包括 70 多個種。有些鬥魚會用氣泡巢保護幼魚，可能就是這種行為漸漸演化成了口孵。用氣泡巢保護幼魚的鬥魚生活在死水裡，在這種環境中，氣泡巢的效果非常好。它能讓卵和發育中的幼魚圍在一起，在安全、濕潤且靠近氧氣量充足的地方成長。但在諸如溪流這樣的流動水域中，氣泡巢很難保持形狀。魚類父母在建造氣泡巢時會把卵含在嘴裡，這種行為其實已接近口孵。你可以想像，很久以前有這樣一條魚，牠游到了一條溪流中，進入新的生活環境。牠看著自己的氣泡隨著水流漂向遠方，絕望中意識到如果把卵放在自己嘴裡可能會更好。

口孵還有其他好處。用氣泡巢保護後代的魚會高度依賴巢穴，一旦離家太遠，就面臨失去卵或魚苗的危險。而口孵的魚能夠隨意活動，同時保護自己和後代的安全。不僅如此，牠們每次呼吸時都會有水流過卵的四周，因而能保證充足的氧氣。

口孵不僅表現了魚類聰明的一面，還能表現出牠們道德高尚的一面。一般情況下，處於口孵期的魚類父母會停止進食。這並不是一件小事，因為口孵期可能會持續一週甚至更久。如此一來，進行口孵的魚會出現餓死的現象也就不足為奇了。

這種行為的高貴之處還不止於此。大魚會把食物含在嘴裡，但不會嚥下去——至少不是大魚嚥下去的。這些小塊食物是用來餵養躲在慈愛大魚嘴中的小魚。一項針對坦葛尼喀湖野生紅身藍首魚的研究顯示，雌魚會游到湖中安靜的區域，用口孵的方式照顧後代長達三十三天左右。這段時間裡，任何食物都不會進到牠們的腸胃裡，但隨著後代不斷生長發育，牠們也會加快自己的進食速度。必須承認，這種自制力在動物王國中名列前茅。

好爸爸

猜猜這些魚中是誰擔負了大部分照顧後代的工作？答案是魚爸爸。陸生動物往往是母親承擔養育後代的重任，魚則完全相反。雌性不可避免地要完成產卵工作，但在這之後雄性就會接手。因此，鬥魚中負責建造氣泡巢並保護魚卵直至幼魚孵化出來的是雄性鬥魚。在感到周圍有危險時，鬥魚爸爸會在水面附近搖動胸鰭，此時感知到水波的幼魚就會游到爸爸嘴裡去躲一躲。

雄性在口孵中的作用非常重要，有些物種的雄性甚至演化出更適應這項工作的面部特徵。科學家認真研究了 9 種天竺鯛的頭部，發現雄性的吻部和頜部比雌性的更長。研究人員推測，用口腔撫養後代的功能限制了魚類嘴部的其他重要功能，比如呼吸。由於大量後代（所有個體都要吸收水中氧氣）佔據了口腔中珍貴的空間，雄魚的攝氧量受到了影響。因此科學家推測，天竺鯛可能得面對不太光明的未來。澳洲昆士蘭詹姆斯庫克大學海洋和熱帶生物學院的貝爾伍德（David Bellwood）說：「口孵行為容易讓牠們受到氣候變化效應的影響。隨著海洋溫度升高，這些魚必須呼吸更多，而牠們需要氧氣時一定不希望嘴裡塞滿了後代。」

魚類中好爸爸冠軍名號，當屬海馬和牠們的近親海龍。這些雄性魚類所做的工作跟懷孕非常相近。雌性會把卵產在雄性腹部的育兒袋中，雄性給這些卵受精，並攜帶牠們直至孵化為止。在「生育」過程中，雄性需要收縮、扭曲育兒袋，好讓幼魚從育兒袋中游出來。

爸爸懷孕有明顯的好處。單純從繁殖的角度來說，雄性能確定後代屬於自己，而且與拋棄後代讓牠們獨自面對海洋生活的種種危機相比，這種方式的存活率更高。親子關係的確定性非常重要。因為懷孕和（偶爾）養育後代消耗了大量能量的雌性，自然能確認自己的血脈，但雄性很少能確認這一點。諷刺的是，這種以雄性為中心的監護體系，讓親代關係的不明確性從雄性轉向了雌性。遺傳分析顯示，雄性海馬中實行每週一夫一妻制的比例只有 10%，有些雄性的育兒袋中有多達 6 個不同雌性的卵。不過有證據顯示，雌性海馬也會向不同雄性的育兒袋中產卵，玩弄手段。

合作繁殖

親子關係的不確定性只是發揮繁殖潛力的諸多障礙之一。安頓下來建立家庭所需的資源則是另一個難題。如果築巢地點、食物來源和配偶都不合適，就有可能出現妥協行為。

當研究生的時候，我每週都會跟一群行為生態學家開會討論鳥類合作繁殖行為的最新研究進展。這種現象非常多樣，有專門的課程和書籍加以討論。合作繁殖，指的是一個或多個非繁殖成年個體放棄繁殖機會，協助另一對成年鳥類養育後代的現象。繁殖的鳥類通常是助手的親代，不過也有例外。具合作繁殖現象的已知鳥類有幾百種，包括畫眉、鴉、翠鳥和犀鳥等。

1989 年，我上了那門課程。有趣的是，沒有任何人提及魚類中的合作繁殖現象——儘管幾年前，人們就已在美新亮麗鯛身上發現了這種行為。目前人類已知具合作繁殖行為的魚類數量（只有 10 幾種）比鳥類（約 300 種）和哺乳動物（120 種）少很多，但是魚類的生活裡有太多人類未知的祕密，這意味著或許很多魚都有類似的行為，只是我們還未發現而已。

最著名的合作繁殖的魚類，是那些具創新精神的麗魚。助手麗魚會完成多種照顧魚卵及幼魚的工作，比如清潔、攪動水流、清理繁殖區域的沙子和腹足動物，以及守衛繁殖領地等。

鳥類和哺乳動物的互助行為是通過親緣選擇演化而成。如果自己建立家庭的希望渺茫，比如缺少合適的築巢地點，那麼幫助有血緣關係的個體，就比浪費自己的時間最終一事無成更有意義。幫助他人，能提高幫助者的遺傳適合度，因為這會讓與幫助者有相同基因的親屬獲益。幫助行為也是一種有價值的訓練。如果先完成了整套學徒訓練，未來進行繁殖時就更容易成功掌握築巢、孵化、哺育後代和保衛巢穴等技藝。

也就是說，在條件允許的情況下，這些幫助者仍能繁殖自己的後代。一項針對塞島葦鶯的研究就證實了這個觀點。這些鳥類來到新島嶼後，只有在所有高品質築巢地點都被佔用後，鳥群中才會出現幫助行為。一旦土地瓜分完畢，讓步便隨之而來。

魚類中的幫助者是否也是因為沒有其他更好的選擇才這麼做呢？伯恩大學的瑞士研究者決定驗證這種所謂的生態限制假說，他們從坦葛尼喀湖南端捕獲了美新亮麗鯛，以此完成精心設計的人工養殖實驗。美新亮麗鯛是研究魚類合作繁殖行為的最佳對象。牠是一種優雅的小魚（最大不超過 8 公分），長著大眼睛，身體呈粉黃色，纖長的魚鰭邊緣則是天藍色。牠們的社交生活同樣多彩多姿。牠們能把交配場地中的沙子挖起來運走，能用打鬥、啃咬、撞擊、展開魚鰭或鰓蓋、低頭、將身體彎成 S 形等多種方法來守衛巢穴。牠們還能用抖動尾巴、勾引和逃跑等多種順從行為來撫慰等級較高的魚。

研究人員把三十二對美新亮麗鯛安排在 7200 公升的環形水缸中三十二個繁隔間內，每四個繁殖隔間中夾著一個「疏散隔間」。除了充足的沙子之外，每個繁殖隔間和一半的疏散隔間中還有兩個被分成兩半的花盆，可作為繁殖場地。每對繁殖魚（共六十四條）還各分配了一對助手，一大一小，兩個助手體型都比繁殖魚小，也是一共六十四條。研究人員訓練助手魚，讓牠們學會從繁殖隔間和疏散隔間之間樹脂玻璃板上的小狹縫中穿過。繁殖魚由於體型太大，無法通過狹縫。

儘管剛轉移完地點後有些迷惑，但這些魚很快就適應了新的生活環境。一對繁殖魚在抵達後五天內產下了卵，而三十二對繁殖魚中除了一對以外，剩下的魚都在四個半月的實驗中至少產下了一窩卵。

在具備繁殖條件的情況下，幫助者是提供幫助還是自己建立家庭呢？當然，牠們選擇了後者。正如生態限制假說預測的那樣，幫助者游到空餘的疏散隔間中就有了繁殖場地，牠們會跟另一個幫助者配對，繁殖自己的後代。體型較大的幫助者很少會幫助之前分配的繁殖魚。而跟沒有自己繁殖場地的大幫助者相比，有繁殖場地的魚會長得更大，這表示牠們能根據繁殖狀態控制自己的體型大小。

進行繁殖的幫助者並不會選擇跟自己分配到同一隔間的幫助者，這可能是因為後者體型較小，與相鄰繁殖隔間的大幫助者相比，並不是理想的交配對象。沒有繁殖場地的疏散隔間，並沒有出現任何繁殖行為，這證明了適宜的繁殖條件的重要性。

這個實驗設計精巧，證明了美新亮麗鯛和很多鳥類一樣，會因為環境中資源有限而妥協出現幫助行為。這讓我聯想到人們在成為正式員工或自己創辦公司之前，都會在機構中當志工或在企業中實習一樣。

幫助他人養育後代的行為是高尚的，不過美新亮麗鯛中有些幫助者的高尚程度可能會稍微遜色，因為牠們從幫助中獲得的不僅僅只是經驗和間接遺傳自己的基因。對尚比亞卡薩卡拉威的野生美新亮麗鯛進行遺傳分析後，研究人員發現，雖然雌性繁殖魚是幾乎所有後代的生母，但其中只有90%是雄性繁殖魚的血脈。雄性幫助者會給超過四分之一的卵團受精。從坦噶尼喀湖的美新亮麗鯛遺傳數據來看，五個魚群中有四個都存在著混合血統的現象。

對佔有優勢地位的繁殖雄性來說，這並不是徹底的壞消息，因為牠們通常不會知道幫助者有著不檢點的行為。有越界行為的雄性幫助者明白這些卵中有些是自己的血脈，因此在抵抗捕食者時，會比沒參與繁殖的乖巧幫助者更加勇猛，也更傾向於守在離繁殖場地更近的地方。幫助者暫時不能提供幫助時，其他魚群成員會表現出更多守衛領地的行為。回到巢穴後，之前沒有提供幫助的幫助者也會幫更多的忙——儘管科學家並沒發現繁殖魚會對牠們的偷懶行為進行懲罰。

　　這些行為對於人類來說也不陌生。儘管有一夫一妻和性忠誠等準則，不合規範的行為依然存在，否則我們就不會有「出軌」、「綠帽子」、「親子鑑定」這些詞了，當然也就不會有寄養和收養。

不速之客

　　幫助繁殖這種高尚的行為，無疑為魚類世界中偷雞摸狗的行為奠定了基礎。這就是生物學家所說的巢寄生。

　　正如合作繁殖一樣，鳥類的巢寄生現象也很出名。這種現象是指個體把自己的卵產在其他個體的巢穴中。某些魚類、兩棲動物和昆蟲都有巢寄生行為，這是一種演化上的揩油策略，亦即讓其他人去保護並養育自己的後代。很多巢寄生的鳥在巢穴中產下自己的卵後，會把寄主的卵移走。當被寄生鳥類的雛鳥比寄生鳥類的雛鳥小很多時，寄生鳥的後代就能獲得大部分食物，而寄主自己的雛鳥可能會餓死。在最可怕的例子中，有些巢寄生鳥類，尤其是杜鵑，會把卵或剛孵化的寄主雛鳥除掉，要麼直接把牠們從巢裡擠出去，要麼會用幾天後就會脫落的喙上尖鉤殺死牠們。其他巢寄生鳥類，比如巨牛鸝，不會傷害寄生巢穴中的擬椋鳥或酋長鸝的雛鳥，而且還有證據顯示這是一種互利行為，因為寄生的雛鳥會把室友身上的狂蠅幼蟲給除掉。

　　魚類中最有名的巢寄生現象發生在非洲的大湖中，那裡有最精妙的魚類社會行為。賓州州立大學的研究團隊在馬拉威湖中發現了十四個南鱸巢穴，其中十一個有巢寄生現象，而寄生魚類是湖中一種常見的鯰魚，被當地人稱為邦貝魚。被寄生的南鱸穴中幾乎全是邦貝魚的後代，成年南鱸會保護牠們直到 10 公分長。雄性南鱸和雌性南鱸都會餵養後代。雌性南鱸會產下營養豐富的卵，而小魚會聚集在牠的泄殖孔周圍。南鱸父親則會從附近的棲地中捕獲無脊椎動物，把牠們帶回巢穴，然後用鰓蓋把食物分給饑腸轆轆的後代們。在寄生的巢穴中，邦貝魚和南鱸的幼魚一起進食。直到現在，沒有人知道邦貝魚的後代是否天生就知道養父母的餵食方法。邦貝魚對南鱸的寄生，比一般的巢寄生更獨特。斯托弗（Jay Stauffer）在 2007 年初發現巢寄生現象之前，已在馬拉威湖潛水超過一千六百小時，但從沒見過這種行為。而且，看上去邦貝魚也不只是佔南鱸的便宜，牠們也會照顧自己的幼魚並積極地保衛巢穴。斯托弗在給邦貝魚築巢區域攝影時因為靠得太近，手還被咬了。

　　至少邦貝魚和南鱸之間的寄生關係還算友善。西北方向 800 公里外的坦葛尼喀湖中，密點歧鬚鮠（一種鯰魚）會在繁殖中的麗魚上方產卵，麗魚則會盡職盡責地口孵密點歧鬚鮠的卵和幼魚。這樣一來，前者被稱為「杜鵑鯰」也就不足為奇了。杜鵑鯰可謂厚顏無恥且欺人太甚，牠們的卵比寄主的卵孵化得早，一旦卵黃的營養耗盡，小鯰魚就會開始吃麗魚的後代。東京大學的動物學家佐藤哲也（Tetsu Sato）在 1986 年發表了關於該現象的論文，這是人們知道的第一種真正的魚類巢寄生現象，即寄生物種的後代完全依賴寄主父母生活。

＊　＊　＊

　　如果我們用一句話來總結目前人類對魚類的科學認識，那就是魚不僅僅是活的，牠們也有生活。牠們不是冷冰冰的東西，而是活生生的動物。一條魚就是一個有個性、有社會關係的個體。牠們能規劃、能學習、能感知、能創新、能安慰和欺騙其他個體，能感受到愉悅、恐懼、開心和痛苦，甚至能感受到歡樂。魚有感覺也有認知。這些知識與人類和魚類的關係是否相符呢？

第七章

離水之魚

FISH OUT OF WATER

我的雙手是牠的白日夢魘，
讓牠看到了死亡。

——勞倫斯，〈魚〉

當一條魚並不容易，尤其是在人類統治的時代。在難以追溯的遠古時期，人類就已經開始捕魚了，那時人類還沒有圈養牲畜，但學會了使用魚鉤和漁網。人類發現的最古老魚鉤可追溯到 1.6 萬至 2.3 萬年前。已知最早的漁網是 1913 年由一位芬蘭農民在沼澤的水溝裡挖東西時發現的，這種漁網用柳樹纖維製成，長近 30 公尺，寬約 1.5 公尺，根據碳測定分析顯示，這張漁網是在西元前 8.3 千年製造的。

早期漁民用魚鉤或漁網在淺水水域捕魚時，絲毫不會擔心自己會捕完海裡所有的魚。在他們看來，海洋向地平線的另一邊無限延伸。而且，他們也根本不需要擔心，以捕魚為生的原住民社群自有歷史以來就和野生魚類和諧相處。想要長期生存，就必須讓自己的需求和魚類的需求保持一種可持續的平衡狀態。這在現代社會並不容易，因為人類捕魚不僅是為了生存，也是為了賺取利潤。

進入 20 世紀後，人們普遍認識到地球各片水域中並沒有無窮盡的魚類供給。幾年前，我從小巷的垃圾堆裡撿回一本古老的書。這本《地球上的動物》（*Animal Life of the World*）出版於我母親出生的 1934 年，作者謝普斯通（H. J. Shepstone）在裡面寫道：「儘管人類每年從海洋中捕撈了幾百萬噸魚類，這座寶庫依然沒有任何被掏空的跡象。」

人們以前也是這樣說旅鴿的，但我們都知道旅鴿的下場如何。[1] 謝普斯通沒有提及當時已有大量證據顯示的兩個趨勢；一個是人口數量的穩步增長——如果其他因素保持不變，人口數量增長意味著消費魚類數量也會增加。即使人均魚類消費量維持不變，從謝普斯通的文章發表到今日，人口增長已導致魚類消費量增長了兩倍。

今日，魚類的消費量在世界上人口最多的兩個國家中劇烈增長。中國居民人均魚類消費量比 1961 年時增長了五倍，印度則增長超過二倍。五十年中，這兩個國家的人口幾乎翻倍。根據聯合國糧農組織的資料顯示，2009 年全球人均魚類年消費量為 18.4 公斤，幾乎是 20 世紀 60 年代時的二倍。美國的人均魚類消費量幾乎維持不變，但魚類總消費量仍因人口增長而有顯著增長，更何況我們餵養的其他動物也會吃魚類製品。

如果有人認為這些增長的數字反映了魚類數量的增加，那一定是錯覺。真相恰恰相反。全球魚類數量正在急劇減少，1950 年以來，倒閉的漁場數量穩步上升。[2]

這難道不是悖論嗎？魚類種群規模急劇下降的同時，人類怎麼還能有更多的魚吃呢？「如果有人認為有限環境（比如海洋）也能無限增長，那這個人不是瘋子就是經濟學家。」英國生物學家、電視節目主

1　旅鴿是近代滅絕鳥類中最著名的代表。1914 年 9 月，最後一隻人工飼養的旅鴿去世，旅鴿從此銷聲匿跡。

2　原注：這因政府對商業捕撈的補貼而惡化，全球範圍內每年的補貼金額高達350 億美元。

持人艾登堡嘲諷道。這就不得不說到謝普斯通預測中沒考慮到的另一個趨勢：技術的不斷進步。技術改變了商業捕魚。今日漁船能夠利用聲納、衛星導航系統、深度探測器和精細的海床地圖跟蹤魚群。有些捕魚者使用了探魚飛機，有些則使用了直升機。合成纖維製成長達幾千公尺耐用而輕巧的漁網被撒進海中。長達 1.6 公里、深達 220 多公尺的圍網能困住靠近海岸的沙丁魚、鯡魚和鮪魚，然後被從底部拉起（形成袋狀）、拖到船上。延繩捕魚使用的延繩上有二千五百多個魚鉤，有些延繩長度超過 100 公里，能伸入水下不同深度的區域，或者繫上重物沉入 800 公尺深的海底。人們還能用巨大的絞盤把獵物拖上甲板。

最具摧毀性且不分青紅皂白的捕魚方法是底拖作業。拖網漁船就像後面帶著一張用來裝獵物大網的割草機。漁網上有很重的金屬滾軸，能在 800 至 1600 公尺深的海床上拖行，把沿途所有東西一網打盡。一百年來在海底長成的各種生物，比如珊瑚、海綿、海扇等，為魚類提供了至關重要的棲地，但一張拖網掃過就會導致海床遭到嚴重破壞甚至被徹底摧毀。各種生長階段、不同大小的魚類、水草、海葵、海星和蟹都被打撈上岸或被徹底破壞。美國著名海洋學家、TED 獎得主厄爾（Sylvia Earle）把底拖作業比作「用推土機抓蜂鳥」。

與其說漁船本身是船，倒不如說是能夠冷藏魚類或把牠們做成罐頭的海上加工廠。如果漁船滿了，人們就會把捕獲的海產品轉移到收集船上，避免返回港口浪費時間。他們一次出海就會持續幾週甚至幾個月。世界各地的海上有無數這樣的加工船穿梭，100 公噸以上的加工船有 2.3 萬多艘。

現代商業捕撈就像用手抓蘋果而不是用口咬蘋果。魚類毫無逃生的可能機會。今日，決定人類能捕多少魚的不再是人類的捕魚能力，而是還剩多少魚可以捕。

養殖

　　替代野生魚類捕撈的方法是人工養殖。魚類養殖是全球增長最快的動物性食物生產產業，佔全球魚類產量的比例，從 1970 年的 5% 增長到今日的 40%。[3] 水產養殖的原則跟工業化養殖陸地動物一樣，魚類被養殖在高密度的環境中，使用營養豐富的配方，以獲得最快的生長速度，然後就會被屠宰加工，供人類食用。養殖魚類並不是生活在板條箱或格子籠裡，而是被困在海水或淡水的圍網中或是陸地上的水箱及池塘裡。在鱒魚養殖場中魚類的密度極高，相當於一個浴缸中生活著二十七條 30 公分長的鱒魚。

　　乍看之下，水產養殖似乎就是野生魚類的救星。但事實很複雜。自相矛盾的是，工業化養殖的魚類產量並沒有緩解野生魚類數量的下降，因為用來飼養養殖魚類的主要食物就是魚類本身。人類偏好肉食性魚類，這些魚的天然食物就是更小的魚。大多數「餌料魚」都是從海裡捕撈來的（比如鯷魚或鯡魚），牠們不是給人吃的，而是給養殖魚、豬和雞吃的。全球超過一半的魚油產量用於飼養人工養殖的鮭魚，87% 的魚油用於水產養殖。到底需要多少魚才能滿足另一種魚類形成市場呢？每種魚都不相同。根據 2000 年一份分析報告顯示，2 至 5 公斤的「餌料魚」才能產出 1 公斤的鮭魚、海鱸魚、藍鰭鮪魚等肉食性

3　原注：如今水產養殖和商業捕撈在海產品總產量中平分秋色，但由於魚類產量只佔水產養殖的一半（單是海草產量就佔了水產養殖產量的四分之一），水產養殖的魚產量僅相當於商業捕撈的 40%。

魚類。由於餌料魚的體型較小，所需的數量非常龐大。

在所有餌料魚中有一種可能你沒見過、沒聽過也沒吃過的默默無聞的魚。鯡魚（menhaden，實際上指四種商業魚類）是一類看上去並不特別的魚，牠們生活在大西洋和太平洋中，體長約 30 公分，身體為典型的橢圓型，尾鰭分叉，鱗片顏色亮麗，這種濾食性魚非常適合放在插圖辭典裡「魚」這個詞條下當圖示。人類捕撈的鯡魚數量龐大，以至於法蘭克林（H. Bruce Franklin）把牠們稱為「海洋中最重要的魚類」，並以此作為書名。2012 年 12 月，大西洋州海洋漁業委員會（Atlantic States Marine Fisheries Commission）規定 2013 年大西洋油鯡的捕撈上限下降 25%，共計 3 億條。也就是說，之前這一地區捕撈的大西洋油鯡數量為每年 12 億條。

全球魚類捕撈量的三分之一都不會成為人類的食物，鯡魚也是一樣。其英文名 menhaden 來自美洲原住民單詞，意為「肥料」。鯡魚的商業用途包括生產魚油、魚乾、魚粉等。鯡魚死後經過乾燥、壓縮，就能生產出鯡魚油，用來製造化妝品、油氈、健康膳食補充劑、潤滑油、人造黃油、肥皂、殺蟲劑和油漆等。大多數鯡魚粉——鯡魚屍體晾乾後磨成的粉，會用來餵養人工飼養的家禽和豬，有些也會被做成寵物食品，用來飼餵養殖魚。一家名為歐米伽蛋白的公司，在 2010 年擁有六十一艘漁船、三十二架探魚飛機以及五個生產設施，全都用來捕撈及加工鯡魚，並從中獲取利潤。

當野生魚類用來餵養養殖魚時，養殖魚也成了海虱的盤中飧。海虱是附著在魚類和其他海洋生物身上、以其活體組織為食的橈足類寄生蟲之總稱。在野外，海虱並不構成威脅。但在人工養殖的高密度環境中，寄主就在幾公分之外，海虱因此能旺盛地繁殖。當海虱靠魚類黏液大快朵頤的時候，魚類的肉和眼睛也逃不過牠們的糟蹋，海蝨的天堂就是飼養魚的地獄。魚類養殖產業中，10 至 30% 的養殖魚死亡率都是可接受的正常範圍。

把魚類關在海洋監獄裡的漁網並不能阻止這種猖獗的寄生蟲擴散。雌性海蝨在存活的七個月時間裡能產下約 2.2 萬個卵，這些卵就像雲團一樣擴散到周圍數千公尺的水域中，生活在其中的野生魚類都會遭到荼毒。造成加拿大西海岸野生細鱗鉤吻鮭大規模死亡且數量下降 80% 的正是海蝨。這種擴散效應還影響到以鮭魚為食的野生動物，比如熊、雕、虎鯨等。

魚類養殖場擁擠的環境還產生了其他問題。其中就包括病毒和細菌疾病，比如傳染性胰腺壞死症（IPN）、病毒性出血敗血症（VHS）和流行性造血器官壞死病（EHN）等。用於處理牠們的有毒化學物質和高濃度魚類糞便都會汙染周圍水域，影響到原本生活在這裡的魚類和牠們的棲地。尼加拉瓜湖中的羅非魚（美國最受歡迎的繁殖肉魚）養殖場造成的「威力」，相當於 3700 萬隻雞的糞便被排放其中。因海豹或暴風雨破壞，很多人工養殖的魚都會從漁網中逃脫，這也導致野生種群的遺傳生存力下降。

跟野生魚類相比，人工養殖的魚不僅生育能力差、智力也比較差。大腦和肌肉都需要使用才能正常發育，自由生活的魚必須學會尋找獵物、識別並捕獲獵物，養殖魚則缺少刺激的生活，阻礙了腦部的發育。把孵化不久的養殖魚放到野外一段時間後重新捕獲，就會發現牠們的胃裡要麼空空如也，要麼滿是沒有生命的物體，比如漂浮的雜物或是看上去像飼料的石頭。也難怪如此，因為幼魚完全沒有機會學習如何在野外生存。只要用些明智的養殖訓練方法，這個問題就有可能獲得解決。考慮到魚類具有觀察學習的能力，魚類行為學家布朗和萊蘭（Kevin Laland）用另一條魚捕食活體食物的錄影，教會人工孵化養殖的鮭魚自行捕獵。但是訓練大量高密度的人工養殖魚類，在經濟成本和操作可行性上都值得懷疑。

拜訪研究機構

為了獲取魚類養殖的第一手資訊，我拜訪了美國淡水研究所。這是一家坐落於西維吉尼亞州謝潑茲敦附近的波托馬克河流域樹林中的水產養殖研究機構。接待我的是古德（Chris Good），一個高挑、和藹，三十五六歲的男子。他在加拿大安大略獸醫學院獲得獸醫學博士學位後就任職於淡水研究所，主要研究魚類傳染病。

淡水研究所的目標，是透過各種途徑提高水產養殖的可持續性，其中包括研究提高養殖魚的生存條件。這裡的養殖規模比典型的商業魚類養殖場要來得小。古德帶我參觀了主倉庫，裡面有十幾個圓柱狀、類似啤酒廠釀酒桶的魚缸。倉庫中機械和抽水馬達的雜訊很大，為了聽清楚對方說話，我們不得不大聲呼喊。最大的魚缸（直徑 9 公尺、深 2.6 公尺）中有四千至五千條 30 公分長、14 個月大的小鮭魚。從觀察窗往裡看，可以看到一層一層綠褐色的魚自在地沿著沒有盡頭的圓圈游動，一片片的銀色鱗片在昏暗的光線下閃閃發亮。

自動餵食器會根據預先設定好的餵食方案，每隔一兩個小時就向魚缸中撒飼料球。一袋袋的魚食靠牆堆在倉庫裡。魚食的成分很複雜，包括家禽油、魚油、植物油和小麥蛋白。成分表上並沒有標出是什麼魚的油，但其中肯定有鯡魚油。古德打開一袋魚食，裡面裝著小小的深紅色飼料球，每個小球直徑約 5 公厘，看上去就像貓糧。魚食的密度跟放硬的全麥餅乾差不多，除了一點點油味和鹽味外，什麼味道都沒有。

我們還去看了裝有數百條只有幾公分長的鮭魚幼魚的小魚缸，討論了頜骨畸型、痢疾、研究規範和魚類的優勢階層。我們的參觀在一棟建築前劃上句號，這裡是魚被宰殺的地方。在研究所裡，人們會連續七天不給計畫宰殺的魚類餵食，目的是去除魚肉的「異味」，即養殖系統中魚類肌肉組織累積的某種會破壞魚肉味道的物質。古德告訴我，有些用於產卵的種魚會餓上七、八個月，因為人們認為這樣能提高卵的品質，而他認為從人道角度來說這簡直駭人聽聞。古德還給我看了運送鮭魚去屠宰場的容器；這個 2.4 公尺長的不銹鋼容器深處那端呈矩型，操作端的中央收窄成漏斗狀，漏斗上裝了一個氣動裝置，鮭魚游過漏斗時，該裝置會向魚的頭部鼓風，同時兩側會伸出鋒利刀片把魚鰓切開、讓魚失血而亡。古德說，這個裝置的效率特別高。有時魚進入漏斗時方向不對或是頭部向下時，裝置就沒辦法殺死魚，不過屠宰器溢水槽一旁的工人會以棒子重擊魚頭。但他特別提醒，設備的屠宰速度很慢，能保證屠宰操作順利進行，而在大型工業屠宰場情況就不同了。

為了被吃掉而死

商業魚類電擊裝置是普遍使用的「殺魚工具」，但人類食用的大部分魚都不是這樣死的。在海上，單次圍網捕撈就能捕獲 50 萬條鯡魚，哪怕是智利竹莢魚這種較大的魚類，也可以一次就捕獲 10 萬條。

漁網在被收緊拉出水面、拖上船的過程中，魚要承受數千條同類的擠壓。有時人們會在網上放一個潛水用抽水馬達，像吸塵器一樣把魚吸上來，然後把牠們暫存在脫水箱中並放在甲板下面。經過這些過程後仍然活著的魚，最終很可能會死於缺氧。為了獲取空氣中的氧氣，牠們的鰓蓋一張一合，但終究也只是徒勞。

如果你是一條被延繩魚鉤鉤住的魚，就會連續幾小時甚至幾天忍受著被刺穿的痛苦，之後才會被拖一兩千公尺的距離到達甲板。如果這時候你還沒死，窒息通常會要了你的命。你可能還會被捕食者啃咬，毫無疑問，這種情況下你是沒辦法逃跑的。

深海魚被捕撈上來時會面臨另一種危險：減壓。壓力下降會嚴重破壞魚類的身體，因為牠們充滿空氣、用來控制浮力的魚鰾會在上升過程中擴張。魚鰾膨脹會擠壓臨近的器官，造成器官塌陷和衰竭。1964 到 2011 年間，有十幾種關於經濟魚類或垂釣魚類因水壓下降造成致命或亞致命損傷的公開紀錄。紀錄清單會讓人有些不適，其中包括食道外翻（食道內部翻出口腔外）、眼球外凸（眼球從眼眶中凸出來）、動脈栓塞（由於氣泡阻塞導致血流突然停止）、腎栓塞、大出血、器官扭轉、魚鰾周圍器官受損或異位，以及泄殖腔脫垂相當於人類直腸外翻而露出體外。

人工養殖的魚不必然死於減壓、擠壓或魚鉤造成的傷害，但並不意味著牠們的運氣更好。2002 年一篇關於魚類死亡的綜述論文指出，魚類失血過多死亡（通常是用鋒利的刀切開魚鰓造成的）、被去除頭部、用鹽水或氨水淹死（1999 年這種宰殺鰻魚的方法因不人道而在德國被禁止使用）以及電死，都會讓魚承受巨大的痛苦。窒息、冰上窒息、二氧化碳麻醉、缺氧水浴這些方法所造成的痛苦則會相對小一些，但仍會令魚感到疼痛。其中一部分方法會讓魚類在喪失感覺之前失去行動能力，讓人產生牠們的痛苦已經停止的錯覺。冰上處死對魚類來說最不友好，因為窒息的過程反而會變長。室溫下，成年鮭魚只要 2.5 分鐘就會失去意識，11 分鐘就會徹底喪失運動能力；但在臨近冰點時，這兩項的時長分別需要 9 分鐘以上以及 3 小時以上。

附帶傷害

儘管處死養殖魚和處死野生魚類一樣殘忍，但至少魚類養殖者還知道自己殺的是什麼魚。在野外，漁民卻不只捕撈他們想要捕撈的魚，因為漁網和魚鉤可是沒長眼睛的。捕撈目標魚類的過程中意外捕獲不需要的魚和其他動物，這些不需要的漁獲物被稱作「副漁獲物」（bycatch）。在商業捕魚的過程中，副漁獲物包括全部七種海龜，以及信天翁、大鰹鳥、海鷗、刀嘴海雀和海燕在內的十幾種海鳥，另外還有幾乎所有的海豚和鯨、不計其數的無脊椎動物、活珊瑚，還有大量不同的魚。因為不是捕撈目標，牠們一般都會被丟棄。

副漁獲物現象極為普遍。人們究竟會把多少種海洋生物當作不需要的廢物丟棄尚無定論，但不管結果怎樣，都讓人跌破眼鏡。試著去想像重達 9 千萬公斤的海洋生物堆積成山，其中大部分都已死去，剩下的也難逃厄運。而這只是人類一天當中從海洋中攫取的副漁獲物數量。

聯合國糧農組織漁業和水產養殖部的資料顯示，全球每年的副漁獲物率有所下降，從 20 世紀 80 年代的 2,900 萬噸下降到 2001 年的 700 萬噸。副漁獲物的減少，可能要歸功於選擇性更強的漁獵設備和旨在減少副漁獲物的改進條例。但這種趨勢有讓人迷惑的特性。1994年到 2005 年的數字下降，看起來好像是副漁獲物的數量減少，但其實是因為計算方法有很大的差異，這兩個數字並不具可比性。而且隨著目標物種數量的減少，漁民會把過去要扔下海的東西留在船上。價值較低的生物之前被當作垃圾丟棄，如今卻被留下來，作為人類或動物的食物。因此，有四名野生動物專家聯合了世界野生動物基金組織（World Wildlife Fund International）共同提出擴充「副漁獲物」的定義，將「無管理」的捕撈行為，即留下沒有合適處理方案的非目標生物之行為也囊括進來。根據這一定義，目前副漁獲物佔全球漁獲數量的40%。

有些漁場的浪費尤其嚴重。副漁獲物比例最高的是捕蝦漁場（見彩圖頁）。由於蝦子生活在海底，想要抓住牠們，需用到我們之前提過的拖網。美國東南捕蝦漁場中，不需要的魚和蝦的重量比一般是 1：1 到 3：1。總的來說，美國捕蝦拖網船的副漁獲物中包括了 105 種不同的魚。

副漁獲物現象還有一個躲在暗處的近親：幽靈漁網。捕魚船隊每年會丟棄（或遺失）數不清的合成纖維流網和鋪在海底的刺網。世界動物保護組織的分析報告顯示，每年被丟棄（或遺失）的設備總計多達 64萬噸。這些看不見的威脅漂蕩在人類的貪婪之外，卻在持續糾纏海中生物。主要的受害者包括海豚、海豹、海鳥和海龜，牠們成了其他海洋生物的誘餌，致使其中一些也因此掉入陷阱，直至最終因重量增加而沉入海底。

針對副漁獲物和幽靈漁網之害，人們努力改善並且已取得一些進展。1972 年通過的「海洋哺乳動物保護法案」，使得美國因捕撈鮪魚而導致的海豚死亡數量從每年 50 萬隻下降到 2 萬隻。採取進一步措施後，海豚死亡數量於 20 世紀 90 年代中葉下降到每年 3 千隻。但海豚的種群數量仍然沒有恢復，而這僅是漁業的一個方面。從全球來看，每年被漁網纏住而死去的小型鯨、海豚和鼠海豚的總數仍然約 30 萬隻，可以說漁網是小型鯨類的頭號殺手。

海鳥面臨的處境也很類似。拖網漁船上掛滿誘餌的延繩釣線和船索，每年會殺死約 10 萬隻信天翁和海燕。英國一個名為信天翁特別小組的慈善機構，於 2008 年在南非海域進行了初步試驗，證明只需在釣線和電線上繫上隨風擺動、發揮類似稻草人作用的粉紅色布條（每艘船成本約 22 美元），就可以讓鳥類的死亡數量減少 85%。在保護遠洋海鳥的多邊協議下，這種簡單的驅鳥措施如今已在整個行業內推廣使用。即便如此，信天翁仍面臨巨大的生存挑戰，22 個物種中有 17 種屬於易危物種、瀕危物種或極危物種，其餘 5 種則被國際自然保護聯盟歸為「近危物種」。

史達林（Joseph Stalin）曾說：「一個人的死亡是一場悲劇，而一百萬人的死亡不過是一項統計資料。」[4] 面對淪為海洋捕撈受害者的大量動物，人們也僅是努力讓自己產生同情。但如果人類曾與海豚、信天翁以及被拖出水面而死掉的不知名魚類中的任何一個個體產生過互動，就會把牠們看作獨立個體、活生生的個體，而不是冷冰冰的物體。

割鰭

海洋中還有其他糟蹋生命的方式，比如割鯊魚鰭。人們捕獲鯊魚

4　這一句子的原出處暫不可考，人們普遍認為出自史達林之口。

後，會把牠們的魚鰭、尾巴割下來製成魚翅羹，在中國和亞洲其他地區，這種食物被視為珍饈美味。

割鯊魚鰭是殘忍但能獲取暴利的產業。在光滑的漁船甲板上處理長著鋒利牙齒的大型強壯動物有一定的危險，若要殺死牠們，只會增加風險係數。因此考慮到「速度」和「效率」的漁業工作者，會先割下魚鰭，然後把仍然活著的鯊魚（被稱作「木頭」）拋下船，任由牠們因失血過多、窒息或緩緩沉入大海而導致的水壓變化而死。

華盛頓國際人道協會的工作人員愛麗絲何（Iris Ho），是致力於終結鯊魚鰭貿易的成員之一。她在台灣長大，在從事動物保護工作前曾第一手接觸過魚翅羹。數百年來，鯊魚翅大多是專供帝王享用的罕見奢侈品，直到 20 世紀 60 年代，捕鯊技術的進步才讓更多消費者能夠享用魚翅。到 2011 年時，為了獲取鯊魚翅，人類每年會屠殺 2600 萬至 7300 萬條鯊魚。

資訊藉助網路的快速傳播，呼籲保護動物、捍衛海洋權利的聲浪也越來越大，在這樣的時代中，徹底結束割鯊魚鰭已成為熱點議題。慈善組織野生救援協會曾發起一項活動，包括成龍、貝克漢和姚明都參與其中。在中國頗受人尊敬的姚明出現在公益廣告中，拒絕食用餐廳端出來的魚翅羹，並呼籲其他人也加入拒絕魚翅的行列。國際人道協會（Humane Society International）集中在發起社區活動，其動能也在增強當中。不少中國學生也為了提高全民意識而奔走呼籲。中國某大型城市的沃爾瑪超市在店內播放鯊魚電影，並贊助了「拒絕魚翅」的宣誓活動。中國政府則頒布禁止正式宴會中出現魚翅的規定。

這些活動都在發揮積極的作用。野生救援協會發布的報告顯示，過去三年當中，接受調查的中國消費者拒食魚翅羹的比例為 85%。

2014 年底，作為取代香港成為中國魚翅交易中心的廣東省，魚翅銷量下降了 82%，零售和批發價格在二年當中分別下降了 47% 和 57%。幾十個商業航班停止魚翅的運輸業務，高級連鎖酒店也刪除了選單中的魚翅菜品。

我們尚不知道鯊魚能否經受住人類捕獵的考驗，但毫無疑問，這是鯊魚祖先自 4.5 億年前出現在地球上以來所經歷的最嚴酷打擊。鯊魚鰭並不是唯一帶給牠們苦難的來源。西元 2000 年以來，鯊魚肉交易量增長了 42%，規模達到 11.7 萬噸。儘管美國已禁止海上割鯊魚鰭的行為，但 2011 年魚翅出口量仍達到近 38 噸。在人類眼中，鯊魚是可怕的殺人狂魔，但諷刺的是，鯊魚殺死人類的數量只是人類殺死鯊魚數量的五百萬分之一。因此，鯊魚研究者從事禁止捕撈鯊魚的研究也就不足為奇了。

垂釣

商業捕撈、水產養殖、兼捕和割鰭等都是為了獲取利潤而進行的漁獵行為。那麼休閒漁業對魚類有怎樣的影響呢？美國漁業及野生動物部顯示，休閒漁業（垂釣或垂釣比賽）是美國最受歡迎的戶外活動。2011 年，這項活動共吸引了 3,310 萬名十六歲及以上的美國人進行。從全球範圍來看，有超過十分之一的人會定期垂釣。只要隨便翻開一本垂釣雜誌（美國目前仍在出版的至少有三十種），你就會很快意識到這是一樁大生意。2013 年，根據美國釣魚協會統計，美國的釣魚愛好者在垂釣設備、交通、住宿和其他相關支出方面總共花掉了約 460 億美元。

越來越多的人開始認識到商業捕撈的殘忍以及對環境的破壞，但休閒漁業在人類文化中仍是一副溫和無害的樣子。也就是說，釣魚場景頻繁出現在藥物和養老社區的廣告中——而這些跟釣魚並沒有直接關係。

　　垂釣是否真的無害呢？至少魚類不這樣認為。嘴巴被魚鉤刺穿（甚至更嚴重）並被迫進入容易窒息的新環境，這肯定不是人類會選擇用來度過閒適午後的方式。如果你曾試過把倒刺魚鉤從魚口中取出，就會知道倒刺的存在並不是為了讓魚類的生活更容易。即使小心取出，那根小小的倒刺也會損傷魚類的面部組織，更不要說把魚鉤強行扯下了。我仍記得童年短暫的釣魚經歷中生疏地取出魚鉤時遭逢的阻力，以及魚鉤發出的劈啪聲。漁夫發現魚上鉤後會用力拉線，這時魚面部的哪個地方會受傷幾乎全看運氣。魚鉤造成的眼睛損傷十分普遍，這在多篇論文中都有提及。一項針對溪流中鮭魚的研究提到，十分之一被釣上岸的鮭魚都會受到嚴重的眼部損傷，可能會造成長時間甚至永久性的視覺損傷。

　　如今，釣魚愛好者開始有使用無刺魚鉤的想法，他們可以直接購買這種魚鉤，或用一把鉗子把普通魚鉤改造成這樣。無倒刺魚鉤起源於英國，近一個世紀以來，英國人都會將釣到的魚放生，用來預防垂釣物種在釣魚活動頻繁的水域中消失。沒有倒刺的魚鉤更容易從魚嘴中取出，通常不需要把魚拉出水面就能完成。

　　垂釣導致魚類死亡的原因不只是魚鉤。釣魚需要控制掙扎的野生動物，而這樣的過程往往是粗暴的。人手、抄網和摘取魚鉤的工具，都可能破壞鱗片周圍發揮保護作用的黏液層，從而導致魚類感染疾病。抄網會造成不同程度的傷害，從魚鰭嚴重破損到失去部分鱗片和黏液，4 至 14% 的魚類會因此死亡。病原體也在周圍潛伏。研究人員將二百四十二條在釣魚比賽中被捕獲的大口黑鱸關在水下籠子四天，發現其中七十六條皮膚受傷的大口黑鱸中，有四十二條感染了四種致命細菌。另外 8% 的魚在過磅之前就死了，還有 25% 在籠中死掉，總死亡率高達三分之一。這表示了至少有一些感染對魚類來說是致命的。

有人可能會認為，垂釣不會產生深海商業捕撈過程中水壓下降給魚類造成的傷害。但事實上，有些垂釣捕獲的魚生活在深水區，被拉出水面的過程中也會因減壓而受傷。不過，如果這些魚很快被帶有伸縮繩的負重板條箱或商業化的「沉魚器」放回到深水中，通常還能活下來。

盤中飧

不管是商業捕撈還是休閒垂釣，我們吃的通常都是野生魚類。因為人類更喜歡大型捕食性魚類的味道，比如鮪魚、石斑魚、劍旗魚、鯖魚等，漁場也往往會養殖這些魚類。20 世紀，由於人類的關係，捕食性魚類的總量減少了超過三分之二，這一數字在 20 世紀 70 年代後更是迅速下降。厄爾這樣描述：「你在魚市上能找到的所有魚類都相當於叢林裡的動物。牠們是海洋裡的鵰、鴞、獅、虎、雪豹和犀牛。」

鮪魚恐怕是人類食用野生捕食者的最佳案例了。吃鮪魚就像在吃老虎，因為兩者一樣，都是能力超凡的頂級掠食者。和老虎一樣，鮪魚的體型也很大。最大的北方藍鰭鮪魚體型甚至會超過老虎，牠們體長近 3 公尺，體重近 680 公斤。鮪魚肌肉緊實、形狀像子彈，快速游動時就和伏擊中的老虎一樣迅速。鮪魚位於食物鏈的最頂端，需要大量能量維持正常的身體機能。一條鮪魚能在十天內吃掉與自身體重相當的獵物（主要是魚類，也包括槍烏賊和一些甲殼綱動物）。不必感謝那些超市貨架上放的咧嘴笑鮪魚罐頭，大多數商業捕撈的物種都身陷困境。北方藍鰭鮪魚和太平洋黑鮪的瀕危程度尤其嚴重，1960 年以來，兩個物種的種群規模分別下降了 85% 和 96%。

當一個物種變得稀少時，也就越加珍貴，作為商品也就更值錢，而這反過來會導致其瀕臨滅絕的困境。今日，一條藍鰭鮪魚能賣 100 多萬美元，其價格是白銀的兩倍，這對謀利的漁民來說是巨大的動力。

吃魚不僅意味著我們在吃野生動物，還意味著我們吃了其他東西。魚肉是所有食物中汙染最嚴重的。水往低處流，廢水會通過食物鏈最底層進入生物體內，並透過生物累積作用沿著食物鏈向上提高濃度，最終積累在頂級掠食者的組織當中。工業革命後人類發明的 12.5 萬種新的化學物質中，有 8.5 萬種都在魚類體內發現。有足夠證據顯示，某些人群——尤其是孕婦、哺乳期婦女和幼兒——應該減少魚肉食用量，從而降低汞和其他有害化學物質中毒的風險。《如何不死》（*How Not to Die*）一書的作者，也是大受歡迎的網站 NutrilonFacts.org 的創辦人葛列格醫生（Michael Greger, M.D）就表示，汞、類戴奧辛物質、神經毒素、砷、DDT、腐胺、AGE、PCB、PDBE 和處方藥物進入人體的主要途徑，就是透過食用魚類。這些汙染物會對人類造成各種負面影響，比如智力下降、精子數量減少、抑鬱、焦慮、緊張以及過早發育等。

目前為止，以上這些資料都沒有影響到政策或人們的行動。相反地，已開發國家一直在鼓勵居民將脂肪豐富的魚類攝入量提高至二到三倍。事實上，除了有比魚類更安全的 Ω-3 脂肪酸來源（比如亞麻籽和核桃）以外，這一建議的主要問題在於忽視了即便以目前的魚類消費量來計算，人類也不可能有吃不完的魚。

這不僅是環境問題，也是地理問題。對魚類需求的增長以及漁場的崩潰，迫使美國、日本、歐盟成員等有經濟實力的已開發國家，從開發中國家進口更多的魚。這些國家近海漁場的出口壓力剝奪了當地居民重要的蛋白質來源，而已開發國家的居民卻面臨營養過剩和缺乏運動所造成的健康問題。

厄爾在一生中看到了很多魚類種群規模急劇下降的例子，因此決定不再吃魚。「問自己這樣一個問題，」她說，「對你來說，是吃魚重要，還是把牠們的存在視為更大的目標更重要？」

不管捕撈是有心還是無意，人類給海洋生物造成的死亡數量都非常巨大。2015 年世界自然基金會和倫敦動物學會共同進行了一項研究，其結果顯示從 1970 年到 2012 年間，魚類數量已減少了一半。商業捕撈過度的物種種群規模減少了近 75%，其中包括鮪魚、鯖魚和鰹魚等。

譴責商業捕撈行業的殘忍和浪費非常容易，但消費者也必須承認自己需承擔一定的責任。在任何建立在供需關係之上的經濟體中，需求都是驅動供給引擎的燃料。人類在吃魚的時候，也助長了漁獵行為。

對魚來說有沒有好消息呢？當然有。過去二十五年中人類開始關注涉及動物的道德和生態隱憂——魚類終於進入被關注的範圍。「如果動物有知覺，就應該考慮道德問題。」2007 年，五位研究獸醫學、神學和哲學原理的作者，在一篇關於魚類養殖倫理問題的論文中這樣說道。已經有明確證據顯示魚類能感覺到痛苦，正因如此，人類應該手下留情。

後記

道德的蒼穹無比漫長，但終會偏向正義。

——馬丁路德・金（Martin Luther King, Jr.）

知識是有力量的，它能催生倫理、推動革命，只要看看殖民主義和奴隸制的滅亡，以及女權和民權運動的歷史就能得知。隨著道德批判的逐漸高漲，理性之光也被點亮，被貪婪、狹隘、偏見共同促成的不公正行為，在被喚醒的理性面前漸漸枯萎。人的膚色、信仰、性別或其他任何特徵，都不足以成為被剝削的理由。

那麼附肢數量、是否有鰭這些特徵呢？20世紀後半葉，人類開始更多關注動物，出現一些成熟且有效的動物權運動。進入21世紀後，這種趨勢越來越明顯。作為世界上最具影響力的動物保護組織之美國人道協會表示，美國自2004年起施行了一千多項動物保護條律，比2000年之前施行的全部動物保護法律的總數還多。1985年，美國僅有三州將虐待動物判為重罪，到了2014年，五十個州已全部確立了同樣的法律。2015年7月，一名美國牙醫射殺了一隻名為塞西爾的非洲獅，民眾一片譁然，這表示人們越來越同情動物的艱難處境。一週內，塞西爾這個名字家喻戶曉，「為塞西爾尋求正義」的網上請願獲得了近120 萬個簽名。

然而，獅子比獅子魚的魅力大得多。在我看來，人們對魚類抱有偏見，主要是因為牠們無法做出能讓人類認為牠們也有感情的表情。「魚類永遠生活在水中，默默無聲、面無表情、沒手沒腳、雙目無神。」弗爾（Jonathan Safran Foer）在《吃動物》（*Eating Animals*）一書中如此寫道。我們努力從牠們扁平、呆滯的眼睛中看到茫然之外的東西。魚類的嘴被刺穿、身體被拖出水面時，人類聽不到尖叫也看不到眼淚。牠們不會眨眼（常年泡在水中沒有使用眼瞼的必要），而這一點也放大了牠們沒有感覺的錯覺。由於難以激發人類的同情心，我們也就對魚類的困境視而不見了。

我們無法解釋自己為什麼缺少同情心，畢竟眼前的這個生物已離開了自己的生活環境。魚類暴露在空氣中的痛苦尖叫和人被水淹沒時的尖叫是一樣的。牠們生來所有的活動、交流和自我表達都是在水下完成的。很多魚受傷後確實會發出聲音，但這種聲音只能在水中傳播，人類很少能聽到。甚至當人類發現魚類痛苦的跡象，比如身體彈來彈去、尾巴甩來甩去、為了獲得更多氧氣而徒勞地讓鰓蓋一張一合時，如果我們被教育相信這只是牠們的反射行為，可能就只是聳聳肩，而不會有絲毫關心。

儘管我們對魚類認知的瞭解只是冰山一角，但對魚類的瞭解已比一個世紀前深入了許多。目前已知的魚類有 3 萬多種，其中經過細緻研究的只有幾百種。你在這本書中讀到的魚可以算是魚類世界中的名人。人類研究最深入的魚是斑馬魚，牠是魚類中的小白鼠，作為研究對象出現在超過 2.5 萬篇已發表的學術論文中，僅 2015 年就有超過二千篇（我並不覺得人們應羨慕牠們，因為這些研究很多都不太人道）。人類想探尋這 3 萬多種魚身上的無窮祕密，而斑馬魚是作為實驗對象的理論替代品。

之前的部分著重闡述人類利用和虐待魚類的方式。不過人和魚的關係並不一定總是這樣糟糕，隨著人類對魚類的認知逐漸深入，我們會更多關注牠們的福利。我在 Ingenta Connect 資料庫上，以「魚類福利」作為關鍵字搜索，共找到七十一個條目，其中六十九篇論文發表在 2002 年之後。在創作這本書的幾年當中，我收到許多人的來信，他們都表示熱愛魚類而且永遠不會傷害牠們。

這些人喜歡魚並不是因為牠們像人。牠們的美麗之處，牠們之所以值得尊敬，恰恰是因為牠們和人不一樣。牠們生活在世界上的方式如此多樣，讓人驚奇又欽佩，同時又感到同情。在某些時刻，當盤麗魚從我手指上咬下死皮時，我能感到輕柔的拖拽；或者，當石斑魚接近牠所信任的潛水者尋求撫摸時，我們可以跨越人與魚之間的鴻溝。

除此以外，為了生存和繁衍，魚類還會動腦筋想辦法。我努力展示出魚類的意識和認知水準，是希望讓人們認識到魚類並不是我們所想的那樣。讚賞其他物種精神世界的優秀往往會誇大智力的重要性，但實際上智力跟精神地位並沒有關係。有智力障礙的人也有基本的精神權利。知覺（感覺、忍受痛苦、體驗快樂的能力）是倫理道德的基石。這是個體進入道德共同體的標準。

道德進步是好事，而且這件事正在發生。儘管我們仍會在頭版上看到一些暴力新聞，但人類社會中暴力事件的發生率已大大降低了。心理學家平克（Steven Pinker）在其暢銷書《人性中的善良天使》（*The*

Better Angels of Our Nature）中，描繪了種種解釋這一發展趨勢的文明進程，
包括民主制度的出現、女權的崛起、讀寫能力的普及、地球村的形成
以及理性的發展。如今，新觀點幾乎可以同時一字不差地傳播到地球
上的每一個角落。Kickstarter 網站活動為了社會進步項目提供大量資金
支援，而獨立基金會也為新觀念的傳播做出了貢獻。

　　自從人類發展出法律的概念，動物就一直被視為人類的合法財產。
不過這種根植於人類中心意識中的基本認識正在發生轉變。西元 2000
年以來，美國至少有十八座城市的地方法律將動物的法律地位從「財
產」更為「伴侶」。如果你恰好住在這些地方，就會被官方認定為
600 萬「動物守護者」之一。2015 年 5 月，紐約最高法院法官為二隻
在紐約州立大學石溪分校當了多年侵入性實驗研究對象的黑猩猩召開
一場聽證會，由人類律師為牠們遭受的非法囚禁維權。而這種非人類
權利專案的律師，也準備為其他動物提起進一步的法律訴訟。

　　借助法律、政策和行動，魚類開始在道德共同體中佔有一席之地。
如今，在歐洲部分地區，在空蕩蕩的魚缸中養一條孤零零的金魚已是
非法行為，因為在自然界中的金魚，是有幾十年壽命的社會性動物。
2008 年 4 月，瑞士聯邦議會通過一項法案，規定垂釣愛好者需完成關
於更人道的捕魚方法課程。荷蘭政府明確提出需改進電擊和宰殺魚類
的方式，保護魚類基金會已開始遊說，將口號轉化為行動。2013 年德
國頒布一項法律，要求所有魚類在宰殺之前必須失去知覺，將捕獲的
魚在過磅後放回水中的垂釣錦標賽也被禁止了，米諾魚也不能用來作
為活魚餌。2010 年因方法不夠人道，挪威也禁止使用二氧化碳讓魚類
昏迷。

　　除了為魚類立法之外，人類也自發性地有了熱情。很多人不僅擔

心魚類，也開始喜歡牠們。為這本書累積素材時，我收到真正的魚類愛好者的信件。華盛頓州斯波坎市的一位大學教授寫信說，她漸漸喜歡上自己從馬桶中救起的金魚。這條名為珍珠的金魚每天都會向她打招呼，游到水面上吃她手中的食物。珍珠十七歲時去世，這位教授形容自己「彷彿失去了心愛的貓狗」。佛羅里達州基因斯維爾市的一位職業運動員發明了一種遊戲，讓自己和一條名為賈斯伯的黃棕盤麗魚隔著玻璃相互追逐。她告訴我說：「我會把手伸到水面下一點點，將手彎成碗狀，牠則會身體倒向一側，游到我的手中躺下，讓我撫摸牠的身體。」奧勒岡州波特蘭市一位女商人養了一條十歲的阿拉伯魴，名叫「芒果」，她這樣描述自己的魚（見彩圖頁）：

> 牠幾乎從出生起就跟我在一起（已經九年了，而且還在繼續），牠和我的狗一樣，會在我回家時不由自主地搖尾巴，非常喜歡我，愛跟我一起玩。我們經常玩「瞪眼」比賽，牠老是贏。我愛這條魚，就像我從沒愛過魚一樣。我認識的大部分人都見過芒果，他們也被牠迷住了。我確定芒果已經改變了人們對魚的看法。

也會有人僅僅為了一條魚多跑了好幾千公尺。我有一位朋友在接到一通匿名電話後立刻趕到電話裡提到的位址，協調營救三條在骯髒噁心的魚缸中困了十一年的大赤棕鯉。她開車兩小時，把牠們帶到一個有著妥善管理池塘的亞洲餐廳中，如今牠們和同類舒服地生活在一起。

這場營救只是日益增長對魚類表達善意的行為之一。只要到YouTube 這個業餘攝影師聚集的現代平台上找一找，就能發現很多潛水夫會從鯊魚嘴中取下魚鉤，或者割斷前口蝠鱝魚鰭上纏住的釣線和漁網；海灘拾荒者會拯救擱淺的魚，人們也會用水桶把魚從逐漸乾涸的河流湖泊的河床上移走。我有一位朋友是魚類學家，作為退休生物學教授，他厭倦了在教學和採樣過程中殺魚，於是發明了一種可攜式裝置，能夠給野外捕獲的水生動物拍下影像並原地放生。他的教學攝影水缸開始銷售後，拯救了超過 100 萬條魚，使牠們免於遭受被甲醛泡著、閒置在博物館架子上的命運。另一位生物學家建立了「魚類感覺」（Fish Feel）這個北美第一個致力於保護水下生物的組織。你可能不知道著名電視劇《鯨魚大戰》（*Whale Wars*）中的主角海洋守護者協會（Sea Shepherd Conservation Society）也參與了拯救鮭魚、鱈魚、藍鰭鮪魚、鱗頭犬牙南極魚和鯊魚的活動。海洋守護者協會的創始人沃森（Paul Watson）是個直爽的人，他告訴我：「當我看到鮭魚養殖場時，我看到的是奴隸制和對魚類的不尊重，西海岸原住民把鮭魚看成海裡的水牛……我生命中最有滿足感的一個瞬間，就是在利比亞海邊把一名馬爾他偷獵者的漁網割破，讓 800 條藍鰭鮪魚重獲新生。牠們從破口衝出來游向四方時，就像良種賽馬一樣。」

隨著理性覺醒和人類與所有生物相互依賴意識的提高，人類正走向更包容、更文明的時代。尊重人類不同種族的基本原則，正逐步延展到之前沒有涵蓋的其他生物身上。

但目前來說，我們挽救的魚類數量還遠遠不及我們所殺死的。就在我寫這段文字時，我聽到一條新聞說有 7.5 萬條被漁網折磨致死的鯡魚被海水沖上維吉尼亞州東部的海岸。照片中那些千瘡百孔、正在腐爛的魚，一直延伸到地平線遠方，這讓我想起這類生物的名字其實和牠們的死亡緊密相連，因為「魚」字只要加上三點水，就變成了捕捉牠們的意思。

在這本書的結尾，我想講一個我第一次看到時就熱淚盈眶的故事。向我講述這個故事的女人說，那是她三歲時發生的事，她才剛開始記事。她家裡有三條小魚，生活在壁爐架上方的魚缸裡。有人告訴她，這樣做是為了讓牠們遠離地面，免得小孩子玩耍、亂爬亂跑時撞到魚缸。大人還教育她要離水遠一些，因為人無法在水裡呼吸。年幼的她利用對自然法則的有限認知推斷，魚也不能在水裡呼吸。連續幾週，她都擔心那些在壁爐架上魚缸裡的魚會溺水。她認為自己有責任拯救牠們。

有一天，她趁全家人要出門的時候，故意磨蹭到最後一個走。所有人都在門外時，她踩著幾把椅子和旁邊的壁櫥爬上壁爐架，開始展開救援行動。除了要把這些魚從水汪汪的墳墓中解救出來外，她沒有任何其他計畫。她不知道死亡或溺水是怎樣的情景，只知道那一定很痛苦，就像在浴缸裡嗆了水一樣。她用家裡撈魚缸中殘渣的小魚網把魚撈起來，放到壁爐架上。大人進來催她趕快出門，於是她就這樣離開了。

她並不記得那些魚的最終命運如何，但從此以後再也沒見過牠們。她常常想起這些魚，在模糊的記憶中，這些片段栩栩如生。歲月並沒有讓她失去孩童時對動物的感同身受。直到四十年後的今天，明明想救那些魚卻最終讓牠們受盡折磨的事仍讓她感到不安。

這個故事契合了本書的許多章節主題。不懂事的孩子誤以為魚類和人一樣，必須在空氣中呼吸才能活命，恰好代表了人類對魚的無知。她把那三條魚從水中撈出致使其窒息的行為，代表了牠們在人類手中遭受的痛苦（不過她的初衷跟人類將魚視為食物和消遣對象的想法相去甚遠）。

她在童年時期和成年後的今日表現出的驚人的同情心提醒著我們，當人類意識到問題時，就應該用無窮的力量去善待生命。

注釋

前言

23 很少按個體數量計算：FAO (Food and Agriculture Organization of the United Nations), The State of World Fisheries and Aquaculture 2012 (Rome, Italy: Fisheries and Aquaculture Department, FAO, 2012).

23 2004年，魚類生物學家庫克和考克斯兩人估算……：Stephen J. Cooke and Ian G. Cowx, 2004. "The Role of Recreational Fisheries in Global Fish Crises," *BioScience* 54 (2004): 857–59.

23 全球每年約有470億條魚以娛樂垂釣的方式：Steven J. Cooke and Ian G. Cowx, "The Role of Recreational Fisheries in Global Fish Crises," *BioScience* 54, no. 9 (2004): 857–59. This is an admittedly rather crude estimate, based on extrapolation from rates of recreational fishing catch from Canada to the global human population.

23 某項研究顯示：Daniel Pauly and Dirk Zeller, "Catch Reconstructions Reveal That Global Marine Fisheries Catches Are Higher than Reported and Declining." Nature Communications 7 (2016):10244 doi:10.1038/ncomms10244.

24 致使商業捕魚死亡的主要原因：D. H. F. Robb and S. C. Kestin, "Methods Used to Kill Fish: Field Observations and Literature Reviewed," *Animal Welfare* 11, no. 3 (2002): 269–82.

24 所寫的不朽名言：Widely attributed to Anthony de Mello (1931–1987), Jesuit priest and inspirational speaker/writer. See www.beyondpoetry.com/anthony-de-mello.html (and many other sources).

第一章　被誤解的魚

27　我們不會停止探索：T. S. Eliot, " Little Gidding" (1942), in *Four Quartets* (New York: Harcourt Brace, 1943).

29　根據全球最大且查詢率最高的線上魚類資料庫FishBase的統計：Rainer Froese and Alexander Proelss, "Rebuilding Fish Stocks No Later Than 2015: Will Eu rope Meet the Deadline?" *Fish and Fisheries* 11, no. 2 (2010): 194–202.

29　當我們提到「魚類」時：Colin Allen, "Fish Cognition and Consciousness," *Journal of Agricultural and Environmental Ethics* 26, no. 1 (2013): 25–39.

29　這兩大類下的成員：Gene Helfman, Bruce B. Collette, and Douglas E. Facey, *The Diversity of Fishes* (Oxford, UK: Blackwell, 1997).

30　還有一類特殊的魚：Gene Helfman and Bruce B. Collette, *Fishes: The Animal Answer Guide* (Baltimore: The Johns Hopkins University Press, 2011).

30　和鯊魚比起來，鮪魚跟人類的親緣關係更近：Allen, "Fish Cognition and Consciousness."

31　正如作家蒙哥馬利……提到的：Sy Montgomery, "Deep Intellect: Inside the Mind of the Octopus," Orion, November/December 2011.

31　或許我們也可以把頜看作……：Donald R. Prothero, *Evolution: What the Fossils Say and Why It Matters* (New York: Columbia University Press, 2007).

32　艾登堡曾……表達了自己對……約翰朗的複雜情緒：The relevant segment of Attenborough's lecture can be viewed at: www.youtube.com/watch?v=OXqgFkeTnJI.

33　根據美國國家海洋暨大氣總署的資料：National Geographic, Creatures of the Deep Ocean [documentary film], 2010.

33　深海是地球上最大的棲地：Xabier Irigoien et al., "Large Mesopelagic Fishes Biomass and Trophic Effi ciency in the Open Ocean," *Nature Communications* 5 (2014): 3271.

33　這其實是種膚淺的觀念：Tony Koslow, *The Silent Deep: The Discovery, Ecol ogy, and Conservation of the Deep Sea* (Chicago: Univer sity of Chicago Press, 2007), 48.

34　隨著科技發展，人類得以一窺深海：Helfman, Collette, and Facey, *Diversity of Fishes* (1997).

34　在1997和2007年間……發現了279個新物種：David Alderton, "Many Fish Identifi ed in the Past De cade," FishChannel.com, December 24, 2008, www.fishchannel.com/fish-news/2008/12/24/mekong-fish-discoveries.aspx.

34　按照這種比率，科學家預測：Allen, "Fish Cognition and Consciousness."

34　世界上最小的魚：Pandaka pygmaea has some competition: www.scholastic.com/browse/article.jsp?id=11044; http://en.microcosmaquariumexplorer.com/wiki/Fish_Facts_-_Smallest_Species. Here's a blog post that jocularly mourns that it has been "out-smalled": http://unholyhours.blogspot.com/2006/01/farewell-to-pandaka-pygmaea.html.

34　成年菲律賓矮鰕虎長僅……：John R. Norman and Peter H. Greenwood, *A History of Fishes*, 3rd rev. ed. (London: Ernest Benn Ltd., 1975).

34　長度不超過1.2公分：Tierney Thys, "Forthe Love of Fishes," in *Oceans: The Threats to Our Seas and What You Can Do to Turn the Tide*, ed. Jon Bowermaster (New York: Public Affairs, 2010), 137–42.

35　據估計，雌性鮟鱇出現的機率：Gene Helfman, Bruce B. Collette, Douglas E. Facey, and Brian W. Bowen, *The Diversity of Fishes: Biology, Evolution, and Ecology*, 2nd ed. (Chichester, UK: Wiley-Blackwell, 2009).

35　1975年，格林伍德……：Norman and Greenwood, *History of Fishes*.

35　一條1.5公尺長、25公斤重的鱈魚：Norman and Greenwood.

35　然而所有脊椎動物當中的生長冠軍：E. W. Gudger, "From Atom to Colossus," *Natural History* 38 (1936): 26–30.

36　遭到過度捕撈且很可能被當作解剖學習材料的……：Mark W. Saunders and Gordon A. McFarlane, "Age and Length at Maturity of the Female Spiny Dogfish, Squalus acanthias, in the Strait of Georgia, British Columbia, Canada," *Environmental Biology of Fishes* 38, no. 1 (1993): 49–57.

36　鯊魚的胎盤結構和哺乳動物的胎盤結構一樣複雜：Helfman, Collette, and Facey, *Diversity of Fishes* (1997).

36　皺鰓鯊的懷孕時間：Helfman et al., 1997.

36　飛行時，牠們將尾鰭下葉……：Norman and Greenwood, *History of Fishes*.

38　我想不通體內是否有調節體溫的機制……：As Rod Preece and Lorna Chamberlain say in their 1993 book, Animal Welfare and Human Values: "We can find no justification for that prevalent belief . . . that cold-blooded animals are . . . less sentient than warm-blooded animals." Vladimir Dinets, a Rus sian American scientist who has traveled the world observing wild crocodiles and revealing such surprises as tool use, coordinated hunting, courtship parties, and tree climbing, is more blunt: "Most humans are warm-blooded bigots" (Vladimir Dinets, *personal communication*, March 18, 2014).

38 鮪魚、劍旗魚以及部分鯊魚：Helfman et al., 1997.

38 牠們藉助……獲取熱量：Francis G. Carey and Kenneth D. Lawson, "Temperature Regulation in Free-Swimming Bluefi n Tuna," *Comparative Physiology and Biochemistry Part A: Physiology* 44, no. 2 (1973): 375–92.

38 很多擁有粗大血管的鯊魚：Nancy G. Wolf, Peter R. Swift, and Francis G. Carey, "Swimming Muscle Helps Warm the Brain of Lamnid Sharks," *Journal of Comparative Physiology* B157 (1988): 709–15.

38 大型掠食性魚類：Helfman et al., *Diversity of Fishes* (1997).

38 真正的溫血魚：Nicholas C. Wegner et al., "Whole-Body Endothermy in a Mesopelagic Fish, the Opah, Lampris guttatus," *Science* 348 (2015): 786–89.

38 大約一半的魚都沒有人類「原始」：Culum Brown, "Fish Intelligence, Sentience and Ethics," Animal Cognition 18, no. 1 (2015): 1–17.

39 硬骨魚時代：Prothero, E*volution: What the Fossils Say.*

39 這也解釋了為什麼魚在靜止時胸鰭依舊沒有停止擺動：you will rarely see a stationary fish: Norman and Greenwood, History of Fishes.

第二章　魚的認知

魚的視覺

43 沒有真理，只有感知：Gustave Flaubert, unsourced quote. Taken from https: // en.wikiquote.org/wiki/Talk:Gustave_Flaubert.

45 金紅色，如水般精緻的……：D. H. Lawrence, "Fish" (1921), in *Birds, Beasts and Flowers: Poems* (London: Martin Secker, 1923).

46 與大多數脊椎動物（包括人類）的眼球一樣：Helfman et al., *Diversity of Fishes* (1997).

46 在球面的高折射率下：David McFarland, ed., *The Oxford Companion to Animal Behavior* (Oxford: Oxford University Press, 1982; reprint ed., 1987).

46 海馬、鯛魚、鰕虎和比目魚：Arthur A. Myrberg Jr. and Lee A. Fuiman, "The Sensory World of Coral Reef Fishes," in *Coral Reef Fishes: Dynamics and Diversity in a Complex Ecosystem,* ed. Peter F. Sale, 123–48 (Burlington, MA: Academic Press/Elsevier, 2002); Mark Sosin and John Clark, *Through the Fish's Eye: An Angler's Guide to Gamefish Behavior* (New York: Harper and Row, 1973).

47 雖然一個由以色列和義大利科學家組成的團隊：Ofir Avni et al., "Using Dynamic

Optimization for Reproducing the Chameleon Visual System," presented at the 45th IEEE Conference on Decision and Control, San Diego, CA, December 13–15, 2006.

47 整個轉移過程只需五天：Helfman et al., Diversity of Fishes (2009), 138.

48 靈活的基因編碼：David Alderton, "New Study Unveils Mysteries of Vision in Anableps anableps, the Four-Eyed Fish," FishChannel.com, July 25, 2011, www.fishchannel.com/fish-news/2011/07/25/anableps-four-eyedfish.aspx.

49 劍旗魚眼睛能夠由……進行加熱：Helfman et al., Diversity of Fishes (1997).

49 其熱量來自……的逆流交換：Kerstin A. Fritsches, Richard W. Brill, and Eric J. Warrant, "Warm Eyes Provide Superior Vision in Swordfishes," *Current Biology* 15, no. 1 (2005): 55–58.

50 可以藉此觀察到……：Sosin and Clark, *Through the Fish's Eye.*

50 平靜水面的折射：Sosin and Clark.

50 ……找到了視桿細胞和視錐細胞：Gengo Tanaka et al., "Mineralized Rods and Cones Suggest Colour Vision in a 300 Myr–Old Fossil Fish," *Nature Communications* 5 (2014): 5920; Sumit Passary, "Scientists Discover Rods and Cones in 300-Million-Year-Old Fish Eyes. What Findings Suggest," Tech Times, December 24, 2014, www.techtimes.com/articles/22888/20141224/scientists-discover-rods-and-cones-in-300-million-year-old-fish-eyes-what-findings-suggest.htm.

51 大多數現代硬骨魚都擁有四色視覺：Brown, "Fish Intelligence."

51 這也解釋了為什麼……有近一百種魚：George S. Losey et al., "The UV Visual World of Fishes: A Review," *Journal of Fish Biology* 54, no. 5 (1999): 921–43.

51 可見光譜範圍更廣所具有的價值：Ulrike E. Siebeck et al., "A Species of Reef Fish That Uses Ultraviolet Patterns for Covert Face Recognition," *Current Biology* 20, no. 5 (2010): 407–10.

51 不僅如此，雀鯛的捕食者……：Ulrike E. Siebeck and N. Justin Marshall, "Ocular Media Transmission of Coral Reef Fish—Can Coral Reef Fish See Ultraviolet Light?" *Vision Research* 41 (2001): 133–49.

52 我記得高中翻看生物課本時：Photo of flounder camoufl aged on checkerboard: http://users.rcn.com/jkimball.ma.ultranet/BiologyPages/C/Chromatophores.html.

53 能被看到，對魚來說是頭等大事：Interpretive sign at the Smithsonian National Museum of Natural History, Washington, D.C., September 2012.

53 這些閃閃發光的裝飾物大大增強……：Norman and Greenwood, *History of Fishes.*

53　鰏魚有一種特殊的散發冷光方法：D. J. Woodland et al., "A Synchronized Rhythmic Flashing Light Display by Schooling 'Leiognathus Splendens' (Leiognathidae: Perciformes)," *Marine and Freshwater Research* 53, no. 2 (2002): 159–62; Akara Sasaki et al., "Field Evidence for Bioluminescent Signaling in the Pony Fish, Leiognathus elongatus," *Environmental Biology of Fishes* 66 (2003): 307–11.

54　戀愛中的燈眼魚：James G. Morin et al., "Light for All Reasons: Versatility in the Behavioral Repertoire of the Flashlight Fish," *Science* 190 (1975): 74–76.

54　牠們因碩大的下頜骨而得名：Stephen R. Palumbi and Anthony R. Palumbi, *The Extreme Life of the Sea* (Princeton: Princeton University Press, 2014).

55　派珀伯格⋯⋯的感人回憶：Irene Pepperberg, *Alex & Me: How a Scientist and a Parrot Uncovered a Hidden World of Animal Intelligence—and Formed a Deep Bond in the Process* (New York: HarperCollins, 2008), 202.

56　在一項針對⋯⋯艾氏異仔鱂的研究中：Valeria Anna Sovrano, Liliana Albertazzi, and Orsola Rosa Salva, "The Ebbinghaus Illusion in a Fish(Xenotoca eiseni)," *Animal Cognition* 18 (2015): 533–42.

56　⋯⋯落入繆萊二氏錯覺的圈套：V. A. Sovrano, "Perception of the Ebbinghaus and Müller-Lyer Illusion in a Fish (Xenotoca eiseni)," poster presented at CogEvo 2014, the 4th Rovereto Workshop on Cognition and Evolution, Rovereto, Italy, July 7–9.

57　針對金魚和竹鯊的研究：O. R. Salva, V. A. Sovrano, and Giorgio Vallortigara, "What Can Fish Brains Tell Us About Visual Perception?" Frontiers in Neural Circuits 8 (2014): 119, doi:10.3389/fncir.2014.00119.

58　另一種增強迷惑性的方法，是讓魚尾⋯⋯：Desmond Morris, *Animalwatching: A Field Guide to Animal Behavior* (London: Jonathan Cape, 1990).

魚的聽覺、嗅覺與味覺

61　宇宙間充滿了神奇的事物⋯⋯：Eden Phillpotts, *A Shadow Passes* (London: Cecil Palmer and Hayward, 1918), 19. Often misattributed to W. B. Yeats or Bertrand Russell.

61　魚類身上仍有獨立的嗅覺和味覺器官：Helfman et al., Diversity of Fishes (1997); A. O. Kasumyan and Kjell B. Døving, "Taste Preferences in Fish," *Fish and Fisheries* 4, no. 4 (2003): 289–347.

61　雖然人們普遍認為魚類不能發聲：Friedrich Ladich, "Sound Production and

Acoustic Communication," in The Senses of Fish: Adaptations for the Reception of Natural Stimuli, Gerhard Von der Emde et al., eds., 210–30 (Dordrecht, Netherlands: Springer, 2004).

61　魚的發聲途徑還包括摩擦頜部的牙齒：Norman and Greenwood, *History of Fishes.*

62　低哼聲、口哨聲、砰砰聲、摩擦聲、嘎吱聲：Arthur A. Myrberg Jr. and M. Lugli, "Reproductive Behavior and Acoustical Interactions," in Communication in Fishes, Vol. 1, ed. Friedrich Ladich et al., 149–76 (Enfield, NH: Science Publishers, 2006).

62　直到20世紀：Helfman and Collette, Fishes: The Animal Answer Guide.

62　弗里施（1886~1982）：Tania Munz, "The Bee Battles: Karl von Frisch, Adrian Wenner and the Honey Bee Dance Language Controversy," *Journal of the History of Biology* 38, no. 3 (2005): 535–70.

63　這些骨頭與椎骨分離：Norman and Greenwood, *History of Fishes.*

63　……和哺乳動物的聽小骨類似：Norman and Greenwood, History of Fishes.

64　遠高於人類的上限：David A. Mann, Zhongmin Lu, and Arthur N. Popper, "A Clupeid Fish Can Detect Ultrasound," *Nature* 389 (1997): 341; D. A. Mann et al., "Detection of Ultrasonic Tones and Simulated Dolphin Echolocation Clicks by a Teleost Fish, the American Shad (Alosa sapidissima)," *Journal of the Acoustical Society of America* 104, no. 1 (1998): 562–68.

64　也對次聲波十分敏感：O. Sand and H. E. Karlsen, "Detection of Infrasound and Linear Acceleration in Fishes," *Philosophical Transactions of the Royal Society of London B: Biological Sciences* 355 (2000): 1295–98.

64　細小毛細胞：Robert D. McCauley, Jane Fewtrell, and Arthur N. Popper, "High Intensity Anthropogenic Sound Damages Fish Ears," *The Journal of the Acoustical Society of America* 113, no. 1 (2003): 638–42.

64　使用的氣槍所發出的高強度、低頻率的聲音：Arill Engås et al., "Effects of Seismic Shooting on Local Abundance and Catch Rates of Cod (Gadus morhua) and Haddock (Melanogrammus aeglefinus)," *Canadian Journal of Fisheries and Aquatic Sciences* 53 (1996): 2238–49.

64　牠們還很擅長辨別聲音來源：Stéphan Reebs, *Fish Behavior in the Aquarium and in the Wild* (Ithaca, New York: Comstock Publishing Associates/Cornell University Press, 2001).

65　這也是船上的垂釣者會一直保持安靜……：Sosin and Clark, *Through the Fish's Eye.*

65　位於迦納大西洋一側沿岸的漁夫：Sosin and Clark. An essay by a Ghanaian fisherman that describes listening to fishes can also be found here: B. Konesni, Songs of the Lalaworlor: Musical Labor on Ghana's Fishing Canoes, June 14, 2008, www.worksongs.org/blog/2013/10/18/songs-of-the-lalaworlor-musical-labor-on-ghanas-fishing-canoes.

65　第三種聲音是牠們……：Sandie Millot, Pierre Vandewalle, and Eric Parmentier, "Sound Production in Red-Bellied Piranhas (Pygocentrus nattereri, Kner): An Acoustical, Behavioural and Morphofunctional Study," *Journal of Experimental Biology* 214 (2011): 3613–18.

66　哈佛大學的科學家蔡斯：Ava R. Chase, "Music Discriminations by Carp (Cyprinus carpio)," *Animal Learning and Behavior* 29, no. 4 (2001): 336–53.

67　「赤棕鯉似乎能辨別出……」：Chase, "Music Discriminations," 352.

67　儘管……身懷鑑賞音樂的能力：Richard R. Fay, "Perception of Spectrally and Temporally Complex Sounds by the Goldfish (Carassius auratus)," *Hearing Research* 89 (1995): 146–54.

67　雅典農業大學的研究團隊……：Sofronios E. Papoutsoglou et al., "Common Carp (Cyprinus carpio) Response to Two Pieces of Music ("Eine Kleine Nachtmusik" and "Romanza") Combined with Light Intensity, Using Recirculating Water System," *Fish Physiology and Biochemistry* 36, no. 3 (2009): 539–54.

69　2015年，一項針對7千多位病人：Jenny Hole et al., "Music as an Aid for Postoperative Recovery in Adults: A Systematic Review and MetaAnalysis," *Lancet* 386 (2015): 1659–71.

69　「我並不確定音樂……」：Karakatsouli, *personal communication,* June 2015.

69　我們姑且將其稱為「脈氣交流法」：Ben Wilson, Robert S. Batty, and Lawrence M. Dill, "Pacific and Atlantic Herring Produce Burst Pulse Sounds," Proceedings of the Royal Society of London, B: *Biological Sciences* 271, supplement 3 (2004): S95– S97.

70　魚類會利用化學信號：Wilson et al., "Herring Produce Burst Pulse Sounds."

70　例如，棘背魚會通過氣味……：Nicole E. Rafferty and Janette Wenrick Boughman, "Olfactory Mate Recognition in a Sympatric Species Pair of Three- Spined Sticklebacks," *Behavioral Ecology* 17, no. 6 (2006): 965–70.

70　與其他脊椎動物不同，魚類的鼻孔……：Norman and Greenwood, *History of Fishes.*

70　有些魚可以擴張、收縮鼻孔：Sosin and Clark, Through the Fish's Eye.

70　上皮細胞發出的信號……：Toshiaki J. Hara, "Olfaction in Fish," Progress in *Neurobiology* 5, part 4 (1975): 271–335.

70　紅鉤吻鮭能……感受到蝦的存在：Sosin and Clark, *Through the Fish's Eye.*

71　我們應該再一次感謝弗里施：Karl von Frisch, "The Sense of Hearing in Fish," Nature 141 (1938): 8–11; "Über einen Schreckstoff der Fischhaut und seine biologische Bedeutung," *Zeitschrift für vergleichende Physiologie* 29, no. 1 (1942): 46–145.

71　這種費洛蒙威力巨大：Reebs, *Fish Behavior.*

71　警戒物質必定經歷了漫長的演化：R. Jan F. Smith, "Alarm Signals in Fishes," *Reviews in Fish Biology and Fisheries* 2 (1992): 33–63; Wolfgang Pfeiffer, "The Distribution of Fright Reaction and Alarm Substance Cells in Fishes," *Copeia* 1977, no. 4 (1977): 653–65.

72　當胖頭鱥聞到這種氣味：Grant E. Brown, Douglas P. Chivers, and R. Jan F. Smith, "Fathead Minnows Avoid Conspecific and Heterospecific Alarm Pheromones in the Faeces of Northern Pike," Journal of Fish Biology 47, no. 3 (1995): 387–93.; "Effects of Diet on Localized Defecation by Northern Pike, Esox lucius," *Journal of Chemical Ecology* 22, no. 3 (1996): 467–75.

72　或許是因為有了敏銳的嗅覺：Brown, Chivers, and Smith, "Localized Defecation by Pike: A Response to Labelling by Cyprinid Alarm Pheromone?" *Behavioral Ecology and Sociobiology* 36 (1995): 105–10.

72　短吻檸檬鯊就可以察覺到……的氣味：Robert E. Hueter et al., "Sensory Biology of Elasmobranchs," in *Biology of Sharks and Their Relatives*, ed. Jeffrey C. Carrier, John A. Musick, and Michael R. Heithaus (Boca Raton, FL: CRC Press, 2004).

72　牠們……只需探測出：Laura Jayne Roberts and Carlos Garcia de Leaniz, "Something Smells Fishy: Predator- Naïve Salmon Use Diet Cues, Not Kairomones, to Recognize a Sympatric Mammalian Predator," *Animal Behaviour* 82, no. 4 (2011): 619–25.

72-73　20世紀50年代的實驗顯示：W. N. Tavolga, "Visual, Chemical and Sound Stimuli as Cues in the Sex Discriminatory Behaviour of the Gobiid Fish Bathygobius soporator," *Zoologica* 41 (1956): 49–64.

73　生活在墨西哥……的雌性伯氏劍尾魚：eidi S. Fisher and Gil G. Rosenthal, "Female Swordtail Fish Use Chemical Cues to Select WellFed Mates," *Animal Behaviour* 72 (2006): 721–25.

73　雄性深海鮟鱇向我們證明了⋯⋯的相互配合：Theodore W. Pietsch, *Oceanic Anglerfishes: Extraordinary Diversity in the Deep Sea* (Berkeley, CA: Univer sity of California Press, 2009).

73　雄性鮟鱇身上發達的感官並非只有鼻子：Pietsch, *Oceanic Anglerfishes.*

74　2011年有關伯氏劍尾魚的研究⋯⋯：Gil G. Rosenthal et al., "Tactical Release of a Sexually-Selected Pheromone in a Swordtail Fish," *PLoS ONE* 6, no. 2 (2011): e16994, doi:10.1371/journal.pone.0016994.

74　主要味覺感受器：For an excellent review of taste preferences in fishes, see Kasumyan and Døving, "Taste Preferences in Fish."

74　魚生活在自己能聞到且嚐到的介質中：McFarland, *Oxford Companion to Animal Behavior;* Sosin and Clark, Through the Fish's Eye.

74　一條38公分長的美洲河鯰⋯⋯：Thomas E. Finger et al., "Postlarval Growth of the Peripheral Gustatory System in the Channel Catfish, Ictalurus punctatus," *The Journal of Comparative Neurology* 314, no. 1 (1991): 55–66.

75　對於生活在巢穴裡的魚來說，擁有味蕾是種優勢：Yoshiyuki Yamamoto, "Cavefish," *Current Biology* 14, no. 22 (2004): R943.

75　很多生活在水底的魚，比如鯰魚⋯⋯：Norman and Greenwood, *History of Fishes.*

75　作者雷布斯：Reebs, *Fish Behavior,* 86.

導航、觸覺及其他

77　等待時，最微小的碰觸⋯⋯：Wallace Stegner, *Angle of Repose* (New York: Doubleday, 1971).

77　劍旗魚、鸚哥魚及紅鉤吻鮭：Helfman et al., *Diversity of Fishes* (2009).

77　其他魚則會使用航位推測法：Victoria A. Braithwaite and Theresa Burt De Perera, "Short-Range Orientation in Fish: How Fish Map Space," *Marine and Freshwater Behaviour and Physiology* 39, no. 1 (2006): 37–47.

78　將⋯⋯鼻腔通道中的細胞分離：By isolating cells from the nasal passages: Stephan H. K. Eder et al., "Magnetic Characterization of Isolated Candidate Vertebrate Magnetoreceptor Cells," *Proceedings of the National Academy of Sciences of the United States of America* 109 (2012): 12022–27.

78　幾年後，牠們追蹤家鄉水特有的氣味特徵：Andrew H. Dittman and Thomas P. Quinn, "Homing in Pacifi c Salmon: Mechanisms and Ecological Basis," *Journal of*

Experimental Biology 199 (1996): 83–91.

78　在另一個較不具侵入性的實驗中：Arthur D. Hasler and Allan T. Scholz, *Olfactory Imprinting and Homing in Salmon: Investigations into the Mechanism of the Homing Process* (Berlin: Springer-Verlag, 1983).

79　鮭魚……是否也會藉助視力呢？：Hiroshi Ueda et al., "Lacustrine Sockeye Salmon Return Straight to Their Natal Area from Open Water Using Both Visual and Olfactory Cues," *Chemical Sense*s 23 (1998): 207–12.

80　側線通常是一條細細的黑線：Norman and Greenwood, *History of Fishes.*

80　游動時緊挨著的魚：Myrberg and Fuiman, "Sensory World of Coral Reef Fishes."

80　失明的穴居魚類可以在腦中形成地圖：T. Burt de Perera, "Fish Can Encode Order in Their Spatial Map," Proceedings of the Royal Society B: Biological Sciences 271 (2004): 2131–34, doi:10.1098/rspb.2004.2867.

81　魚類的視覺和側線系統獨立運作：T. Burt de Perera and V. A. Braithwaite, "Laterality in a Non- Visual Sensory Modality—The Lateral Line of Fish," *Current Biology* 15, no. 7 (2005): R241–R242.

81　游動狀態下的魚……對於附近入侵者動作的敏感度只有後者的一半：swimming fishes are only half as likely: Brian Palmer, "Special Sensors Allow Fish to Dart Away from Potential Theats at the Last Moment," Washington Post, November 26, 2012, www.washingtonpost.com/national/health-science/special-sensors-allow-fish-to-dart-away-from-potential-theats-at-the-last-moment/2012/11/26/574d0960-3254-11e2-bb9b-288a310849ee_story.html.

81　鯊魚、魟魚和鰩魚普遍具有電感應覺：Mark E. Nelson, "Electric Fish," *Current Biology* 21, no. 14 (2011): R528–R529.

82　這些小孔叫作羅倫氏囊：R. Douglas Fields, "The Shark's Electric Sense," *Scientific American* 297 (2007): 74–81.

82　羅倫氏囊在電感應方面的功能：R. W. Murray, "Electrical Sensitivity of the Ampullae of Lorenzini," *Nature* 187 (1960): 957, doi:10.1038/87957a0.

82　這樣的敏感性：Helfman et al., *Diversity of Fishes* (1997).

82　牠們有多層脂肪組織：Nelson, "Electric Fish."

83　象鼻魚在面對模擬低電壓時展現出驚人的能力：Stephen Paintner and Bernd Kramer, "Electrosensory Basis for Individual Recognition in a Weakly Electric, Mormyrid Fish, Pollimyrus adspersus (Günther, 1866)," *Behavioral Ecology &*

Sociobiology 55 (2003): 197–208. doi:10.1007/s00265-003-0690-4.

83　也包含了關於社會地位和情感的資訊：Nelson, "Electric Fish."

83　魚群中的統治者：Andreas Scheffel and Bernd Kramer, "Intra-and Interspecific Communication among Sympatric Mormyrids in the Upper Zambezi River," in Ladich et al., eds., *Communication in Fishes*, 733–51.

84　為了避免這樣的狀況，牠們會……：Theodore H. Bullock, Robert H. Hamstra Jr., and Henning Scheich, "The Jamming Avoidance Response of High Frequency Electric Fish," *Journal of Comparative Physiology* 77, no. 1 (1972): 1–22.

84　魚群中的魚：A. S. Feng, "Electric Organs and Electroreceptors," in *Comparative Animal Physiology*, 4th ed., ed. C. L. Prosser, 217–34 (New York: John Wiley and Sons, 1991).

84　會組隊成團一同覓食：Scheffel and Kramer, "Intra-and Interspecific Communication."

84　灰質也很多：Much of that gray matter: Helfman et al., *Diversity of Fishes* (1997).

85　在演化的「軍備競賽」中：Helfman et al., 1997.

86　一位困惑的讀者曾寄給我一隻影片錄影帶：www.youtube.com/watch?v=gWcaZs683Lk.

86　清潔魚會用魚鰭輕撫：Redouan Bshary and Manuela Würth, "Cleaner Fish Labroides dimidiatus Manipulate Client Reef Fish by Providing Tactile Stimulation," Proceedings of the Royal Society of London B: *Biological Sciences* 268 (2001): 1495–1501.

86　潛水者佩恩描述了……偶遇一條幼年蝠鱝的經歷：Jennifer S. Holland, *Unlikely Friendships: 47 Remarkable Stories from the Animal Kingdom* (New York: Workman Publishing, 2011), 32.

87　美國巨型海洋動物協會的創始人馬歇爾：Shark [nature documentary series], *BBC*, 2015, www.bbc.co.uk/programmes/p02n7s0d.

87　芝加哥塞德水族館中也有類似情況：Karen Furnweger, "Shark Week: Sharks of a Different Stripe," Shedd Aquarium Blog, August 6, 2013, www.sheddaquarium.org/blog/2013/08/Shark-Week-Sharks-of-a-Different-Stripe.

88　我們是否可以大膽猜想：Tierney Thys, "Swimming Heads," *Natural History* 103 (1994): 36–39.

第三章　魚的感受
疼痛、知覺與意識

91 遍布全身的感官建構了你的一生：D. H. Lawrence, "Fish."

93 濕潤的水流狂熱地穿過：D. H. Lawrence, "Fish."

93 為數不多針對這一問題的意見調查：Caleb T. Hasler et al., "Opinions of Fisheries Researchers, Managers, and Anglers Towards Recreational Fishing Issues: An Exploratory Analysis for North America," *American Fisheries Symposium* 75 (2011): 141–70.

93 在紐西蘭的調查：R. Muir et al., "Attitudes Towards Catchand- Release Recreational Angling, Angling Practices and Perceptions of Pain and Welfare in Fish in New Zealand," *Animal Welfare* 22 (2013): 323–29.

96 懷俄明州立大學的榮譽教授羅斯：James D. Rose et al., "Can Fish Really Feel Pain?" Fish and Fisheries 15, no. 1 (2014): 97–133, published online December 20, 2012, doi:10.1111/faf.12010. As this manuscript was going to press, an article by Australian neuroscientist Brian Key titled "Why Fish Do Not Feel Pain" was published in the journal Animal Sentience, which generated a slew of formal commentaries (mostly rebuttals) published in the same journal, http:// animalstudiesrepository.org/animsent.

97 這些有意識的行為讓人們震驚：Erich D. Jarvis et al., "Avian Brains and a New Understanding of Vertebrate Brain Evolution," *Nature Reviews Neuroscience* 6 (2005): 151–59.

97 魚體內……對應的結構：O. R. Salva, V. A. Sovrano, and G. Vallortigara, "What Can Fish Brains Tell Us About Visual Perception?" Frontiers in Neural Circuits 8 (2014): 119, doi:10.3389/fncir.2014.00119.

98 「被捕獲而後被放走的鱸魚，會在當天或第二天回到同一地方咬鉤……的故事」：Keith A. Jones, *Knowing Bass: The Scientific Approach to Catching More Fish* (Guilford, CT: Lyons Press, 2001), 244.

98 鯉魚和狗魚上鉤一次後，要經過三年時間才會再次咬鉤：J. J. Beukema, "Acquired Hook- Avoidance in the Pike Esox lucius L. Fished with Artifi cial and Natural Baits," Journal of Fish Biology 2, no. 2 (1970): 155–60; J. J. Beukema, "Angling Experiments with Carp (Cyprinus carpio L.) II. Decreased Catchability Through One Trial Learning," *Netherlands Journal of Zoology* 19 (1970): 81–92.

98 針對大口黑鱸的系列實驗也表明：R. O. Anderson and M. L. Heman, "Angling as a Factor Infl uencing the Catchability of Largemouth Bass," Transactions of the American Fisheries Society 98 (1969): 317–20.

98 牠們需要進食：Bruce Friedrich, " Toward a New Fish Consciousness: An

Interview with Dr. Culum Brown," June 23, 2014, www.thedodo.com/community/ FarmSanctuary/toward-a-new-fish-consciousness-601529872.html.

99　對他們的發現進行了總結：Victoria A. Braithwaite, Do Fish Feel Pain? (Oxford: Oxford Univer sity Press, 2010); Lynne U. Sneddon, "The Evidence for Pain in Fish: The Use of Morphine as an Analgesic," *Applied Animal Behaviour Science* 83, no. 2 (2003): 153–62.

100　但是比例的差別可能不能說明什麼：L. U. Sneddon, "Pain in Aquatic Animals." *Journal of Experimental Biology* 218 (2015): 967–76.

102　止疼藥和嗎啡能大幅緩解鱒魚對傷害性處理的消極反應：L. U. Sneddon, V. A. Braithwaite, and Michael J. Gentle, "Do Fishes Have Nociceptors? Evidence for the Evolution of a Vertebrate Sensory System," *Proceedings of the Royal Society B: Biological Science*s 270 (2003): 1115–21; reported in Braithwaite, Do Fish Feel Pain?

102　莫斯科大學的魚類生物學家……進行了其他實驗：Lilia S. Chervova and Dmitri N. Lapshin, "Pain Sensitivity of Fishes and Analgesia Induced by Opioid and Nonopioid Agents," *Proceedings of the Fourth International Iran and Russia Conference* (Moscow: Moscow State Univer sity, 2004).

102-103　因為瞭解這點，研究人員用……拼了一個積木塔：Braithwaite, Do Fish Feel Pain?, 68.

103　例如，蓋斑鬥魚在面對……：Vilmos Csányi and Judit Gervai, "Behavior- Genetic Analysis of the Paradise Fish, Macropodus opercularis. II. Passive Avoidance Learning in Inbred Strains," *Behavior Genetics* 16, no. 5 (1986): 553–57.

103　一項針對一百三十二條斑馬魚的研究：Caio Maximino, "Modulation of Nociceptive- like Behavior in Zebrafish (Daniorerio) by Environmental Stressors," *Psychology and Neuroscience* 4, no. 1 (2011): 149–55.

104　斯內登用於研究斑馬魚疼痛的方法是我認為最有說服力的：L. U. Sneddon, "Clinical Anesthesia and Analgesia in Fish," *Journal of Exotic Pet Medicine* 21, no. 1 (2012): 32–43; "Do Painful Sensations and Fear Exist in Fish?" In *Animal Suffering: From Science to Law: International Symposium,* ed. Thierry Auffret Van der Kemp and Martine Lachance, 93–112 (Toronto: Carswell, 2013).

104　挪威獸醫學院的諾德格林：Janicke Nordgreen et al., "Thermonociception in Fish: Effects of Two Different Doses of Morphine on Thermal Threshold and Post- Test Behaviour in Goldfish (Carassius auratus)," *Applied Animal Behaviour Science* 119

(2009): 101–07.

105 有實驗顯示，魚類受到傷害刺激時：AVMA Guidelines for the Euthanasia of Animals: 2013 Edition, American Veterinary Medical Association, www.avma.org/KB/ Policies/Documents/euthanasia.pdf.

105 2012年，一群權威科學家：Philip Low et al., "The Cambridge Declaration on Consciousness," proclaimed at the Francis Crick Memorial Conference on Consciousness in Human and Non-Human Animals, Cambridge, UK, July 7, 2012.

107 正如心理學家、作家布拉德修所言：G. A. Bradshaw, "The Elephants Will Not Be Televised," Psychology Today, December 4, 2012, www.psychologytoday.com/blog/bear-in-mind/201212/the-elephants-will-not-be-televised.

107 牠們能學會躲避電擊：Rudoph H. Ehrensing and Gary F. Michell, "Similar Antagonism of Morphine Analgesia by MIF-1 and Naloxone in Carassius auratus," Pharmacology Biochemistry and Behavior 17, no. 4 (1981): 757–61; Beukema, "Acquired Hook- Avoidance," "Angling Experiments with Carp."

從緊張到愉悅

109 臉是魚的身上一個明顯不討喜的部位：Brian Curtis, *The Life Story of the Fish: His Manners and Morals* (New York: Harcourt Brace, 1949; repr. ed., Dover Publications, 1961).

110 二十五年前發表在南非一份報紙上的另一個故事：Joan Dunayer, *Animal Equality: Language and Liberation* (Derwood, MD: Ryce Publishing, 2001). Original source cited by Dunayer: Trevor Berry quoted in Robin Brown, "Blackie Was (Fin)ished until Big Red Swam In," Weekend Argus (Cape Town, South Africa), August 18, 1984: 15.

111 情緒的產生需要腦迴路：K. P. Chandroo, I. J. H. Duncan, and R. D. Moccia, "Can Fish Suffer? Perspectives on Sentience, Pain, Fear and Stress," Applied Animal Behaviour Science 86 (2004): 225–50; C. Broglio et al., "Hallmarks of a Common Forebrain Vertebrate Plan: Specialized Pallial Areas for Spatial, Temporal and Emotional Memory in Actinopterygian Fish," Brain Research Bulletin 66 (2005): 277–81; Eleanor Boyle, "Neuroscience and Animal Sentience," March 2009, www.ciwf.org.uk/includes/ documents/cm_docs/2009/b/boyle_2009_neuroscience_and_animal_sentience.pdf.

111 硬骨魚和哺乳動物腦部形成「激素模式」：F. A. Huntingford et al., "Current

Issues in Fish Welfare," *Journal of Fish Biology* 68, no. 2 (2006): 332–72; S. E. Wendelaar Bonga, "The Stress Response in Fish," Physiological Reviews 77, no. 3 (1997): 591–625.

112 加拿大漢密爾頓麥克馬斯特大學的研究人員：Adam R. Reddon et al., "Effects of Isotocin on Social Responses in a Cooperatively Breeding Fish," *Animal Behaviour* 84 (2012): 753–60; "Swimming with Hormones: Researchers Unravel Ancient Urges That Drive the Social Decisions of Fish," McMaster University Press Release, October 9, 2012, www.eurekalert.org/pub_releases/2012-10/mu-swh100912.php.

112 當該區域被切斷：Chandroo et al., "Can Fish Suffer?"

112 以金魚為實驗對象的研究也表明：Manuel Portavella, Blas Torres, and Cosme Salas, "Avoidance Response in Goldfish: Emotional and Temporal Involvement of Medial and Lateral Telencephalic Pallium," *Journal of Neuroscience* 24, no. 9 (2004): 2335–42.

112 魚類感到害怕時做出的反應跟我們的預期差不多：Chandroo et al., "Can Fish Suffer?"

113 牠們也會停止覓食：Huntingford et al., "Current Issues in Fish Welfare."

113 給牠們用了奧沙西泮：Jonatan Klaminder et al., "The Conceptual Imperfection of Aquatic Risk Assessment Tests: Highlighting the Need for Tests Designed to Detect Therapeutic Effects of Pharmaceutical Contaminants," *Environmental Research Letter*s 9, no. 8 (2014): 084003.

113 比如最初在玻璃一側的胖頭鱥並不畏懼陌生的捕食者：D. P. Chivers and R. J. F. Smith, "Fathead Minnows, Pimephales promelas, Acquire Predator Recognition When Alarm Substance Is Associated with the Sight of Unfamiliar Fish," *Animal Behaviour* 48, no. 3 (1994): 597–605.

113 加拿大薩斯克徹爾大學的科學家：Adam L. Crane and Maud C. O. Ferrari, "Minnows Trust Conspecifics More Than Themselves When Faced with Conflicting Information About Predation Risk," *Animal Behaviour* 100 (2015): 184–90.

114 針對老鼠、狗、猴子……：Eighty published studies reviewed in J. P. Balcombe, Neal D. Barnard, and Chad Sandusky, "Laboratory Routines Cause Animal Stress," *Contemporary Topics in Laboratory Animal Science* 43, no. 6 (2004): 42–51.

114 體內缺少皮質醇的斑馬魚：L. Ziv et al., "An Affective Disorder in Zebrafish with Mutation of the Glucocorticoid Receptor," *Molecular Psychiatry* 18 (2013): 681–91.

115 牠們是否也會……想方設法讓自己冷靜下來呢？：Do fishes seek ways to

chill out?: Chelsea Whyte, "Study: Fish Get a Fin Massage and Feel More Relaxed," *Washington Post*, November 21, 2011, www.washingtonpost.com/national/health-science/study-fish-get-a-fin-massage-and-feel-more-relaxed/2011/11/16/gIQAxoZvhN_story.html.

115 珊瑚礁魚類受到⋯⋯輕撫後會變得愉快：Marta C. Soares et al., "Tactile Stimulation Lowers Stress in Fish," *Nature Communications* 2 (2011): 534.

117 金魚腦部也存在含有多巴胺的細胞：Bow Tong Lett and Virginia L. Grant, "The Hedonic Effects of Amphetamine and Pentobarbital in Goldfish," *Pharmacological Biochemistry and Behavior* 32, no. 1 (1989): 355–56.

117 科學家花了大量時間研究動物的遊戲行為：Karl Groos, *The Play of Animals* (New York: Appleton and Company, 1898).

118 最全面的動物遊戲研究結果：Gordon M. Burghardt, *The Genesis of Animal Play: Testing the Limits* (Cambridge, MA: The MIT Press, 2005).

118 與溫度計互動：G. M. Burghardt, Vladimir Dinets, and James B. Murphy, "Highly Repetitive Object Play in a Cichlid Fish (Tropheus duboisi)," *Ethology* 121, no. 1 (2014): 38–44.

122 所謂的「空中呼吸理論」：H. Dickson Hoese, "Jumping Mullet—The Internal Diving Bell Hypothesis," *Environmental Biology of Fishes* 13, no. 4 (1985): 309–14.

122 布格哈特曾公布十多種魚類反覆跳躍空翻的事例：Burghardt, *Genesis of Animal Play*.

第四章　魚的思想
魚鰭、魚鱗和智力

127 只要符合自然規律，任何匪夷所思的事都是真實的：Michael Faraday, laboratory journal entry #10,040 (19 March 1849), published in The Life and Letters of Faraday Vol. II, edited by Henry Bence Jones (Longmans, Green and Company, 1870), 253.

129 每一種我們認為愚蠢無聊的動物：Vladimir Dinets, *Dragon Songs: Love and Adventure among Crocodiles, Alligators and Other Dinosaur Relations* (New York: Arcade Publishing, 2013), 317.

131 人類會利用認知繪圖幫助導航：Edward C. Tolman, "Cognitive Maps in Rats and Men," *The Psychological Review* 55, no. 4 (1948): 189–208.

131 證明深鰕虎也有這種能力：Lester R. Aronson, "Further Studies on Orientation and

Jumping Behaviour in the Gobiid Fish, Bathygobius soporator," *Annals of the New York Academy of Sciences* 188 (1971): 378–92.

131 生活在岩石水窪中的深鰕虎的大腦：G. E. White and C. Brown, "Microhabitat Use Affects Brain Size and Structure in Intertidal Gobies," *Brain,* Behavior and Evolution 85, no. 2 (2015): 107–16.

131 作為鱷科動物行為及認知領域的專家，同時也是作家兼生物學家的迪內茲：V. Dinets, post on r/science, the forum of the New Reddit Journal of Science, November 6, 2014, www.reddit.com/r/science/comments/2lgxl6.

132 英國哥倫比亞大學的生物學教授皮徹：Tony J. Pitcher, Foreword, *Fish Cognition and Behaviour*, ed. Culum Brown, Kevin Laland, and Jens Krause (Oxford: Wiley-Blackwell, 2006).

132 1908年，密西根大學的動物學教授賴格哈德：Jacob Reighard, "An Experimental Field-study of Warning Coloration in Coral Reef Fishes," Papers from the Tortugas Laboratory of the Carnegie Institution of Washington, vol. II (Washington, D.C.: Carnegie Institution, 1908): 257–325.

133 成年杜氏虹銀漢魚：Culum Brown, "Familiarity with the Test Environment Improves Escape Responses in the Crimson Spotted Rainbowfish, Melanotaenia duboulayi,*"* *Animal Cognition* 4 (2001): 109–13.

134 魚類會在長達一年的時間裡避免咬鉤：Beukema, "Acquired Hook- Avoidance," "Angling Experiments with Carp."

134 蓋斑鬥魚在……幾個月裡都會避免進入攻擊發生的區域：Vilmos Csányi and Antal Dóka, "Learning Interactions between Prey and Predator Fish," *Marine Behaviour and Physiology* 23 (1993): 63–78.

134 當習以為常的開餐鑼聲再次出現時：Zoe Catchpole, "Fish with a Memory for Meals Like a Pavlov Dog," The *Telegraph,* February 2, 2008, www.telegraph.co.uk/news/earth/earthnews/3323994/Fish-with-a-memory-for-meals-like-a-Pavlov-dog.html.

135 「幾乎每個學習成就都可以在魚類中找到類似例子」：Reebs, *Fish Behavior,* 74.

135 如果你想透過賣弄……給別人留下深刻印象：Chandroo et al., "Can Fish Suffer?"

135 布朗和他的同事：Culum Brown, unpublished data; Stéphan G. Reebs, "Time-Place Learning in Golden Shiners (Pisces: Cyprinidae)," *Behavioral Processes* 36, no. 3 (1996): 253–62.

135 經過大約兩週時間後：Reebs, "Time- Place Learning"; L. M. GómezLaplaza and R.

Gerlai, "Quantification Abilities in Angelfish (Pterophyllum scalare): The Infl uence of Continuous Variables," *Animal Cognition* 16 (2013): 373–83.

136 相較之下，老鼠學習所需的時間更少一些：Larry W. Means, S. R. Ginn, M. P. Arolfo, J. D. Pence, "Breakfast in the Nook and Dinner in the Dining Room: Time-of-day Discrimination in Rats," *Behavioral Processe*s, 2000, 49: 21–33.

136 園林鶯能⋯⋯學會⋯⋯更複雜內容：Herbert Biebach, Marijke Gordijn, and John R. Krebs, "Time-and-Place Learning by Garden Warblers, Sylvia borin," *Animal Behaviour* 37, part 3 (1989): 353–60.

136 缺少在現實世界生存的技巧：W. J. McNeil, "Expansion of Cultured Pacifi c Salmon into Marine Ecosystems," Aquaculture 98 (1991): 123–30; www.usbr.gov/uc/rm/amp/twg/mtgs/03jun30/Attach_02.pdf.

136 人工繁育多代的動物：Andrea S. Griffin, Daniel T. Blumstein, and Christopher S. Evans, "Training Captive-Bred or Translocated Animals to Avoid Predators," *Conservation Biology* 14 (2000): 1317–26.

136 巴西米納斯吉拉斯天主教大學的生物學家：Flávia de Oliveira Mesquita and Robert John Young, "The Behavioural Responses of Nile Tilapia (Oreochromis niloticus) to AntiPredator Training," *Applied Animal Behaviour Science* 106 (2007): 144–54.

137 早在20世紀60年代：Lester R. Aronson, Frederick R. Aronson, and Eugenie Clark, "Instrumental Conditioning and Light-Dark Discrimination in Young Nurse Sharks," *Bulletin of Marine Science* 17, no. 2 (1967): 249–56.

137 查普曼和海洋生物保育研究所：Shark, BBC, 2015, www.bbc.co.uk/programmes/p02n7s0d.

137 軟骨魚解決問題的能力：Michael J. Kuba, Ruth A. Byrne, and Gordon M. Burghardt, "A New Method for Studying Problem Solving and Tool Use in Stingrays (Potamotrygon castexi)," *Animal Cognition* 13, no. 3 (2010): 507–13.

138 這表示牠們能使用工具：Benjamin B. Beck, *Animal Tool Behavior: The Use and Manufacture of Tools by Animals* (New York: Taylor and Francis, 1980).

139 生存環境中的挑戰如何影響動物的智力水準：K. K. Sheenaja and K. John Thomas, "Infl uence of Habitat Complexity on Route Learning Among Different Populations of Climbing Perch (Anabas testudineus Bloch, 1792)," *Marine and Freshwater Behaviour and Physiology* 44, no. 6 (2011): 349–58.

140 「甚至連之前鼓出來的眼睛⋯⋯」：Lisa Davis, *personal communication,* September

2013.

140 利用正強化方法訓練魚類：www.youtube.com/watch?v=Mbz1 Caiq1YssharkSheddAquarium; www.youtube.com/watch?v=5k1FTrs0vnomantaraystretc hertraining.

工具、計畫、比猴還精

143 知識一路行來，智慧徘徊無依：Alfred, Lord Tennyson, "Locksley Hall," 1835.

143 每次看貝爾納迪的影片，我都會有新的發現：Giacomo Bernardi, "The Use of Tools by Wrasses (Labridae)," *Coral Reefs* 31, no. 1 (2012): 39.

144-145 哈氏錦魚會把魚食帶到水族箱裡的一塊石頭上砸開：Łukasz Paśko, "Tool-like Behavior in the Sixbar Wrasse, Thalassoma hardwicke (Bennett, 1830)," *Zoo Biology* 29, no. 6 (2010): 767–73.

145 牠們的眼睛非常寬大：Robert W. Shumaker, Kristina R. Walkup, and Benjamin B. Beck, *Animal Tool Behavior: The Use and Manufacture of Tools by Animals*, rev. and updated ed. (Baltimore: Johns Hopkins University Press, 2011).

146 但在觀察了一千次其他射水魚射擊移動目標的嘗試：Stefan Schuster et al., "Animal Cognition: How Archer Fish Learn to Down Rapidly Moving Targets," *Current Biology* 16, no. 4 (2006): 378–83.

147 總結出規律後：Stefan Schuster et al., "Archer Fish Learn to Compensate for Complex Optical Distortions to Determine the Absolute Size of Their Aerial Prey," *Current Biology* 14, no. 17 (2004): 1565–68, doi:10.1016/j.cub.2004.08.050.

147 每條魚的背鰭後部都固定了一個彩色塑膠標籤：Sandie Millot et al., "Innovative Behaviour in Fish: Atlantic Cod Can Learn to Use an External Tag to Manipulate a Self-Feeder," *Animal Cognition* 17, no. 3 (2014): 779–85.

148 2014年1月，南非林波波省敘羅達水庫：Gordon C. O'Brien et al., "First Observation of African Tigerfish Hydrocynus vittatus Predating on Barn Swallows Hirundo rustica in Flight," Journal of Fish Biology 84, no. 1 (2014): 263–66, doi:10.1111/jfb.12278.

151 比當地其他狗脂鯉花更多時間覓食：G. C. O'Brien et al., "A Comparative Behavioural Assessment of an Established and New Tigerfish (Hydrocynus vittatus) Population in Two Artifi cial Impoundments in the Limpopo Catchment, Southern Africa," *African Journal of Aquatic Sciences* 37, no. 3 (2012): 253–63.

151 1983年，鯰魚被引入：Flora Malein, "Catfish Hunt Pigeons in France," Tech Guru Daily, December 10, 2012, www.tgdaily.com/general-sciences-features/67959-catfish-hunt-pigeons-in-france.

152 你覺得哪種動物的表現會更好呢？：Lucie H. Salwiczek et al., "Adult Cleaner Wrasse Outperform Capuchin Monkeys, Chimpanzees and Orang utans in a Complex Foraging Task Derived from Cleaner–Client Reef Fish Cooperation," PLoS ONE 7 (2012): e49068. doi:10.1371/journal.pone.0049068.

153 用自己四歲大的女兒做了實驗：Alison Abbott, "Animal Behaviour: Inside the Cunning, Caring and Greedy Minds of Fish," *Nature News*, May 26, 2015. 128 The authors of the study draw: Salwiczek et al., "Adult Cleaner Wrasses Outperform Capuchin Monkeys," 3.

154 黑猩猩的表現遠遠好過人類：Sana Inoue and Tetsuro Matsuzawa, "Working Memory of Numerals in Chimpanzees," *Current Biology* 17, no. 23 (2007): R1004–R1005.

154 牠們也會利用：You can watch a chimpanzee spontaneously use Archimedes' principle to solve a food puzzle on a video titled "Insight Learning: Chimpanzee Problem Solving" at: www.youtube.com/watch?v=fPz6uvIbWZE.

154 紅猩猩能記住……成百上千棵果樹的位置：Eugene Linden, *The Octopus and the Orangutan: Tales of Animal Intrigue, Intelligence and Ingenuity* (London: Plume, 2003).

155 多元智慧理論的概念：Howard Gardner, *Frames of Mind: The Theory of Multiple Intelligences* (New York: Basic Books, 1983).

第五章　魚的社交

並肩浮游

159 我們這些長著異國面孔……：C. J. Sansom, *Revelation: A Matthew Shardlake Tudor Mystery* (New York: Viking, 2009), 57.

161 魚類身體表面分泌的黏液：McFarland, *Oxford Companion to Animal Behavior*.

161 但隨後針對從野生環境中捕獲的研究：J. K. Parrish and W. K. Kroen, "Sloughed Mucus and Drag Reduction in a School of Atlantic Silversides, Menidia menidia," *Marine Biology* 97 (1988): 165–69.

162 彼此熟悉的胖頭鱥魚群：D. P. Chivers, G. E. Brown, and R. J. F. Smith, "Familiarity and Shoal Cohesion in Fathead Minnows (Pimephales promelas): Implications for

Antipredator Behavior," *Canadian Journal of Zoology* 73, no. 5 (1995): 955–60.

162 當克勞澤在水中加入魚類的警戒費洛蒙後：Jens Krause, "The Infl uence of Food Competition and Predation Risk on Size-assortative Shoaling in Juvenile Chub (Leuciscus cephalus)," *Ethology* 96, no. 2 (1994): 105–16.

162 魚群中的個體位置：McFarland, *Oxford Companion to Animal Behavior.*

162 難怪黑色或白色的花鱂：Scott P. McRobert and Joshua Bradner, "The Influence of Body Coloration on Shoaling Preferences in Fish," *Animal Behaviour* 56 (1998): 611–15.

163 自己在魚群中才不會太過顯眼：Jens Krause and JeanGuy J. Godin, "Influence of Parasitism on Shoal Choice in the Banded Killifish (Fundulus diaphanus, Teleostei: Cyprinodontidae)," *Ethology* 102, no. 1 (1996): 40–49.

163 儘管這種行動的速度極快：e.g., McFarland, *Oxford Companion to Animal Behavior.*

163 可能也是基於同樣理由：D. J. Hoare et al., "Context- Dependent Group Size Choice in Fish," *Animal Behaviour* 67, no. 1 (2004): 155–64.

164 牠們不僅能：Redouan Bshary, "Machiavellian Intelligence in Fishes," in *Fish Cognition and Behaviour*, C. Brown, K. Laland, and J. Krause, eds. (Oxford: Wiley-Blackwell, 2006).

164 在人工餵養的環境中：McFarland, Oxford Companion to Animal Behavior.

164 聰明的孔雀魚知道何時可以：Joseph Stromberg, "Are Fish Far More Intelligent Than We Realize?" Last updated August 4, 2014, www.vox.com/2014/8/4/5958871/fish-intelligence-smart-research-behavior-pain.

164 孔雀魚……也能充分利用這些資訊：Stromberg, "Are Fish Far More Intelligent . . . ?"

165 非洲東部淡水一種麗魚：Logan Grosenick, Tricia S. Clement, and Russell D. Fernald, "Fish Can Infer Social Rank by Observation Alone," *Nature* 445 (2007): 429–32.

165 把個體從魚群中分離出來：Neil B. Metcalfe and Bruce C. Thomson, "Fish Recognize and Prefer to Shoal with Poor Competitors," *Proceedings of the Royal Society of London B: Biological Sciences* 259 (1995): 207–10.

165 藍鰓太陽魚也會做這種事，或許很多其他種類的魚也是如此：Lee Alan Dugatkin and D. S. Wilson, "The Prerequisites for Strategic Behavior in Bluegill Sunfish, Lepomis macrochirus," *Animal Behaviour* 44 (1992): 223–30.

166 「當然能了。是我餵牠的」：Pete Brockdor, *personal communicatio*n, April 12, 2014.

166 把兩張人臉圖像擺在面前：C. Newport, G. M. Wallis, and U. E. Siebeck, " Human Facial Recognition in Fish," European Conference on Visual Perception (ECVP) Abstracts, *Perception* 42, no. 1 suppl (2013): 160.

167 佔地盤這種行為在魚類中非常常見：Helfman and Collette, *Fishes: The Animal Answer Guide.*

167 值得注意的是，戈達爾發現……：Renee Godard, "Long- Term Memory of Individual Neighbours in a Migratory Songbird," *Nature* 350 (1991): 228–29.

168 一個簡單有效的方法：Ronald E. Thresher, "The Role of Individual Recognition in the Territorial Behaviour of the Threespot Damselfish, Eupomacentrus planifrons," *Marine Behaviour and Physiology* 6, no. 2 (1979): 83–93.

169 出現領土爭端時，兩條……：Roldan C. Muñoz et al., "Extraordinary Aggressive Behavior from the Giant Coral Reef Fish, Bolbometopon muricatum, in a Remote Marine Reserve," *PLoS ONE* 7, no. 6 (2012): e38120, doi:10.1371/journal.pone.0038120.

169 隆頭大鸚哥魚變得越來越稀少：Muñoz et al., "Extraordinary Aggressive Behavior."

社會關係

177 孤掌難鳴：Seneca ("Manus manum lavet").

178 淡水清潔魚則包括麗魚……：Alexandra S. Grutter, "Cleaner Fish," *Current Biology* 20, no. 13 (2010): R547–R549.

178 其他接受清潔服務的動物還包括：龍蝦……：Grutter, "Cleaner Fish"; McFarland, Oxford Companion to Animal Behavior.

178 一項在大堡礁展開的研究發現：A. S. Grutter, "Parasite Removal Rates by the Cleaner Wrasse Labroides dimidiatus," *Marine Ecology Progress Serie*s 130 (1996): 61–70.

178 有些魚類客戶平均一天拜訪特定的清潔魚多達一百四十四次：A. S. Grutter, "The Relationship between Cleaning Rates and Ectoparasite Loads in Coral Reef Fishes," *Marine Ecology Progress Series* 118 (1995): 51–58.

179 一位顧客黑鰭半裸魚……在無法享受清潔服務的情況下：A. S. Grutter, Jan Maree Murphy, and J. Howard Choat, "Cleaner Fish Drives Local Fish Diversity on

Coral Reefs," *Current Biology* 13, no. 1 (2003): 64–67.

179 物種減少的過程：A. S. Grutter, "Effect of the Removal of Cleaner Fish on the Abundance and Species Composition of Reef Fish," *Oecologia* 111, no. 1 (1997): 137–43.

179 清潔魚還會利用腹鰭拍打客戶身體：McFarland, *Oxford Companion to Animal Behavior*.

180 如果清潔魚在石斑魚的鰓裡：Desmond Morris, *Animalwatching: A Field Guide to Animal Behavior* (New York: Crown Publishers, 1990).

180 清潔魚……毫不害怕：Shark [documentary series], BBC, www.bbc.co.uk/programmes/p02n7s0d.

180 每條清潔魚都有眾多客戶：Sabine Tebbich, Redouan Bshary, and Alexandra S. Grutter, "Cleaner Fish Labroides dimidiatus Recognise Familiar Clients," *Animal Cognition* 5, no. 3 (2002): 139–45.

180 客戶不會表現出這樣的偏好：Tebbich et al., "Cleaner Fish Labroides dimidiatus Recognise . . ."

180 （這讓我想起蜂鳥也會……）：Melissa Bateson, Susan D. Healy, and T. Andrew Hurly, "Context-Dependent Foraging Decisions in Rufous Hummingbirds," Proceedings of the Royal Society of London B: Biological Sciences 270 (2003): 1271–76. www.jstor.org/stable/3558811?seq=1#page_scan_tab_contents.

180 利用……三個記憶維度：Lucie H. Salwiczek and Redouan Bshary, "Cleaner Wrasses Keep Track of the 'When' and 'What' in a Foraging Task," *Ethology* 117, no. 11 (2011): 939–48.

181 塔希提島上的一項研究：Jennifer Oates, Andrea Manica, and Redouan Bshary, "The Shadow of the Future Affects Cooperation in a Cleaner Fish," *Current Biology* 20, no. 11 (2010): R472– R473.

182 牠們會背對顧客：Bshary and Würth, "Cleaner Fish Labroides dimidiatus Manipulate." 042-64468_ch01_7P.indd

182 清潔魚會更多做出安撫行為：Bshary and Würth.

182 可算是珊瑚礁中的避難港：Karen L. Cheney, R. Bshary, A. S. Grutter, "Cleaner Fish Cause Predators to Reduce Aggression Towards Bystanders at Cleaning Stations," *Behavioural Ecology* 19, no. 5 (2008): 1063–67.

182 透過觀察，客戶會在心裡給特定清潔魚打一個形象分數：Bshary, "Machiavellian

Intelligence in Fishes."

182　因此清潔魚會更加配合對客戶的服務：R. Bshary, Arun D'Souza, "Cooperation in Communication Networks: Indirect Reciprocity in Interactions Between Cleaner Fish and Client Reef Fish," in *Animal Communication Networks,* ed. Peter K. McGregor, 521–39 (Cambridge: Cambridge University Press, 2005).

183　但已經建立信任關係的老顧客：R. Bshary, A. S. Grutter, "Asymmetric Cheating Opportunities and Partner Control in the Cleaner Fish Mutualism," *Animal Behaviour* 63, no. 3 (2002): 547–55.

183　懲罰會讓清潔魚……更加配合：Bshary, "Machiavellian Intelligence in Fishes."

183　清潔魚的行為誠信：Marta C. Soares et al., "Does Competition for Clients Increase Service Quality in Cleaning Gobies?" *Ethology* 114, no. 6 (2008): 625–32.

184　事實證明：Andrea Bshary and Redouan Bshary, "SelfServing Punishment of a Common Enemy Creates a Public Good in Reef Fishes," *Current Biology* 20, no. 22 (2010): 2032–35.

185　我放置的音箱會引來成群的蝙蝠：J. P. Balcombe and M. Brock Fenton, "Eavesdropping by Bats: The Influence of Echolocation Call Design and Foraging Strategy," *Ethology* 79, no. 2 (1988): 158–66.

186　華納移走了……：Robert R. Warner, "Traditionality of MatingSite Preferences in a Coral Reef Fish," *Nature* 335 (1988): 719–21, 719.

187　類似的還有鯡魚、石斑魚：Helfman et al., *Diversity of Fishes* (2009).

187　牠們還是會堅持選擇原先的路線：Culum Brown and Kevin M. Laland, "Social Learning in Fishes," in *Fish Cognition and Behaviour*, 186–202.

187　魚類之間的社會關係緊密程度：Giancarlo De Luca et al., "Fishing Out Collective Memory of Migratory Schools," *Journal of the Royal Society Interface* 11, no. 95 (2014), doi:10.1098/rsif.2014.0043.

188　北大西洋露脊鯨：International Whaling Commission (undated), "Status of Whales," accessed November 29, 2014, http://iwc.int/status.

188　雖然人類將漁獵目標轉向了其他物種：www.terranature.org/orange_roughy.htm; www.eurekalert.org/pub_releases/2007-02/osu-ldf021307.php.

合作、民主與和平

189　真正有價值的東西：Albert Einstein, *The World As I See It* (Minneapolis, MN:

Filiquarian Publishing, 2005), 44.

190 梭子魚群會以緊密的螺旋隊形游動：Brian L. Partridge, Jonas Johansson, and John Kalish, "The Structure of Schools of Giant Bluefin Tuna in Cape Cod Bay," *Environmental Biology of Fishes* 9 (1983): 253–62.

191 共同捕獵的成功率……更高：Oona M. Lönnstedt, Maud C. O. Ferrari, and Douglas P. Chivers, "Lionfish Predators Use Flared Fin Displays to Initiate Cooperative Hunting," *Biology Letters* 10, no. 6 (2014), doi:10.1098/rsbl.2014.0281.

191 追擊者把獵物從藏身的狹縫中驅趕出來：Carine Strübin, Marc Steinegger, and R. Bshary, "On Group Living and Collaborative Hunting in the Yellow Saddle Goatfish (Parupeneus cyclostomus)," *Ethology* 117, no. 11 (2011), 961–69.

191 成功的關鍵：R. Bshary et al., "Interspecific Communicative and Coordinated Hunting Between Groupers and Giant Moray Eels in the Red Sea," *PLoS Biology* 4 (2006): e431.

192 談到合作時：Frans B. M. de Waal, "Fishy Cooperation," *PLoS Biology* 4 (2006): e444, doi:10.1371/journal.pbio.0040444.

192 倒立信號完全符合以下五個標準：Alexander L. Vail, Andrea Manica, and R. Bshary, "Referential Gestures in Fish Collaborative Hunting," *Nature Communications* 4 (2013): 1765, doi:10.1038/ncomms2781; Simone Pika and Thomas Bugnyar, "The Use of Referential Gestures in Ravens (Corvus corax) in the Wild," *Nature Communications* 2 (2011): 560.

193 但到第二天：A. L. Vail, A. Manica, and R. Bshary, "Fish Choose Appropriately When and with Whom to Collaborate," Current Biology 24, no. 17 (2014): R791–R793, doi:10.1016/j.cub.2014.07.033.

194 石斑魚沒有手：Ed Yong, "When Your Prey's in a Hole and You Don't Have a Pole, Use a Moray," http://phenomena.nationalgeographic.com/2014/09/08/when-your-preys-in-a -hole-and-you-dont-have-a-pole-use-a-moray.

194 這種高度民主化的決策過程：Jon Hamilton, "In Animal Kingdom, Voting of a Different Sort Reigns," *NPR* Online, last updated October 25, 2012, www.npr.org/2012/10/24/163561729/in-animal-kingdom-voting-of-a-different-sort-reigns3.

194 動物群體做出決策的方法，要麼是……：Iain D. Couzin, "Collective Cognition in Animal Groups," *Trends in Cognitive Sciences* 13, no. 1 (2009): 36–43; Larissa Conradt and Timothy J. Roper, "Consensus Decision Making in Animals," *Trends in Eco ogy and*

Evolution 20, no. 8 (2005): 449–56.

195　棘背魚的行為看上去就像……：David J. T. Sumpter et al., "Consensus Decision Making by Fish," *Current Biology* 18 (2008): 1773–77.

195　落單的棘背魚較容易……：Ashley J. W. Ward et al., "Quorum Decision-Making Facilitates Information Transfer in Fish Shoals," *PNAS* 105, no. 19 (2008): 6948–53.

195　與此類似……小群大肚魚：A. J. W. Ward et al., "Fast and Accurate Decisions Through Collective Vigilance in Fish Shoals," *PNAS* 108, no. 6 (2011): 2312–15.

196　真正以身體對抗彼此：I discuss this at some length in Balcombe, *Second Nature: The Inner Lives of Animals* (New York: Palgrave Macmillan, 2010).

196　魚類通常會用示威的手段：John Maynard- Smith and George Price, "The Logic of Animal Confl ict," *Nature* 246 (1973): 15–18.

196　其他展示方法還有搖頭：Reebs, *Fish Behavior.*

196　紅身藍首魚是攻擊性很強的領地性動物：McFarland, *Oxford Companion to Animal Behavior.*

196　相對陌生的雌魚：Mark H. J. Nelissen, "Structure of the Dominance Hierarchy and Dominance Determining 'Group Factors' in Melanochromis auratus (Pisces, Cichlidae)," *Behaviour* 94 (1985): 85–107.

197　克制能帶來長期的好處：Marian Y. L. Wong et al., "The Threat of Punishment Enforces Peaceful Cooperation and Stabilizes Queues in a Coral- Reef Fish," *Proceedings of the Royal Society of London B: Biological Sciences* 274 (2007): 1093–99.

197　節食能延長很多種動物的壽命：M. Y. L. Wong et al., "Fasting or Feasting in a Fish Social Hierarchy," *Current Biology* 18, no. 9 (2008): R372–R373.

198　觀察過其他雄性打鬥的雄魚：Rui F. Oliveira, Peter K. McGregor, and Claire Latruffe, "Know Thine Enemy: Fighting Fish Gather Information from Observing Conspecific Interactions," Proceedings of the Royal Society of London B: *Biological Sciences* 265 (1998): 1045–49.

199　報導這種現象的科學家猜測：L. A. Rocha, R. Ross, and G. Kopp, "Opportunistic Mimicry by a Jawfish," Coral Reefs 31 (2011): 285, doi:10.1007/ s00338-011-0855-y.

199　好奇的食腐魚類前來查探時：Ron Harlan, "Ten Devastatingly Deceptive or Bizarre Animal Mimics," *Listverse,* July 20, 2013, http://listverse.com/2013/07/20/10-devastatingly-deceptive-or-bizarre-animal-mimics.

199　牠們想抓的小魚：McFarland, *Oxford Companion to Animal Behavior.*

200 管口魚還會藏在經過的小魚群中：Morris, *Animalwatching*.

200 終年生活在暗無天日的海洋深處：Pietsch, *Oceanic Anglerfishes*.

第六章　魚的繁衍

魚的性生活

203 「『愛』怎麼寫？」：A. A. Milne, Winnie-the-Pooh (New York: Puffi n Books, 1992).

205 魚類的性生活有極強的可塑性和靈活性：T. J. Pandian, *Sexuality in Fishes* (Enfield, NH: Science Publishers, 2011).

205 魚類的繁殖方式有32種之多：James S. Diana, Biology and Ecology of Fishes, 2nd ed. (Traverse City, MI: Biological Sciences Press/Cooper Publishing, 2004).

206 有幾十種魚類：Yvonne Sadovy de Mitcheson and Min Liu, "Functional Hermaphroditism in Teleosts," *Fish and Fisherie*s 9, no. 1 (2008): 1–43.

206 比如說，在一個交配體制中：Robert R. Warner, "Mating Behavior and Hermaphroditism in Coral Reef Fishes," *American Scientist* 72, no. 2 (1984): 128–36.

206 ……研究了這種嚴格的交配體制：Hans Fricke and Simone Fricke, "Monogamy and Sex Change by Aggressive Dominance in Coral Reef Fish," *Nature* 266 (1977): 830–32.

207 電影《海底總動員》中的故事有些不準確的地方：Helfman et al., Diversity of Fishes (2009), 458.

207 儘管我們還不明確瞭解這種現象的發生機制：Arimune Munakata and Makito Kobayashi, "Endocrine Control of Sexual Behavior in Teleost Fish," *General and Comparative Endocrinology* 165, no. 3 (2010): 456–68.

208 什麼創造了這個精美的珍品：Some of Yoji Ookata's photos of this phenomenon, posted September 23, 2012, can be found here: http://mostlyopenocean.blogspot.com.au/2012/09/a-little-fish-makes-big-and-sculptures.html.

208 只要一排完卵：Helfman et al., *Diversity of Fishes* (2009).

209 人類和園丁鳥並不是……：Sara Östlund-Nilsson and Mikael Holmlund, "The Artistic Three-Spined Stickleback (Gasterosteus aculeatus)," *Behavioral Ecology and Sociobiology* 53, no. 4 (2003): 214–20.

210 對雌魚來說，……由不同雄魚受精是更好的選擇：Lesley Evans Ogden, "Fish Faking Orgasms and Other Lies Animals Tell for Sex," *BBC Earth,* February 14, 2015,

www.bbc.com/earth/story/20150214-fake-orgasms-and-other-sex-lies?ocid=fbert.

211 是一種明顯的視覺騙術：Norman and Greenwood, *History of Fishes*.

211 精子很快會通過雌性的消化通道：Masanori Kohda et al., "Sperm Drinking by Female Catfishes: A Novel Mode of Insemination," *Environmental Biology of Fishes* 42, no. 1 (1995): 1–6. 187 timed the sperm's passage: Kohda et al.

212 牠的卵可以暫時黏附在……：Morris, A*nimalwatching*.

213 雄性短鰭花鱂之所以這麼做：Martin Plath et al., "Male Fish Deceive Competitors About Mating Preferences," *Current Biology* 18, no. 15 (2008): 1138–41.

213 受到對手偏好的影響：Ingo Schlupp and Michael J. Ryan, "Male Sailfin Mollies (Poecilia latipinna) Copy the Mate Choice of Other Males," *Behavioral Ecology* 8, no. 1 (1997): 104–07.

214 生殖肢都是朝向後方的：Norman and Greenwood, History of Fishes.

214 有些物種的精器旁邊：Lois E. TeWinkel, "The Internal Anatomy of Two Phallostethid Fishes," *Biological Bulletin* 76, no. 1 (1939): 59–69.

214 經過仔細解剖研究後：Ralph J. Bailey, "The Osteology and Relationships of the Phallostethid Fishes," *Journal of Morpholog*y 59, no. 3 (2005): 453–83.

214 生殖肢更長的雄魚：R. Brian Langerhans, Craig A. Layman, and Thomas J. DeWitt, "Male Genital Size Reflects a Tradeoff Between Attracting Mates and Avoiding Predators in Two Live-Bearing Fish Species," *PNAS* 102, no. 21 (2005): 7618–23.

216 這種交配過程有著羅密歐和茱麗葉式的結局：Norman and Greenwood, *History of Fishes*.

216 人工餵養的黃刺尻魚：Ike Olivotto et al., "Spawning, Early Development, and First Feeding in the Lemonpeel Angelfish Centropyge fl avissimus," *Aquaculture* 253 (2006): 270–78.

育兒方式

217 ……就不是無所作為：Charles Dickens, *Our Mutual Friend* (Oxford: Oxford University Press, 1989).

218 雖然老師說……：Norman and Greenwood, *History of Fishes*.

218 會做出某種形式的看護後代行為：Clive Roots, Animal Parents (Westport, CT: Greenwood Press, 2007); Judith E. Mank, Daniel E. L. Promislow, and John C. Avise, "Phyloge ne tic Perspectives in the Evolution of Parental Care in Ray-Finned Fishes,"

Evolution 59, no. 7 (2005): 1570–78.

218 有些鯊魚還有胎盤：William C. Hamlett, "Evolution and Morphogenesis of the Placenta in Sharks," *Journal of Experimental Zoology* 252, Supplement S2 (1989): 35–52.

218 產生能夠餵養後代的物質：Helfman et al., *Diversity of Fishes* (1997).

218 盤麗魚父母會讓幾週大的孩子……：Norman and Greenwood, *History of Fishes.*

218 一類新的肽類抗生素：Edward J. Noga and Umaporn Silphaduang, "Piscidins: A Novel Family of Peptide Antibiotics from Fish," *Drug News and Perspectives* 16, no. 2 (2003): 87–92.

219 全球知名的魚類學家蒂斯：Thys, "For the Love of Fishes."

219 用嘴巴把卡在岩面中的沙粒拔出來：Thys, *personal communication*, August 2015.

219-220 雌性剃刀魚的腹鰭長在一起：Eleanor Bell, "Gasterosteiform," Encyclopedia Britannica, www.britannica.com/animal/gasterosteiform.

220 幾內亞的底棲鯰魚則會把卵團成一團：McFarland, *Oxford Companion to Animal Behavior.*

220 這是一項艱辛的工作：C. O'Neil Krekorian and D. W. Dunham, "Preliminary Observations on the Reproductive and Parental Behavior of the Spraying Characid Copeina arnoldi Regan," *Zeitschrift für Tierpsychologie* 31, no. 4 (1972): 419–37.

221 退潮時，線鳚、錦鳚和狼鰻會……：Lawrence S. Blumer, "A Bibliography and Categorization of Bony Fishes Exhibiting Parental Care," *Zoological Journal of the Linnean Society* 76 (1982): 1–22.

221 這些方法都能讓孵化溫度更高、含氧量更高：higher incubation temperatures: Helfman et al., *Diversity of Fishes* (2009).

221-222 至少有9科魚具有這種行為：Clive Roots, *Animal Parents.*

223 進行口孵的魚會出現餓死的現象：Andrew S. Hoey, David R. Bellwood, and Adam Barnett, "To Feed or to Breed: Morphological Constraints of Mouthbrooding in Coral Reef Cardinalfishes," Proceedings of the Royal Society of London B: *Biological Sciences* 279 (2012): 2426–32.

223 這段時間裡，任何食物都不會進到牠們的腸胃裡：Yasunobu Yanagisawa and Mutsumi Nishida, "The Social and Mating System of the Maternal Mouthbrooder Tropheus moorii in Lake Tanganyika," *Japanese Journal of Ichthyology* 38, no. 3 (1991): 271–82.

223 在感到周圍有危險時，鬥魚爸爸……：Reebs, Fish Behavior.

223 9種天竺鯛的頭部：Hoey et al., "To Feed or to Breed."

224 隨著海洋溫度的升高："Saving the World's Fisheries," unsigned editorial, *Washington Post,* October 3, 2012.

224 雌性會把卵產在……：Roots, *Animal Parents.*

224 雌性海馬也會……玩弄手段：Adam G. Jones and John C. Avise, "Sexual Selection in Male-Pregnant Pipefishes and Seahorses: Insights from Microsatellite Studies of Maternity," *Journal of Heredity* 92, no. 2 (2001): 150–58.

225 具合作繁殖現象的已知鳥類有幾百種：Julie K. Desjardins et al., "Sex and Status in a Cooperative Breeding Fish: Behavior and Androgens," *Behavioral Ecology and Sociobiology* 62, no. 5 (2007): 785–94.

225 助手麗魚會完成多種……工作：Helfman et al., Diversity of Fishes (2009).

225 一項針對塞島葦鶯的研究證實了這個觀點：Jan Komdeur, "Importance of Habitat Saturation and Territory Quality for Evolution of Cooperative Breeding in the Seychelles Warbler," *Nature* 358 (1992): 493–95.

226 伯恩大學的瑞士研究者：Ralph Bergmüller, Dik Heg, and Michael Taborsky, "Helpers in a Cooperatively Breeding Cichlid Stay and Pay or Disperse and Breed, Depending on Ecological Constraints," *Processes in Biological Science* 272 (2005): 325–31.

227 四分之一的卵團受精：Rick Bruintjes et al., "Paternity of Subordinates Raises Cooperative Effort in Cichlids," PLoS ONE 6, no. 10 (2011): e25673, doi:10.1371/journal.pone.0025673.

227 從坦噶尼喀湖的美新亮麗鯛遺傳數據來看：K. A. Stiver et al., "Mixed Parentage in Neolamprologus pulcher Groups," Journal of Fish Biology 74, no. 5 (2009): 1129–35, doi:10.1111/j.1095-8649.2009.02173.x.

227 這些卵中有些是自己的血脈：Bruintjes et al., "Paternity of Subordinates."

227 回到巢穴後：Bergmüller et al., "Helpers in a Cooperatively Breeding Cichlid"; R. Bergmüller, M. Taborsky, "Experimental Manipulation of Helping in a Cooperative Breeder: Helpers 'Pay to Stay' by Pre- emptive Appeasement," *Animal Behaviour* 69, no. 1 (2005): 19–28.

228 還有證據顯示這是一種互利行為：Michael S. Webster, "Interspecifi c Brood Parasitism of Montezuma Oropendolas by Giant Cowbirds: Parasitism or Mutualism?" *Condor* 96 (1994); 794–98.

229 南鱨父親則會捕獲無脊椎動物：Jay R. Stauffer and W. T. Loftus, "Brood Parasitism of a Bagrid Catfish (Bagrus meridionalis) by a Clariid Catfish (Bathyclarias nyasensis) in Lake Malaŵi, Africa," *Copeia* 2010, no. 1: 71–74.

229 可謂厚顏無恥且欺人太甚：Tetsu Sato, "A Brood Parasitic Catfish of Mouthbrooding Cichlid Fishes in Lake Tanganyika," *Nature* 323 (1986): 58–59.

第七章　離水之魚

233 我的雙手是牠的白日夢魘：D. H. Lawrence, "Fish."

235 已知最早的漁網：Arto Miettinen et al., "The Palaeoenvironment of the Antrea Net Find," in Karelian Isthmus: *Stone Age Studies in 1998–2003*, ed. Mika Lavento and Kerkko Nordqvist, 71–87 (Helsinki: The Finnish Antiquarian Society, 2008).

236 儘管人類每年從海洋中捕撈了幾百萬噸魚類：H. J. Shepstone, "Fishes That Come to the Deep- Sea Nets," in *Animal Life of the World*, ed. J. R Crossland and J. M. Parrish (London: Odhams Press, 1934), 525.

236 2009年全球人均魚類年消費量：FAO, "State of World Fisheries, Aquaculture Report— Fish Consumption" (2012), www.thefishsite.com/articles/1447/fao-state-of-world-fisheries-aquaculture-report-fish-consumption.

236 美國的人均魚類消費量：Carrie R. Daniel et al., "Trends in Meat Consumption in the United States," *Public Health Nutrition* 14, no. 4 (2011): 575–83.

236 全球魚類數量正在急劇減少：Gaia Vince, "How the World's Oceans Could Be Running Out of Fish," September 21, 2012, www.bbc.com/future/story/20120920-are-we-running-out-of-fish.

236 「如果有人認為有限環境（比如海洋）也能無限增長……」：Adam Sherwin, " 'Leave the badgers alone,' says Sir David Attenborough. 'The real problem is the human population,' " The In de pen dent, November 5, 2012, www.independent.co.uk/environment/nature/leave-the-badgers-alone-says-sir-david-attenborough-the-real-problem-is-the-human-population-8282959.html.

237 延繩捕魚使用的延繩上有二千五百多個魚鉤：J. Rice, J. Cooper, P. Medley, and A. Hough, "South Georgia Patagonian Toothfish Longline Fishery," Moody Marine Ltd. (2006), www.msc.org/track-a-fishery/fisheries-in-the-program/certified/south-atlantic-indian-ocean/south-georgia-patagonian-toothfish-longline/assessment-documents/document-upload/SurvRep2.pdf.

237 各種生長階段、不同大小的魚類：W. Jeffrey Bolster, *The Mortal Sea: Fishing the Atlantic in the Age of Sail* (Cambridge, MA: Belknap Press/Harvard University Press, 2012).

237 美國著名海洋學家：Lloyd Evans, "Making Waves: An Audience with Sylvia Earle, the Campaigner Known as Her Deepness," The Spectator, June 25, 2011, http://new.spectator.co.uk/2011/06/making-waves-2.

237 他們一次出海就會持續幾週：FAO, "The Tuna Fishing Vessels of the World," chapter 4 of the FAO's "Managing Fishing Capacity of the World Tuna Fleet" (2003), www.fao.org/docrep/005/y4499e/y4499e07.htm.

237 世界各地的海上有無數這樣的加工船：FAO Fisheries Circular No. 949 FIIT/C949, "Analysis of the Vessels Over 100 Tons in the Global Fishing Fleet" (1999), www.fao.org/fishery/topic/1616/en.

238 魚類養殖：J. Lucas, "Aquaculture," Current Biology 25 (2015): R1-R3; Lucas, *personal communication*, January 6, 2016.

238 在鱒魚養殖場中魚類的密度……：Philip Lymbery, "In Too Deep—Why Fish Farming Needs Urgent Welfare Reform" (2002), www.ciwf.org.uk/includes/documents/cm_docs/2008/i/in_too_deep_summary_2001.pdf.

238 全球超過一半的……：FAO, "Highlights of Special Studies," *The State of World Fisheries and Aquaculture* 2008 (Rome: FAO, 2008), ftp://ftp.fao.org/docrep/fao/011/i0250e/i0250e03.pdf.

238 根據2000年一份分析報告顯示：Rosamond L. Naylor et al., "Effect of Aquaculture on World Fish Supplies," *Nature* 405 (2000): 1017–24.

239 大西洋油鯡的捕撈上限：P. Baker, "Atlantic Menhaden Catch Cap a Success," The Pew Charitable Trusts, May 15, 2014, www.pewtrusts.org/en/research-and-analysis/analysis/2014/05/15/atlantic-menhaden-catch-cap-a-success-millions-more-of-the-most-important-fish-in-the-sea.

239 大多數鯡魚粉：Jacqueline Alder et al., "Forage Fish: From Ecosystems to Markets," *Annual Review of Environment and Resources* 33 (2008): 153–66; Sylvester Hooke, "Fished Out! Scientists Warn of Collapse of all Fished Species by 2050," *Healing Our World* (Hippocrates Health Institute magazine) 32, no. 3 (2012): 28–29, 63.

239 一家名為歐米伽蛋白的公司：Helfman and Collette, *Fishes: The Animal Answer Guide*.

240 10~30%的養殖魚死亡率：Lymbery, "In Too Deep" (2002); www.ciwf.org.uk/ includes/documents/cm_docs/2008/i/in_too_deep_summary_2001.pdf.

240 影響到以鮭魚為食的野生動物：Cornelia Dean, "Saving Wild Salmon, in Hopes of Saving the Orca," New York Times, November 4, 2008.

240 尼加拉瓜湖中的羅非魚養殖場：Elisabeth Rosenthal, "Another Side of Tilapia, the Perfect Factory Fish," *New York Times*, May 2, 2011.

240 幼魚完全沒機會學習：Culum Brown, T. Davidson, and K. Laland, "Environmental Enrichment and Prior Experience of Live Prey Improve Foraging Behavior in Hatchery-Reared Atlantic Salmon," *Journal of Fish Biology* 63, supplement S1 (2003):187–96.

241 魚類具有觀察學習的能力：see Culum Brown, "Fish Intelligence, Sentience, and Ethics," *Animal Cognition*, (2014) 18:1–17.

242 能捕獲50萬條鯡魚：Based on average herring weights, and that a single set may contain 200 tons of herring. See, the Gulf of Maine Research Institute, www.gma.org/ herring/harvest_and_processing/seining/default.asp.

243 食道外翻：Emily S. Munday, Brian N. Tissot, Jerry R. Heidel, and Tim Miller-Morgan, "The Effects of Venting and Decompression on Yellow Tang (Zebrasoma flavescens) in the *Marine Ornamental Aquarium Fish Trade*," PeerJ 3: e756, DOI 10.7717/peerj.756.

243 因不人道而在德國被禁止使用：Anon. (1997). Verordnung zum Schutz von Tieren in Zusammenhang mit der Schlachtung oder Tötung—TierSchlV (Tierschutz-Schlachtverordnung), vom 3. März 1997, Bundesgesetzblatt Jahrgang 1997 Teil I S. 405, zuletzt geändert am 13. April 2008 durch Bundesgesetzblatt Jahrgang 2008 Teil I Nr. 18, S. 855, Art. 19 vom 24. April 2006.

244 其中一部分方法：D. H. F. Robb and S. C. Kestin, "Methods Used to Kill Fish: Field Observations and Literature Reviewed," *Animal Welfare* 11, no. 3 (2002): 269–82.

244 這只是人類一天當中的副漁獲物數量：R. W. D. Davies et al., "Defi ning and Estimating Global Marine Fisheries Bycatch," *Marine Policy* 33, no. 4 (2009): 661–72.

244 全球每年的副漁獲物率：FAO Fisheries and Aquaculture Department, "Reduction of Bycatch and Discards," www.fao.org/fishery/topic/14832/en, accessed September 9, 2015.

245 根據這一定義，目前……：Davies et al., "Defi ning and Estimating Global Marine Fisheries Bycatch."

245 不需要的魚和蝦的重量：Helfman et al., *Diversity of Fishes* (2009).

245 總的來說，⋯⋯包括了105種不同的魚：Helfman et al. (2009).

245 捕魚船隊每年會丟棄（或遺失）：A. Butterworth, I. Clegg, and C. Bass, *Untangled—Marine Debris: A Global Picture of the Impact on Animal Welfare and of Animal-Focused Solutions* (London: World Society for the Protection of Animals [now: World Animal Protection], 2012).

245 海豚死亡數量⋯⋯下降到每年3千隻：NOAA Fisheries, "The Tuna-Dolphin Issue," last modified December 24, 2014, https://swfsc.noaa.gov/textblock.aspx?Division=PRD&ParentMenuId=228&id=1408.

246 但海豚的種群數量仍然沒有恢復：Paul R. Wade et al., "Depletion of Spotted and Spinner Dolphins in the Eastern Tropical Pacific: Modeling Hypotheses for Their Lack of Recovery," *Marine Ecology Progress Serie*s 343 (2007), 1–14.

246 拖網漁船上掛滿誘餌的延繩釣線和船索："Rosy Outlook," *New Scientis*t, February 28, 2009, p5.

246 這種簡單的驅鳥措施如今已在整個行業內推廣使用：Agreement on the Conservation of Albatrosses and Petrels, "Best Practice Seabird Bycatch Mitigation," September 19, 2014, http:// acap.aq/en/bycatch-mitigation/mitigation-advice/2595-acap-best-practice-seabird-bycatch-mitigation-criteria-and-definition/file.

248 鯊魚鰭並不是唯一帶給牠們苦難的來源：[Wilcox 2015]. Christie Wilcox, "Shark fin ban masks growing appetite for its meat," www.theguardian.com/environment/2015/sep/12/shark-fin-ban-not-saving-species.

248 從事禁止捕撈鯊魚的研究也就不足為奇了：Juliet Eilperin, *Demon Fish: Travels Through the Hidden World of Sharks* (New York: Pantheon, 2011).

248 美國最受歡迎的戶外活動：United States Fish and Wildlife Ser vice, "National Survey of Fishing, Hunting, and WildlifeAssociated Recreation: National Overview" (2012), http://digitalmedia.fws.gov/cdm/ref/collection/document/id/858.

248 從全球範圍來看，有超過十分之一的人：Stephen J. Cooke and Ian G. Cowx, "The Role of Recreational Fishing in Global Fish Crises," *BioScience* 54 (2004): 857–59.

248 這是一樁大生意：American Sportfishing Association, "Recreational Fishing: An Economic Power house" (2013), http://asafishing.org/facts-figures.

249 魚鉤造成的眼睛損傷：Robert B. DuBois and Richard R. Dubielzig, "Effect of Hook Type on Mortality, Trauma, and Capture Efficiency of Wild, Stream-Resident Trout

Caught by Angling with Spinners," North American Journal of Fisheries Management 24 no. 2 (2004), 609–16; Robert B. DuBois and Kurt E. Kuklinski, "Effect of Hook Type on Mortality, Trauma, and Capture Effi ciency of Wild, Stream- Resident Trout Caught by Active Baitfishing," *North American Journal of Fisheries Management* 24, no. 2 (2004): 617–23.

249　抄網會造成不同程度的傷害：B. L. Barthel et al., "Effects of Landing Net Mesh Type on Injury and Mortality in a Freshwater Recreational Fishery," *Fisheries Research* 63, no. 2 (2003): 275–82.

250　8%的魚在過磅之前就死了：Thomas M. Steeger et al., "Bacterial Diseases and Mortality of Angler-Caught Largemouth Bass Released After Tournaments on Walter F. George Reservoir, Alabama/Georgia," *North American Journal of Fisheries Management* 14, no. 2 (1994): 435–41.

250　不過，如果這些魚……通常還能活下來："Bring That Rockfish Down," Sea Grant catch-and-release brochure on preventing and relieving barotrauma to fishes, www. westcoast.fisheries.noaa.gov/publications/fishery_management/recreational_fishing/rec_fish_wcr/bring_that_rockfish_down.pdf.

250　捕食性魚類的總量減少了超過三分之二：David Shiffman, "Predatory Fish Have Declined by Two Thirds in the Twentieth Century," Scientifi c American, October 20, 2014, www.scientificamerican.com/article/predatory-fish-have-declined-by-two-thirds-in-the-20th-century.

250　厄爾這樣描述：Evans, "Making Waves."

251　一條鮪魚能吃掉與自身體重相當的獵物：Valérie Allain, "What Do Tuna Eat? A Tuna Diet Study," *SPC Fisheries Newsletter* 112 (January/March 2005): 20–22.

251　北方藍鰭鮪魚和太平洋黑鮪：Ira Seligman and Alex Paulenoff, "Saving the Bluefi n Tuna" (2014), https://prezi.com/lhvzz56yni7_/saving-the-bluefin-tuna.

251　其價格是白銀的兩倍：British Broadcasting Corporation (BBC), "Superfish: Bluefi n Tuna" (2012), a forty- four- minute documentary, can be viewed at: http://wn.com/superfish_bluefin_tuna.

251　尤其是孕婦、哺乳期婦女：FAO Fisheries and Aquaculture Department, "Fish Contamination," accessed October 9, 2015, at www.fao.org/fishery/topic/14815/en.

251　這些汙染物會對人類造成各種負面影響……："Fish," NutritionFacts . org, accessed October 2015, http://nutritionfacts.org/topics/fish.

251 已開發國家一直在鼓勵居民：David J. A. Jenkins et al., "Are Dietary Recommendations for the Use of Fish Oils Sustainable?" *Canadian Medical Association Journal* 180, no. 6 (2009): 633–37.

252 這一建議的主要問題在於……：Jenkins et al.

252 從開發中國家進口更多的魚：Jenkins et al. 228 Having witnessed the sharp decline: Natasha Scripture, "Should You Stop Eating Fish?" IDEAS . TED . COM, August 20, 2014, http://ideas.ted.com/should-you-stop-eating-fish-2.

252 「問自己這樣一個問題，」她說……：Sylvia Earle, in Scripture, "Should You Stop Eating Fish?"

252 商業捕撈過度的物種種群規模：Alister Doyle, "Ocean Fish Numbers Cut in Half Since 1970," Scientifi c American, September 16, 2015, www.scientificamerican.com/article/ocean-fish-numbers-cut-in-half-since-1970/?WT.mc_id=SA_EVO_20150921.

252 「如果動物有知覺」：Vonne Lund et al., "Expanding the Moral Circle: Farmed Fish as Objects of Moral Concern," *Diseases of Aquatic Organisms* 75 (2007): 109–18.

後記

253 道德的蒼穹：Martin Luther King, "Keep Moving from This Mountain," sermon at Temple Israel (Hollywood, CA, February 25, 1965). Taken from https://en.wikiquote.org/wiki/Martin_Luther_King,_Jr.#Keep_Moving_From_This_Mountain_.281965.29.

254 「魚類永遠生活在水中……」：Foer, *Eating Animals* (New York: Back Bay Books, 2010).

255 儘管我們仍會在頭版上看到一些暴力新聞：Steven Pinker, *The Better Angels of Our Nature: Why Violence Has Declined* (New York: Viking Penguin, 2011).

256 地方法律將動物的法律地位從「財產」更改為「伴侶」：www.coloradodaily.com/ci_13116998?source=most_viewed. The "guardian campaign" website was last updated in 2012: www.guardiancampaign.org; www.guardiancampaign.org/guardiancity.html.

256 ……召開一場聽證會：David Grimm, "Updated: Judge's Ruling Grants Legal Right to Research Chimps," last updated April 22, 2015, http://news.sciencemag.org/plants-animals/2015/04/judge-s-ruling-grants-legal-right-research-chimps. The judge later reversed her decision. Jason Gershman, "Judge Says Chimps May One Day Win Human Rights, but Not Now," July 30, 2015, http://blogs.wsj.com/law/2015/07/30/judge-says-

chimps-may-one-day-win-human-rights-but-not-now.

256 在歐洲部分地區……已是非法行為：The northern Italian town of Monza enacted such a law in 2004, www.washingtonpost.com/wp-dyn/articles/A44117-2004Aug5. html. Rome followed suit in 2005, www.cbc.ca/news/world/rome-bans-cruel-goldfish-bowls-1.556045.

256 2008年4月，……通過一項法案：Accessed November 2015 at: www.swissinfo. ch/eng/life-looks-up-for-swiss-animals/6608378; www.animalliberationfront.com/ ALFront/Actions-Switzerland/NewLaw2008 . htm.

256 2013年德國頒布一項法律：Anonymous (2012). Tierschutz-Schlachtverordnung, vom 20 (December 2012): BGBl. I S. 2982.

256 挪威也禁止使用二氧化碳：FishCount.org, "Slaughter of Farmed Fish," http:// fishcount.org.uk/farmed-fish-welfare/farmed-fish-slaughter, accessed December 11, 2015.

258 「當我看到鮭魚養殖場的時候……」：Paul Watson, *personal communication*, May 2015.

附件 1：魚類屬名／學名對照表

科名		屬或學名	中文名
Tetraodontidae	四齒魨科	*Tetraodon lineatus*	阿拉伯魨
Lebiasinidae	鱗脂鯉科	*Copello arnoldi*	阿氏絲鰭脂鯉
Poeciliidae	花鱂科	*Brachyrhaphis episcopi*	埃氏短棒鱂
Ptyctodontidae	褶齒魚科	*Materpiscis attenboroughi*	艾登堡魚母
Goodeidae	谷鱂科	*Xenotoca eiseni*	艾氏異仔鱂
Salmonidae	鮭科	*Salmo salar*	安大略鱒
Atherinopsidae	擬銀漢魚科	*Atherinops affinis*	安芬擬銀漢魚
Mormyridae	象鼻魚科	*Marcusenius angolensis*	安哥拉異吻象鼻魚
Pomacentridae	雀鯛科	*Pomacentrus amboinensis*	安邦雀鯛
Labridae	隆頭魚科	*Thalassoma hardwicke*	哈氏錦魚
Labridae	隆頭魚科	*Choerodon anchorago*	鞍斑豬齒魚
Dactylopteridae	飛角魚科	*Dactyloptena tiltoni*	翱翔真豹魴鮄
Titanichthyidae	霸魚科	*Titanichthys*	霸魚屬
Squalidae	角鯊科	*Squalus acanthias*	白斑角鯊
Ephippidae	白鯧科		
Ictaluridae	北美鯰科	*Ictalurus punctatus*	斑真鮰
Cyprinidae	鯉科	*Danio rerio*	斑馬魚
Hemiscylliidae	長尾鬚鯊科	*Chiloscyllium*	狗鯊屬
Cyprinidae	鯉科	*Puntius semifasciolatus*	條紋小鲃
Serranidae	鮨科	*Mycteroperca rosacea*	豹紋喙鱸
Serranidae	鮨科	*Plectropomus leopardus*	花斑刺鰓鮨
Stegostomatidae	虎鯊科	*Stegostoma fasciatum*	大尾虎鯊
Clupeidae	鯡科	*Brevoortia tyrannus*	暴油鯡
Callichthyidae	美鯰科	*Corydoras*	兵鯰屬
Labridae	隆頭魚科	*Cheilinus undulatus*	曲紋唇魚
Poeciliidae	花鱂科	*Xiphophorus birchmanni*	伯氏劍尾魚
Cichlidae	麗魚科	*Astatotilapia burtoni*	伯氏妊麗魚

科名		屬或學名	中文名
Chaenopsidae	旗鳚科	*Neoclinus blanchardi*	勃氏新熱鳚
Serranidae	鮨科	*Mycteroperca bonaci*	博氏喙鱸
Carcharhinidae	真鯊科	*Carcharhinus longimanus*	長鰭真鯊
Centrarchidae	棘臀魚科	*Micropterus salmoides*	大口黑鱸
Clupeidae	鯡科	*brevoortia patronus*	大鱗油鯡
Scophthalmidae	菱鮃科	*Scophthalmus maximus*	大菱鮃
Cyprinidae	鯉科	*Squalius cephalus*	大頭歐雅魚
Ephippidae	白鯧科	*Chaetodipterus faber*	大西洋棘白鯧
Atherinopsidae	擬銀漢魚科	*Menidia menidia*	大西洋美洲原銀漢魚
Clupeidae	鯡科	*Harengula jaguana*	大西洋青鱗魚
Trachichthyidae	燧鯛科	*Hoplostethus melanopus*	大西洋胸棘鯛
Gadidae	鱈科	*Gadus morhua*	大西洋鱈
Belonidae	鶴鱵科	*Strongylura marina*	大西洋圓尾鶴鱵
Anomalopidae	燈眼魚科		
		Dunkleosteus	鄧氏魚屬
Lutjanidae	笛鯛科		
Gymnotidae	裸背電鰻科	*Electrophorus electricus*	電鰻
Scombridae	鯖科	*Thunnus orientalis*	太平洋黑鮪
Melanotaeniidae	虹銀漢魚科	*Melanotaenia duboulayi*	杜氏虹銀漢魚
Poeciliidae	花鱂科	*Poecilia mexicana*	短鰭花鱂
Carcharhinidae	真鯊科	*Negaprion brevirostris*	短吻檸檬鯊
Carcharhinidae	真鯊科	*Carcharhinus amblyrhynchos*	鈍吻真鯊
Placodermi	盾皮魚綱		
Kyphosidae	䲁科		
Otophysi	骨鰾類		
Molidae	翻車魨科		
Triglidae	魴鮄科		
Exocoetidae	飛魚科		
Gobiidae	鰕虎科	*Pandaka pygmaea*	菲律賓矮鰕虎
Myliobatidae	鱝科	*Mobula*	蝠鱝屬

科名		屬或學名	中文名
Paralichthyidae	牙鮃科	*Citharichthys*	副棘鮃屬
Pomacentridae	雀鯛科	*Chrysiptera parasema*	副刻齒雀鯛
Osphronemidae	絲足鱸科	*Macropodus opercularis*	蓋斑鬥魚
Carangidae	鰺科	*Oligoplites saurus*	革鰺
Amiiformes	弓鰭魚目	*Amia calva*	弓鰭魚
Kurtidae	鉤頭魚科	*Kurtus gulliveri*	鉤頭魚
Esocidae	狗魚科	*esox lucius*	白斑狗魚
Alestiidae	鮭脂鯉科	*Hydrocynus*	狗脂鯉屬
Goodeidae	谷鱂科		谷鱂科
Aulostomidae	管口魚科	*Aulostomus*	管口魚屬
Embiotocidae	海鯽科		
Pomacentridae	雀鯛科	Amphiprioninae	海葵魚亞科
Syngnathidae	海龍科	*Syngnathinae*	海龍亞科
Perciformes	鮨科		
Petromyzontidae	七鰓鰻科	*Petromyzon marinus*	海七鰓鰻
Muraenidae	鯙科		
Belonidae	鶴鱵科		鶴鱵
Balistidae	鱗鲀科	*Melichthys vidua*	黑邊角鱗鲀
Balistidae	鱗鲀科	*Rhinecanthus rectangulus*	斜帶吻棘鲀
Labridae	隆頭魚科	*Hemigymnus melapterus*	黑鰭半裸魚
Salmonidae	鮭科	*Oncorhynchus nerka*	紅鉤吻鮭
Opistognathidae	後頜魚科	*Stalix histrio*	紅海叉棘䲁
Cichlidae	慈鯛科	*Tropheus moorii*	紅身藍首魚
Cyprinidae	鯉科	*Carassius auratus*	鯽
Pomacentridae	雀鯛科	*Hypsypops rubicundus*	紅尾高歡雀鯛
Poeciliidae	花鱂科	*Poecilia reticulata*	孔雀花鱂
Melanotaeniidae	虹銀漢魚科		
Salmonidae	鮭科	*Oncorhynchus mykiss*	麥奇鉤吻鮭
Chaetodontidae	蝴蝶魚科		
Poeciliidae	花鱂科	*Poecilia*	花鱂屬
Pomacanthidae	蓋刺魚科	*Centropyge flavissima*	黃刺尻魚

科名		屬或學名	中文名
Acanthuridae	刺尾鯛科	*Zebrasoma flavescens*	黃高鰭刺尾鯛
Lutjanidae	笛鯛科	*Ocyurus chrysurus*	黃敏尾笛鯛
Labridae	隆頭魚科	*Halichoeres garnoti*	黃首海豬魚
Haemulidae	石鱸科	*Haemulon flavolineatum*	黃仿石鱸
Cichlidae	麗魚科	*Symphysodon aequifasciatus*	黃棕盤麗魚
Cichlidae	麗魚科	*Tropheus duboisi*	灰體藍首魚
Billfish	喙魚		應是指旗魚
Centrarchidae	棘臀魚科		太陽鱸科
Clariidae	鬍鯰科	*Clarias gariepinus*	尖齒鬍鯰
Poeciliidae	花鱂科	*Xiphophorus*	劍魚屬
Xiphiidae	劍旗魚科	*Xiphias gladius*	劍旗魚
Carcharhinidae	真鯊科		礁鯊
Ginglymostomatidae	鉸口鯊科	*Ginglymostoma cirratum*	鉸口鯊
Scombridae	鯖科	*Thunnus*	鮪屬
Cyprinidae	鯉科	*Notemigonus crysoleucas*	金體美鯿
Sparidae	鯛科	*Sparus aurata*	金頭鯛
Cyprinidae	鯉科	*Cyprinus rubrofuscus*	赤棕鯉
Pholidae	錦鯛科		
Phallostethidae	精器魚科		
Cichlidae	麗魚科	*Amphilophus citrinellus*	橘色雙冠麗魚
serrasalminae	鋸脂鯉（亞）科		
Rachycentridae	海鱺科	*Rachycentron canadum*	海鱺
Dasyatidae	魟科	*Potamotrygon castexi*	卡氏江魟
Terapontidae	鯻科		
Acanthuridae	刺尾魚科	*Acanthurus coeruleus*	藍刺尾魚
Scombridae	鯖科	*Thunnus maccoyii*	南方黑鮪
Scombridae	鯖科	*Thunnus orientalis*	太平洋黑鮪
Scombridae	鯖科	*Thunnus thynnus*	北方藍鰭鮪
Scombridae	鯖科	*Thunnus tonggol*	長腰鮪
Centrarchidae	太陽魚科	*Lepomis macrochirus*	藍鰓太陽魚

科名	屬或學名	中文名
Siganidae	臭肚魚科	
Cyprinidae	鯉科	*Cyprinus carpio*	鯉
Cyprinidae	鯉科	Eurasian carp 俗名	歐亞鯉
Cichlidae	麗魚科	
Plesiopidae	七夕魚科	*Calloplesiops argus*	亮麗鮗
Labridae	隆頭魚科	*Labroides*	裂唇魚屬
Balistidae	鱗魨科	
Labridae	隆頭魚科	
Percidae	河鱸科	*Perca*	鱸屬
Pomacentridae	雀鯛科	*Stegastes planifrons*	漫遊高身雀鯛
Thaumatichthyidae	奇鮟鱇科	*Lasiognathus saccostoma*	毛頜鮟鱇
Cichlidae	麗魚科	*Neolamprologus pulcher*	美新亮麗鯛
Anguillidae	鰻鱺科	*Anguilla rostrata*	美洲鰻鱺
Clupeidae	鯡科	*Alosa sapidissima*	美洲西鯡
Mochokidae	倒立鯰科	*Synodontis multipunctatus*	密點歧鬚鮠
Pomacentridae	雀鯛科	*Pomacentrus moluccensis*	摩鹿加雀鯛
Characidae	脂鯉科	*Pygocentrus nattereri*	納氏臀點脂鯉
Bagridae	鱨科	*Bagrus meridionalis*	南鱨
Oreochromis niloticus	麗魚科	*Oreochromis niloticus*	尼羅口孵非鯽
Anabantidae	攀鱸科	
Cichlidae	麗魚科	*Symphysodon*	盤麗魚屬
Cyprinidae	鯉科	*Rhodeus*	鰟鮍屬
Cyprinidae	鯉科	*Pimephales promelas*	胖頭鱥
Carcharhinidae	真鯊科	*Carcharhinus perezi*	佩氏真鯊
Myliobatidae	鱝科	*Manta*	蝠鱝屬
Scombridae	鯖科	
Pomacentridae	雀鯛科	
Stomiidae	巨口魚科	*Malacosteus*	柔骨魚屬
Serranidae	鮨科	*Plectropomus pessuliferus*	蠕線鰓棘鱸
Serranidae	鮨科	*Cephalopholis miniata*	青星九刺鮨
Gasterosteidae	棘背魚科	*gasterosteus aculeatus*	三刺魚

科名		屬或學名	中文名
Labridae	隆頭魚科	*Choerodon schoenleinii*	邵氏豬齒魚
Sciaenidae	石首魚科		
Poeciliidae	花鱂科	*Gambusia affinis*	大肚魚
Cichlidae	慈鯛科	*Bujurquina vittata*	飾紋布瓊麗魚
Lamnidae	鼠鯊科	*Carcharodon carcharias*	食人鯊
Labridae	隆頭魚科	*Halichoeres bivittatus*	雙帶海豬魚

附件 2：中英名索引

中文名	俗名	英文名 / 學名
阿拉伯魨	斑馬狗頭	fahaka puerfishes / *Tetraodon lineatus*
阿氏絲鰭脂鯉	阿氏短頜鯛脂鯉	spraying characin / *Copello arnoldi*
埃氏短棒鱂		specic species bishops / *Brachyrhaphis episcopi*
艾登堡魚母		*Materpiscis attenboroughi*
艾氏異仔鱂		redtail splitfins / *Xenotoca eiseni*
安大略鱒	大西洋鮭	Atlantic salmon / *Salmo salar*
安芬擬銀漢魚		Topsmelt / *Atherinops anis*
大鱗異吻象鼻魚		bulldog elephantfishes / *Marcusenius macrolepidotus*
安邦雀鯛	厚殼仔、金紺仔	ambon damselfishes / *Pomacentrus amboinensis*
哈氏錦魚	四齒、礫仔、六帶龍、柳冷仔、青汕冷、青銅管、哈氏葉鯛、丁斑、鞍斑錦魚	sixbar wrasses / *Thalassoma hardwicke*
鞍斑豬齒魚	石老、四齒仔、西齒、黑簾仔、楔斑寒鯛、黑鏈仔	orange-dotted tuskfishes / *Choerodon anchorago*
鮟鱇（目）	琵琶魚、結巴魚、燈籠魚	Anglerfishes / Order Lophiiformes
翺翔真豹魴鮄		flying gurnards / *Dactylopterus volitans*
霸魚（化石）		*Titanichthys*
白斑角鯊		spiny dogfish sharks / *Squalus acanthias*
白鯧（科）		Spadefishes / Family Ephippidae
斑真鮰	河內鯰魚、美洲河鯰、清江魚	channel catfishes / *Ictalurus punctatus*
斑馬魚	藍斑馬魚、印度斑馬魚、斑馬魟、藍條魚、花條魚、印度魚	Zebrafishes / *Danio rerio*
斑竹鯊（狗鯊屬）		bamboo sharks / Genus *Chiloscyllium*

中文名	俗名	英文名 / 學名
條紋小魮	半紋小魮、條紋二鬚魮、紅目鮘、紅目猴、牛屎鯽仔、五線無鬚魮	gold barbs / *Puntius semifasciolatus*
豹紋喙鱸		leopard grouper / *Mycteroperca rosacea*
花斑刺鰓鮨	東星斑、鱠、過魚、石斑、七星斑、青條、東星斑、紅條、黑條、豹紋鰓棘鱸	leopard coral groupers / *Plectropomus leopardus*
大尾虎鯊		zebra sharks / *Stegostoma fasciatum*
暴油鯡	大西洋油鯡	Atlantic menhaden / *Brevoortia tyrannus*
鰏（科）		Ponyfishes / Family Leiognathidae
兵鯰（屬）		Catfishes / *Corydoras*
曲紋唇魚	蘇眉魚、拿破崙、龍王鯛、海哥龍王、大片仔、石蚱仔、汕散仔、闊嘴郎、波紋鸚鯛、沙疕	humphead wrasses / *Cheilinus undulates*
伯氏劍尾魚	羊頭劍尾魚	sheepshead swordtails / *Xiphophorus birchmanni*
伯氏妊麗魚		*Astatotilapia burtoni*
勃氏新熱䲁		sarcastic fringehead / *Neoclinus blanchardi*
博氏喙鱸	石斑魚	black groupers / *Mycteroperca bonaci*
長鰭真鯊	大沙、汙斑白眼鮫、花鯊	whitetip sharks / *Carcharhinus longimanus*
刺蓋魚（科）		Angelfishes / Family Pomacanthidae
刺尾鯛（科）		Surgeonfishes / Family Acanthuridae
棘背魚（科）		Sticklebacks / Family Gasterosteidae
大口黑鱸	黑鱸、加州鱸、淡水鱸	largemouth basses / *Micropterus salmoides*
大鱗油鯡		gulf menhaden / *Brevoortia patronus*
大菱鮃 s	瘤棘鮃、歐洲比目魚	Turbots / *Scophthalmus maximus*
大頭歐雅魚	歐鰱、圓鰭雅羅魚	Chubs / *Squalius cephalus*
大西洋棘白鯧		Atlantic spadefish / *Chaetodipterus faber*

中文名	俗名	英文名 / 學名
大西洋美洲原銀漢魚	大西洋銀魚	Atlantic silverside / *Menidia menidia*
大西洋青鱗魚		scaled herrings / *Harengula jaguana*
大西洋胸棘鯛	黑首胸燧鯛、黑首燧鯛、燧鯛	orange roughies / *Hoplostethus atlanticus*
大西洋鱈		Atlantic cods / *Gadus morhua*
大西洋圓尾鶴鱵	尾斑圓尾鶴鱵、尾斑柱頜針魚	Atlantic needlefish / *Strongylura marina*
刀魚	長刀魚	Knifefishes
燈眼魚（科）	燈夾鯛科	ashlight fishes / Family Anomalopidae
鄧氏魚（屬）	胴殼魚、恐魚	*Dunkleosteus*
笛鯛（科）		Snappers / Family Lutjanidae
電鰻		electric eels / *Electrophorus electricus*
電鱝（目）		torpedo rays / Order Torpediniformes
鰈形目 / 鰈魚		Flatfishes / Order Pleuronectiformes
鰈魚 / 鰈亞目下的大部分成員	比目魚	Flounders / Suborder Pleuronectoidei
太平洋黑鮪	黑鮪、黑甕串、黑暗串、東方鮪、東方藍鰭鮪、黑串、金槍魚	Pacific bluefin tunas
杜氏虹銀漢魚		*Melanotaenia duboulayi*
短鰭花鱂		Atlantic molly / *Poecilia mexicana*
短吻檸檬鯊		lemon sharks / *Negaprion brevirostris*
鈍吻真鯊	黑印真鯊、大沙、黑印白眼鮫、黑尾真鯊、灰礁鯊	gray（reef）sharks / *Carcharhinus amblyrhynchos*
盾皮魚（綱）		Placoderms / Class Placodermi
翻車魨（科）		Molidae
魴鮄（科）	角魚科	sea robin / Family *Triglidae*
飛魚（科）		flying fishes / Family Exocoetidae
菲律賓矮鰕虎		*Pandaka pygmaea*
鯡魚（科）	鯡魚	Herrings
蝠鱝（屬）	魔鬼魚、鬼蝠魟	mobula rays / Genus *Mobula*

中文名	俗名	英文名 / 學名
副棘鮃（屬）		sand dabs / Genus *Citharichthys*
副刻齒雀鯛	副金翅雀鯛	yellowtail damselfish / *Chrysiptera parasema*
蓋斑鬥魚	三斑鬥魚、台灣鬥魚、中華鬥魚	paradise fishes / *Macropodus opercularis*
革鰺		leatherjacket fish / *Oligoplites saurus*
弓鰭魚（目）		Bowfin / Order *Amiiformes*
鉤頭魚		humphead pipefishes / *Kurtus gulliveri*
狗魚屬（特指白斑狗魚）		northern pike /*Esox Lucius* pikes / *Esox*
狗脂鯉（屬）	猛魚、虎魚	Tigerfishes / Genus *Hydrocynus*
谷鱂（科）		Splitfins / Family Goodeidae
管口魚（屬）		Trumpetfishes / Genus *Aulostomus*
鮭魚		salmons
海鯽（科）		Surfperch / Family Embiotocidae
海葵魚（亞目）	小丑魚、海葵魚	Anemonefishes / Suborder Amphiprioninae
海龍（科）		Pipefishes / Family Syngnathidae
海鱸		sea basses
海七鰓鰻	海八目鰻	sea lampreys / *Petromyzon marinus*
鯙（科）		moray eels / Family Muraenidae
鶴鱵（科）		Needlefishes / Family Belonidae
黑邊角鱗魨	粉紅尾砲彈、角板機魨、剝皮竹、包仔、紅尾砲彈	pinktail triggerfish / *Melichthys vidua*
斜帶吻棘魨	黑帶銼鱗魨、帶板機魨、楔尾砲彈、剝皮竹	humuhumunukunukuapua'a / *Rhinecanthus rectangulus*
黑龍睛金魚		black moor goldfishes
黑鰭半裸魚	黑白龍、垂口倍良、闊嘴郎、黑鰭鸚鯛、垂口鸚鯛	blackeye thicklip / *Hemigymnus melapterus*
紅鉤吻鮭		sockeye salmons / *Oncorhynchus nerka*
紅海叉棘䲁		black-marble jawfishes / *Stalix histrio*
紅身藍首魚		blunthead cichlids / *Tropheus moorii*

中文名	俗名	英文名 / 學名
紅獅頭金魚		Big Red / oranda goldfish
紅尾高歡雀鯛	加里波第雀鯛、高歡雀鯛	Garibaldis / *Hypsypops rubicundus*
虹鱂	孔雀魚、胎鱂	Guppies / *Poecilia reticulata*
虹銀漢魚（科）		Rainbowfishes / Family Melanotaeniidae
麥奇鉤吻鮭	鱒魚、虹鱒、麥奇鉤吻鱒	rainbow trouts / *Oncorhynchus mykiss*
蝴蝶魚（科）		buttery fishes / Family Chaetodontidae
花鱂（屬）		Mollies / Genus *Poecilia*
黃刺尻魚	藍眼黃新娘	lemon peel angelfishes / *Centropyge flavissima*
黃高鰭刺尾鯛	三角倒吊、黃高鰭刺尾魚	yellow tangs / *Zebrasoma flavescens*
黃敏尾笛鯛		yellowtail snappers / *Ocyurus chrysurus*
黃首海豬魚		yellow-head wrasse / *Halichoeres garnoti*
黃線仿石鱸		French grunts / *Haemulon avolineatum*
黃棕盤麗魚		blue discus fish / *Symphysodon aequifasciatus*
灰體藍首魚		white-spotted cichlids / *Tropheus duboisi*
棘臀魚（科）	太陽魚	Sunfishes / Family Centrarchidae
尖齒胡鯰	北非鬍子鯰、北非塘虱魚、非洲塘虱魚	sharptooth catfishes / *Clarias gariepinus*
劍尾魚（屬）		Swordtails / Genus *Xiphophorus*
劍旗魚	旗魚舅、丁挽舅、劍魚、大目旗魚	Swordfishes / *Xiphias gladius*
礁鯊		reef sharks
鉸口鯊	護士鯊	nurse sharks / *Ginglymostoma cirratum*
鮪魚（屬）	金槍魚	Tunas / Genus *Thunnus*
金體美鯿	金色閃亮魚	golden shiners / *Notemigonus crysoleucas*
金頭鯛	大西洋鯛	gilthead sea bream / *Sparus aurata*
金魚		goldfishes / *Carassius auratus*
赤棕鯉	錦鯉	Koi / *Cyprinus rubrofuscus*
錦鳚（科）		Gunnel / Family Pholidae
精器魚（科）		Family Phallostethidae

中文名	俗名	英文名／學名
橘色雙冠麗魚	麥達斯冠麗鯛、麥達斯慈鯛	Midas cichlids / *Amphilophus citrinellus*
鋸脂鯉（亞科）		Piranhas / Subfamily Serrasalminae
海䲅	海麗仔、軍曹魚、海龍魚、黑鰡	Cobias / *Rachycentron canadum*
卡氏江魟	泰魯魟	vermiculate river stingrays / *Potamotrygon castex*
鯻（科）		Grunter / Family Terapontidae
藍刺尾鯛	美國藍倒吊	bluetang surgeonfish / *Acanthurus coeruleus*
藍鰭鮪魚，包括鮪魚屬的四種鮪魚：南方黑鮪、太平洋黑鮪（北方黑鮪）、鮪魚和長腰鮪	藍鰭鮪	Fiunnus/ bluefin tunas / Genus *Thunnus*：*T. maccoyii*、*T. orientalis*、*T. thynnus*、*T. tonggol*
藍鰓太陽魚		bluegills / *Lepomis macrochirus*
籃子魚（科）		rabbitfishes / Family Siganidae
鯉	魽仔、在來鯉、財神魚	common carp / *Cyprinus carpio*
鯉魚	歐亞魚	carps
麗魚（科）		cichlids / Family Cichlidae
亮麗鮗	亮麗七夕魚	comet fishes / *Calloplesiops argus*
裂唇魚（屬）		cleaner wrasse / Genus *Labroides*
鱗魨（科）		triggerfishes / Family Balistidae
隆頭魚（科）		wrasses / Family Labridae
鱸形亞綱		percomorpha
鱸魚（一般是指鱸屬）		basses / Genus *Perca*
卵生鱂魚（鱂形目）		killifishes / Order Cyprinodontiformes
鰻魚（鰻形目）		eels / Order Anguilliformes
漫遊高身雀鯛	漫游眶鋸雀鯛	threespot damselfishes / *Stegastes planifrons*
盲鰻（綱）		hagfishes / Class Myxini

中文名	俗名	英文名／學名
毛頜鮟鱇		hairy-jawed sack-mouth anglerfishes / *Lasiognathus saccostoma*
美新亮麗鯛		daodil cichlids / *Neolamprologus pulcher*
美洲鰻鱺		American eel / *Anguilla rostrata*
美洲西鯡	美國鰣、美國鰣魚	American shad / *Alosa sapidissima*
鰷魚（鯉科小魚）	米諾魚	minnows
密點歧鬚鮠		cuckoo catfishes / *Synodontis multipunctatus*
摩鹿加雀鯛	厚殼仔	lemon damselfishes / *Pomacentrus moluccensis*
納氏臀點脂鯉	紅腹食人魚	red-bellied piranha / *Pygocentrus nattereri*
南鱨		kampango catfishes / *Bagrus meridionalis*
尼祿口孵非鯽	南洋鯽仔、尼羅吳郭魚	Nile tilapia / *Oreochromis niloticus*
鯰魚		catfishes
攀鱸（科）		climbing perches / Family Anabantidae
盤麗魚（屬）	七彩神仙魚屬	discus cichlid / Genus *Symphysodon*
鰟鮍（屬）		bitterlings / Genus *Rhodeus*
胖頭鱥	黑頭呆魚或太妃糖	fathead minnows / *Pimephales promelas*
佩氏真鯊	加勒比礁鯊	Caribbean reef shark / *Carcharhinus perezii*
七鰓鰻（綱）		lampreys / Class Petromyzontia
前口蝠鱝（屬）		manta rays / Genus *Manta*
腔棘魚（目）		coelacanths / Order Coelacanthiformes
清潔魚		cleanerfishes
鯖（科）		mackerels / Family Scombridae
雀鯛（科）		damselfishes / Family Pomacentridae
柔骨魚（屬）		loosejaws / Genus *Malacosteus*
青星九棘鱸	紅鱠、紅格仔、過魚、石斑、條舅	roving coral groupers / Plectropomus pessuliferus

311

中文名	俗名	英文名 / 學名
軟骨魚（綱）		chondrichthyans / cartilaginous fishes / Class Chondrichthyes
軟骨魚類		elasmobranchs
三刺魚		three-spined stickleback / *Gasterosteus aculeatus*
沙丁魚		sardines
鯊魚		sharks
扇尾琉金金魚	扇尾金魚	Seabiscuit / fantail goldfish
邵氏豬齒魚	石老、四齒仔、西齒、石老、青威、邵氏寒鯛	green wrasses / *Choerodon schoenleinii*
舌鰨（科）		tonguefishes / Family Cynoglossidae
射水魚（屬）		archerfishes / Genus *Toxotes*
深鰕虎（屬）		frillfin gobies / Genus *Bathygobius*
鰺（科）		jack / Family Carangidae
石斑魚（亞科）		groupers / Subfamily Epinephelinae
石首魚（科）		drum / Family Sciaenidae
大肚魚	食蚊魚	mosquitofishes / Gambusia affins
飾紋布瓊麗魚		banded acaras / *Bujurquina vittata*
噬人鯊	大白鯊	great white sharks / *Carcharodon carcharias*
雙帶海豬魚		slippery dick / *Halichoeres bivittatus*
雙帶錦魚		bluehead wrasses / *Fialassoma bifasciatum*
四眼魚（屬）		four-eyed fishes / Genus *Anableps*
蓑鮋（屬）	獅子魚	lionfishes / Genus *Pterois*
鰨		soles
太平洋油鰈		Dover soles / *Microstomus pacificus*
剃刀魚（屬）	十字鬼龍	ghost pipefishes / Genus *Solenostomus*
天竺鯛（科）		cardinalfishes / Family Apogonidae
突吻紅點鮭		lake trout / *Salvelinus namaycush*
圖麗魚 / 地圖魚		oscar cichlids / *Astronotus ocellatus*
四齒魨（科）		puerfishes / Family Tetraodontidae

中文名	俗名	英文名 / 學名
駝背鱸		barramundi cods / *Cromileptes altivelis*
隆頭鸚哥魚		bumphead parrotfishes / *Bolbometopon muricatum*
彎鰭燕魚		pinnate batfishes / *Platax pinnatus*
鳚（亞目，包含六科）		blennies / Suborder Blennioidei
無頜魚類（總綱）		jawless fishes / Agnatha
五彩鬥魚		bettas / Siamese fighting fishes / *Betta splendens*
西鯡屬		shad / Genus *Alosa*
溪刺魚		brook sticklebacks / *Culaea inconstans*
細齒牙鮃		Atlantic ounder / *Paralichthys dentatus*
細鱗鉤吻鮭	粉紅鮭	pink salmon / *Oncorhynchus gorbuscha*
鰕虎（科）		gobies / Family Gobiidae
線鳚（科）		pricklebacks / Family Stichaeidae
箱魨（科）		boxfishes / Family Ostraciidae
象鼻魚（科）		elephantfishes / Family Mormyridae
小口黑鱸		smallmouth basses / *Micropterus dolomieu*
鱗頭犬牙南極魚		Patagonian toothfishes / *Dissostichus eleginoides*
花斑劍尾魚		platys / *Xiphophorus maculatus*
秀美花鱂		Amazon molly / *Poecilia formosa*
秀體底鱂		banded killifishes / *Fundulus diaphanous*
鱈魚（屬）		cods / Genus *Gadus*
鱘（科）		sturgeon / Family Acipenseridae
煙管魚（科）		cornet fish / Family Fistulariidae
眼斑鰻狼魚	狼鰻	wolf eels / *Anarrhichthys ocellatus*
燕魟（亞目）	魟魚	stingrays / Suborder Myliobatoidei
鰩（科）		skates / Family Rajidae
鰩（總目）	鰩魚	rays / Order Rajiforms
葉鱸（科）	枯葉魚	leaf fishes / Family Polycentridae

中文名	俗名	英文名 / 學名
銀鮭		coho salmons / *Oncorhynchus kisutch*
銀漢魚（目）		silversides / Order Atheriniformes
銀鮫（目）		chimaeras / Order Chimaeriformes
䲟（科）		suckerfish / Family Echeneidae
鸚嘴魚		parrotfishes / Family Scaridae
庸鰈（屬）	大比目魚	halibuts / Genus *Hippoglossus*
梭子魚（屬）		barracuda / Genus *Sphyraena*
雨麗魚（屬）		*Nimbochromis*
圓口海緋鯉		yellow-saddle goatfishes / *Parupeneus cyclostomus*
月魚（科）		opah / Family Lampridae
爪哇裸胸鱔		giant moray eel / *Gymnothorax javanicus*
真鱥		European minnows / *Phoxinus phoxinus*
脂鯉（科）		characin / Family Characidae
智利竹莢魚		Chilean jack mackerels / *Trachurus murphyi*
皺鰓鯊		frilled sharks / *Chlamydoselachus anguineus*
豬齒魚（屬）		tuskfishes / Genus *Choerodon*
竹莢魚（屬）		jack mackerels / Genus *Trachurus*
主刺蓋魚		emperor angelfishes / *Pomacanthus imperator*
鯔（科）	烏魚	mullets / Family Mugilidae
三斑雀鯛		whitetail major damselfishes / *Pomacentrus tripunctatus*
紫鸚哥魚		midnight parrotfishes / *Scarus coelestinus*
三帶盾齒鳚	假清潔魚	saber-toothed blennies / *Aspidontus taeniatus*
縱帶黑麗魚		golden mbuna / *Melanochromis auratus*
鱒（亞科）		trouts / Subfamily Salmonina
鱒		brown trouts / *Salmo trutta*

鷹之眼 18

魚，什麼都知道：
一窺我們水中夥伴的內在生活
What a Fish Knows: The Inner Lives of Our Underwater Cousins

作　　　者	強納森‧巴爾科比 Jonathan Balcombe
譯　　　者	蕭夢、趙靜文
魚類專有 名詞審訂	力新科技顧問有限公司

副總編輯	成怡夏
責任編輯	成怡夏
行銷總監	蔡慧華
封面設計	莊謹銘

出　　版	左岸文化事業股份有限公司 鷹出版
發　　行	左岸文化事業股份有限公司（讀書共和國出版集團）
	231 新北市新店區民權路 108 之 2 號 9 樓
客服信箱	gusa0601@gmail.com
電　　話	02-22181417
傳　　真	02-86611891
客服專線	0800-221029

法律顧問	華洋法律事務所 蘇文生律師
印　　刷	成陽印刷股份有限公司

初　　版	2023 年 10 月
定　　價	520 元

I S B N	978-626-7255-21-6（紙本）
	978-626-7255-22-3（EPUB）
	978-626-7255-23-0（PDF）

WHAT A FISH KNOWS: The Inner Lives of Our Underwater Cousins by
Jonathan Balcombe Copyright © 2016 by Jonathan Balcombe Published by
arrangement with Farrar, Straus and Giroux, New York. All rights reserved.

國家圖書館出版品預行編目 (CIP) 資料

魚,什麼都知道：一窺我們水中夥伴的內在生活 / 強納森 . 巴爾科比 (Jonathan Balcombe)
作；蕭夢,趙靜文譯 . -- 初版 . -- 新北市：鷹出版：左岸文化事業股份有限公司發行,
2023.10
　　面；　公分 . -- (鷹之眼；18)
譯自：What a fish knows : the inner lives of our underwater cousins.
ISBN 978-626-7255-21-6(平裝)

1. 魚類　　2. 動物行為　　3. 動物生理學
388.5   112015437